Heinz Tschätsch

# Praxiswissen
# Umformtechnik

## Aus dem Programm
## Fertigungstechnik

**Zerspantechnik**
von E. Paucksch

**Umformtechnik**
von K. Grüning

**Spanlose Fertigung: Stanzen**
von W. Hellwig und E. Semlinger

**Fertigungsmeßtechnik**
von E. Lemke

**Schweißtechnik**
von H. J. Fahrenwaldt

**Schweißtechnisches Konstruieren und Fertigen**
von V. Schuler (Hrsg.)

**Arbeitshilfen und Formeln für das technische Studium**
von A. Böge

**Das Techniker Handbuch**
von A. Böge

**Handbuch Fertigungs- und Betriebstechnik**
von W. Meins (Hrsg.)

**Praktische Betriebslehre**
von H. Tschätsch

**Paxiswissen Umformtechnik**
von H. Tschätsch

**Praxiswissen Zerspantechnik**
von H. Tschätsch

**Vieweg**

Heinz Tschätsch

# Praxiswissen Umformtechnik

## Arbeitsverfahren, Maschinen, Werkzeuge

5., überarbeitete und erweiterte Auflage

Prof. Dr.-Ing. E.h. Heinz Tschätsch, Bad Reichenhall war lange Jahre
in leitenden Stellungen der Industrie als Betriebs- und Werkleiter,
und danach Professor für Werkzeugmaschinen und Fertigungstechnik
an der FH Coburg und FH Konstanz.

Bis zur 4. Auflage erschien das Buch unter dem Titel
Handbuch Umformtechnik im Hoppenstedt Verlag, Darmstadt

5., überarbeitete und erweiterte Auflage 1997

http://www.vieweg.de

Druck und buchbinderische Verarbeitung: Lengericher Handelsdruckerei, Lengerich
Gedruckt auf säurefreiem Papier
Printed in Germany

ISBN 3-528-14987-6

# Vorwort

Wegen der Vorteile der Umformverfahren wie:

>Materialeinsparung
>optimaler Faserverlauf
>Kaltverfestigung bei der Kaltumformung
>kurze Fertigungszeiten

setzt sich die Umformtechnik in der Industriellen Fertigung immer mehr durch.

Durch die oben genannten Vorteile können viele Formteile mit den Umformverfahren wirtschaftlicher hergestellt werden, als mit den spangebenden Arbeitsverfahren.

So haben z. B. wegen des optimalen Faserverlaufes und der dadurch verminderten Kerbempfindlichkeit spanlos hergestellte Maschinenelemente auch technische Vorteile.

Voraussetzung für eine wirtschaftliche Fertigung sind allerdings bestimmte Mindeststückzahlen, weil die Umformwerkzeuge sehr teuer sind und jedes Werkstück ein eigenes Spezialwerkzeug erfordert.

Das Buch will die wichtigsten Umform- und Trennverfahren und die dazugehörigen Maschinen und Werkzeuge, in einer gerafften Form vorstellen.

Für den Techniker im Betrieb soll es ein Nachschlagwerk sein, in dem er sich schnell orientieren kann.

Der Student hat in diesem Buch ein Skriptum, das ihm im Hörsaal Schreibarbeit erspart und ein aufmerksames Anhören der Vorlesung ermöglicht.

*Heinz Tschätsch*

# Inhaltsverzeichnis

# Teil I: Umform- und Trennverfahren

# 1. Einteilung der Fertigungsverfahren

Nach DIN 8580 werden die Fertigungsverfahren in 6 Hauptgruppen unterteilt.

Bild 1.1 Einteilung der Fertigungsverfahren

Von diesen 6 Hauptgruppen werden in diesem Buch die Umformverfahren (Bild 1.2) und die Trennverfahren (Bild 1.3) besprochen.

Umformen ist nach DIN 8580 ein Fertigen durch bildsames (plastisches) Ändern der Form eines festen Körpers.

Dabei werden sowohl die Masse als auch der Werkstoffzusammenhang beibehalten.

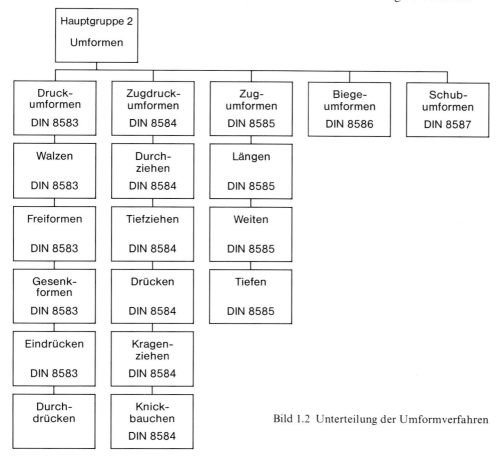

Bild 1.2 Unterteilung der Umformverfahren

Trennen ist nach DIN 8588 ein Zerteilen benach-
barter Teile eines Werkstückes, oder das Trennen
ganzer Werkstücke voneinander, ohne daß dabei
Späne entstehen.
Bei den Zerteilverfahren unterscheidet man nach
Ausbildung der Schneiden zwischen Scherschneiden und Keilschneiden.
Industriell hat das Zerteilen mit Scherschneiden
die größere Bedeutung (Bild 1.4).

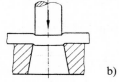

a)

b)

Bild 1.4  (oben) Zerteilen.
a) Keilschneiden, b) Scherschneiden

| Hauptgruppe 3 |
| --- |
| spanloses Trennen |
| Scherschneiden |
| DIN 8588 |

| Abschneiden |
| --- |

| Ausschneiden |
| --- |

| Einschneiden |
| --- |

| Beschneiden |
| --- |

| Be- und Nachschneiden |
| --- |

| Lochen |
| --- |

Bild 1.3 (links) Unterteilung der Trennverfahren

# 2. Begriffe und Kenngrößen der Umformtechnik

## 2.1 Plastische (bleibende) Verformung

Im Gegensatz zur elastischen Verformung, bei der z.B. ein auf Zug beanspruchter Stab in seine Ursprungslänge zurückgeht, wenn ein bestimmter Grenzwert (Dehngrenze des Werkstoffes $R_{p0,2}$-Grenze) nicht überschritten wird, nimmt das plastisch verformte Werkstück die Form bleibend an.

*Im elastischen Bereich gilt:*

$$\sigma_Z = \varepsilon \cdot E$$
$$\varepsilon = \frac{\Delta l}{l_0} = \frac{l_0 - l_1}{l_0}$$

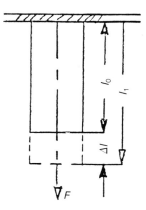

Bild 2.1 Zerreißstab − Längenänderung bei Belastung

| | | |
|---|---|---|
| $\sigma_Z$ | in N/mm$^2$ | Zugspannung |
| $\varepsilon$ | in − | Dehnung |
| $l_0$ | in mm | Ausgangslänge |
| $l_1$ | in mm | Länge bei Krafteinwirkung |
| $\Delta l$ | in mm | Verlängerung |
| $R_m$ | in N/mm$^2$ | Zugfestigkeit (früher $\sigma_B$) |
| $R_e$ | in N/mm$^2$ | Festigkeit an der Streckgrenze (früher $\sigma_S$) |
| $E$ | in N/mm$^2$ | Elastizitätsmodul. |

*Im plastischen Bereich,*

wird eine bleibende Verformung durch Schubspannungen ausreichender Größe ausgelöst. Dadurch verändern die Atome der Reihe $A_1$ (Bild 2.2) ihre Gleichgewichtslage gegenüber der Reihe $A_2$. Die Größe der Verschiebung ist proportional der Größe der Schubspannung $\tau$.

Ist die wirksame Schubspannung kleiner als $\tau_f$ ($\tau_f$-Fließschubspannung), dann ist $m < a/2$ und die Atome nehmen nach Entlastung wieder ihre ursprüngliche Lage ein — elastische Verformung. Wird aber der Grenzwert der Fließschubspannung überschritten, dann wird $m > a/2$ bzw. $m > n$, die Atome gelangen in den Anziehungsbereich des Nachbaratoms und es tritt eine neue bleibende Gleichgewichtslage ein — plastische Verformung.

Den Grenzwert der überschritten werden muß, bezeichnet man als Plastizitätsbedingung und die zugeordnete Festigkeit als

**Formänderungsfestigkeit $k_f$**

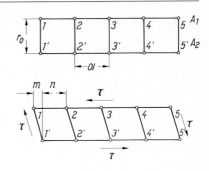

Bild 2.2 Ideeller Vorgang der Lageänderung der Atome

## 2.2 Formänderungsfestigkeit $k_f$ in N/mm²

### 2.2.1 Kaltverformung

Bei der Kaltverformung ist $k_f$ nur von der Größe der Verformung $\varphi_h$ (Hauptformänderung) und vom zu verformenden Werkstoff abhängig. Das Diagramm (Bild 2.3) daß die Formänderungsfestigkeit in Abhängigkeit von der Größe der Formänderung zeigt, bezeichnet man als Fließkurve.

Sie kennzeichnet das Verfestigungsverhalten eines Werkstoffes. Die Fließkurven lassen sich mit der folgenden Gleichung annähernd darstellen.

$$k_f = k_{f\,100\%} \cdot \varphi^n = c \cdot \varphi^n$$

$n$  — Verfestigungskoeffizient
$c$  — entspricht $k_{f_1}$ bei $\varphi = 1$ bzw. bei $\varphi = 100\%$
$k_{f_0}$ — Formänderungsfestigkeit vor der Umformung für $\varphi = 0$.

*Mittlere Formänderungsfestigkeit $k_{f_m}$*

Für die Kraft- und Arbeitsberechnung benötigt man bei einigen Arbeitsverfahren die sogenannte mittlere Formänderungsfestigkeit. Sie kann näherungsweise bestimmt werden aus:

$$k_{f_m} = \frac{k_{f_0} + k_{f_1}}{2}$$

$k_{f_m}$ in N/mm² mittlere Formänderungsfestigkeit
$k_{f_0}$ in N/mm² Formänderungsfestigkeit für $\varphi = 0$
$k_{f_1}$ in N/mm² Formänderungsfestigkeit am Ende der Umformung ($\varphi_h = \varphi_{max}$).

Bild 2.3 Fließkurve – Kaltverformung.
$k_f = f(\varphi_h)$   $a = f(\varphi_h)$   $a$ in
Nmm/mm³ bezogene Form-
änderungsarbeit

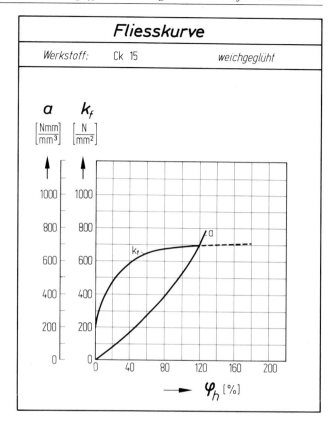

## 2.2.2 Warmverformung

Bei der Warmverformung, oberhalb der Rekristallisationstemperatur ist $k_f$ unabhängig von der Größe des Formänderungsgrades $\varphi$. Hier ist $k_f$ abhängig von der Formänderungsgeschwindigkeit $\dot{\varphi}$ (Bild 2.4), von der Formänderungstemperatur (Bild 2.5) und vom zu verformenden Werkstoff.

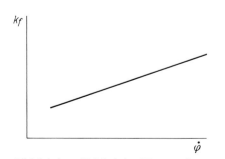

Bild 2.4  $k_f = f(\dot{\varphi})$ bei der Warmverformung

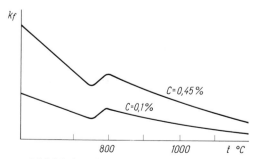

Bild 2.5  $k_f = f$ (Temperatur und vom Werkstoff) bei der Warmverformung. Bei höhergekohlten Stählen fällt $k_f$ steiler ab als bei niedergekohlten Stählen

Bei großen Umformgeschwindigkeiten wird $k_f$ bei der Warmverformung größer, weil die durch die Rekristallisation entstehenden Entfestigungsvorgänge nicht mehr vollständig ablaufen.

## 2.3 Formänderungswiderstand $k_w$

Der bei einer Formänderung zu überwindende Widerstand setzt sich aus der Formänderungsfestigkeit und den Reibwiderständen im Werkzeug, die man unter dem Begriff »Fließwiderstand« zusammenfaßt, zusammen.

$$k_w = k_f + p_{fl}$$

$k_w$   in N/mm$^2$   Formänderungswiderstand
$k_f$   in N/mm$^2$   Formänderungsfestigkeit
$p_{fl}$   in N/mm$^2$   Fließwiderstand

Für rotationssymmetrische Teile kann man den Fließwiderstand $p_{fl}$ rechnerisch bestimmen.

$$p_{fl} = \frac{1}{3}\,\mu \cdot k_{f_1}\frac{d_1}{h_1}$$

Daraus folgt für den Formänderungswiderstand $k_w$

$$k_w = k_{f_1}\left(1 + \frac{1}{3}\,\mu \cdot \frac{d_1}{h_1}\right)$$

$k_{f_1}$   in N/mm$^2$   Formänderungsfestigkeit am Ende der Umformung
$d_0$   in mm   Durchmesser vor der Umformung
$h_0$   in mm   Höhe vor der Umformung (Bild 4.6)
$\mu$   –   Reibungskoeffizient ($\mu = 0{,}15$)
$d_1$   in mm   Durchmesser nach der Umformung
$h_1$   in mm   Höhe nach der Umformung
$\eta_F$   –   Formänderungswirkungsgrad.

Für asymmetrische Teile, die mathematisch nur bedingt erfaßbar sind, bestimmt man den Formänderungswiderstand mit Hilfe des Formänderungswirkungsgrades

$$k_w = \frac{k_{f_1}}{\eta_F} \quad .$$

## 2.4 Formänderungsvermögen

Darunter versteht man die Fähigkeit eines Werkstoffes sich umformen zu lassen. Es ist abhängig von:

### 2.4.1 Chemischer Zusammensetzung

Bei Stählen ist z. B. die Kaltformbarkeit abhängig vom C-Gehalt, den Legierungsbestandteilen (Ni, Cr, Va, Mo, Mn) und dem Phosphor-Gehalt. Je größer der C-Gehalt, der P-Gehalt und die Legierungsanteile, um so kleiner ist das Formänderungsvermögen.

### 2.4.2 Gefügeausbildung

Hier sind die Korngröße und vor allem die Perlitausbildung von Bedeutung.

— *Korngröße*

Stähle sollen möglichst feinkörnig sein, weil sich bei Stählen mit kleiner bis mittlerer Korngröße die Kristallite auf den kristalliten Gleitebenen leichter verschieben lassen.

— *Perlitausbildung*

Perlit ist der Kohlenstoffträger im Stahl. Er ist schlecht verformbar. Deshalb ist es wichtig, daß der Perlit in der gut kaltverformbaren ferritischen Grundmasse gleichmäßig verteilt ist.

### 2.4.3 Wärmebehandlung

Ein gleichmäßig verteiltes Gefüge erhält man durch eine Normalisierungsglühung (über Ac 3) mit rascher Abkühlung. Die dabei entstehende Härte wird durch eine anschließende Weichglühung (um Ac 1) aufgehoben.
Beachten Sie!
Nur weichgeglühtes Material kann kaltverformt werden.

## 2.5 Formänderungsgrad und Hauptformänderung

### 2.5.1 Massivumformverfahren

Das Maß für die Größe einer Formänderung ist der Formänderungsgrad. Die Berechnung erfolgt allgemein aus dem Verhältnis einer unendlich kleinen Abmessungsdifferenz $dx$ auf eine vorhandene Abmessung $x$. Durch Integration in den Grenzen $x_0$ bis $x_1$ erhält man

$$\varphi_x = \int_{x_0}^{x_1} \frac{dx}{x} = \ln \frac{x_1}{x_0}.$$

Dabei wird vorausgesetzt, daß das Volumen des umzuformenden Körpers bei der Umformung konstant bleibt.

$$V = l_0 \cdot b_0 \cdot h_0 = l_1 \cdot b_1 \cdot h_1 .$$

Je nach dem welche Größe sich bei der Umformung am stärksten ändert, unterscheidet man Bild 2.6 zwischen

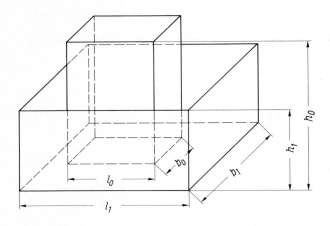

Bild 2.6 Quader vor der Umformung mit den Maßen $h_0$, $b_0$, $l_0$ und nach der Umformung mit den Maßen $h_1$, $b_1$, $l_1$

Stauchungsgrad  $\varphi_1 = \ln \dfrac{h_1}{h_0}$

Breitungsgrad    $\varphi_2 = \ln \dfrac{b_1}{b_0}$

Längungsgrad    $\varphi_3 = \ln \dfrac{l_1}{l_0} .$

Wenn die Querschnittsänderung oder die Wanddickenänderung dominierende Größen sind, kann man $\varphi$ auch aus diesen Größen bestimmen.

bei Wanddickenänderung  $\varphi = \ln \dfrac{s_1}{s_0}$

bei Querschnittsänderung  $\varphi = \ln \dfrac{A_0}{A_1} .$

Die Summe der drei Formänderungen in den drei Hauptrichtungen (Länge, Breite, Höhe) ist gleich Null. Was an Höhe verloren geht, wird an Breite und Länge gewonnen − Bild 2.6.

$$\varphi_1 + \varphi_2 + \varphi_3 = 0 .$$

D.h. eine von diesen drei Formänderungen ist gleich der negativen Summe der beiden anderen.

Z.B.    $\varphi_1 = -(\varphi_2 + \varphi_3) .$

Diese größte Formänderung bezeichnet man als **Hauptformänderung «$\varphi_h$».**
Sie charakterisiert die Arbeitsverfahren und geht in die Kraft- und Arbeitsberechnung ein.
Sie ist das Maß für die Größe einer Umformung.
Welche Umformung ein Werkstoff ertragen kann, d. h. wie groß sein Formänderungsvermögen ist, kann man aus Richtwerttabellen, aus denen man die zulässigen Formänderungen $\varphi_{h\,zul}$ ablesen kann, entnehmen.
Nur wenn die tatsächliche Formänderung bei der Herstellung eines Werkstückes gleich oder kleiner ist als $\varphi_{h\,zul}$, kann das Werkstück in einem Arbeitsgang hergestellt werden.
Anderenfalls sind mehrere Arbeitsgänge mit Zwischenglühung (Weichglühung) erforderlich.

### 2.5.2 Blechumformung

Beim Tiefziehen kann man z. B. die Anzahl der erforderlichen Züge aus dem Ziehverhältnis $\beta$ bestimmen.

$$\beta = \frac{D}{d} = \frac{\text{Rondendurchmesser}}{\text{Stempeldurchmesser}}.$$

Da beim Tiefziehen die Größen $D$ und $d$ für ein bestimmtes Werkstück bekannt sind, läßt sich daraus $\beta$ berechnen.
Auch hier entnimmt man aus Richtwerttabellen (siehe Kapitel Tiefziehen) das zulässige Ziehverhältnis $\beta_{zul}$ und vergleicht es mit dem errechneten Ziehverhältnis.
Nur dann, wenn $\beta$ gleich oder kleiner ist als $\beta_{zul}$ kann das Werkstück in einem Arbeitsgang hergestellt werden. Anderenfalls sind mehrere Züge erforderlich.

## 2.6 Formänderungsgeschwindigkeit

Wird eine Formänderung in der Zeit $t$ durchgeführt, dann ergibt sich eine mittlere Formänderungsgeschwindigkeit von:

| | |
|---|---|
| $w_m$ in %/s | mittlere Formänderungsgeschwindigkeit |
| $\varphi$ in % | Formänderungsgrad |
| $t$ in s | Verformungszeit |

$$w_m = \frac{\varphi}{t}$$

Sie läßt sich aber auch aus der Stößelgeschwindigkeit und der Anfangshöhe des Werkstückes bestimmen.

$$\dot{\varphi} = \frac{v}{h_0}$$

| | |
|---|---|
| $\dot{\varphi}$ in s$^{-1}$ | Formänderungsgeschwindigkeit |
| $v$ in m/s | Geschwindigkeit des Stößels |
| $h_0$ in m | Höhe des Rohlings. |

## 2.7  Testfragen zu Kapitel 2:

1. Welche Bedingung muß erfüllt sein, wenn es zu einer plastischen (bleibenden) Verformung kommen soll?
2. Was versteht man unter dem Begriff Formänderungsfestigkeit $k_f$?
3. Woraus kann man die Größe der Formänderungsfestigkeit entnehmen?
4. Wie kann man die mittlere Formänderungsfestigkeit (annähernd) berechnen?
5. Welchen Einfluß hat die Umformtemperatur auf die Formänderungsfestigkeit?
6. Welchen Einfluß hat die Formänderungsgeschwindigkeit auf die Formänderungsfestigkeit?

   a) bei der Kaltverformung
   b) bei der Warmverformung.

7. Was versteht man unter dem Begriff Kaltverformung?
8. Was versteht man unter dem Begriff »Formänderungsvermögen«?
8. Von welchen Faktoren ist das Formänderungsvermögen eines Werkstoffes abhängig?
10. Erklären sie die Begriffe:

    Stauchungsgrad
    Breitungsgrad
    Längungsgrad.

11. Was versteht man unter dem Begriff »Hauptformänderung«?

# 3. Oberflächenbehandlung

Würde man die Rohlinge (Draht- oder Stangenabschnitte) nur einfach in das Preßwerkzeug einführen und dann pressen, dann wäre das Werkzeug nach wenigen Stücken nicht mehr zu gebrauchen. Durch eine entstehende Kaltverschweißung zwischen Werkstück und Werkzeug käme es im Werkzeug zum Fressen. Dadurch würden am Werkzeug Grate entstehen, die unbrauchbare Preßteile zur Folge hätten. Deshalb müssen die Rohlinge vor dem Pressen sorgfältig vorbereitet werden. Zu dieser Vorbereitung, die man zusammenfassend als »Oberflächenbehandlung« bezeichnet, gehören

Beizen, Phosphatieren, Schmieren.

## 3.1 Kalt-Massivumformung

### 3.1.1 Beizen

Mit dem Beizvorgang sollen oxydische Überzüge (Rost, Zunder) entfernt werden, so daß als Ausgangsbasis für die eigentliche Oberflächenbehandlung, die Oberfläche des Preßrohlings metallisch rein ist.
Als Beizmittel verwendet man verdünnte Säuren. Für Stahl z.B. 10%ige (Volumenprozent) Schwefelsäure.

### 3.1.2 Phosphatieren

Wenn man auf einen metallisch reinen (gebeizten) Rohling als Schmiermittel Fett, Öl oder Seife unmittelbar aufbringen würde, dann hätte das Schmiermittel keine Wirkung. Beim Pressen würde der Schmierfilm abreißen und es käme zum Kaltverschweißen und zum Fressen.
Deshalb muß zuerst eine Schmiermittelträgerschicht aufgebracht werden, die mit dem Rohlingswerkstoff eine feste Bindung eingeht.
Als Trägerschicht verwendet man Phosphate. Mit dem Phosphatieren wird eine nichtmetallische, mit dem Grundwerkstoff fest verwachsene Schmiermittelträgerschicht auf den Rohling aus

Stahl (mit Ausnahme von Nirosta-Stählen)
Zink und Zinklegierungen
Aluminium und Aluminiumlegierungen

aufgebracht.
Diese poröse Schicht wirkt als Schmiermittelträger. In die Poren diffundiert das Schmiermittel ein und kann so vom Rohling nicht mehr abgestreift werden. Die Schichtdicken des aufgebrachten Phosphates liegen zwischen 5 und 15 μm.

### 3.1.3 Schmieren

– *Aufgaben der Schmiermittel*

Das Schmiermittel soll:

– die unmittelbare Berührung zwischen Werkzeug und Werkstück verhindern, um damit eine Stoffübertragung vom Werkzeug auf das Werkstück (Kaltschweißung) unmöglich zu machen;
– die Reibung zwischen den aufeinander gleitenden Flächen vermindern;
– die bei der Umformung entstehende Wärme in Grenzen halten.

– *Schmierstoffe für das Kaltumformen*

Für das Kaltumformen kann man folgende Stoffe als Schmiermittel einsetzen

– *Kalk (Kälken)*

Unter Kälken versteht man ein Eintauchen der Rohlinge in eine auf 90 °C erwärmte Lösung aus Wasser mit 8 Gewichtsprozent Kalk. Kälken ist nur für Stahl bei geringen Umformungen anwendbar.

– *Seife*

Hier verwendet man z. B. Kernseifenlösungen mit 4−8 Gewichtsprozent Seifenanteil bei 80 °C und einer Tauchzeit von 2−3 Minuten. Ihre Einsatz ist bei mittleren Schmieranforderungen gegeben.

– *Mineralöle (evtl. mit geringen Fettzusätzen)*

Diese unter der Bezeichnung Preßöle auf dem Markt befindlichen Schmiermittel sind für hohe Schmieranforderungen vor allem bei automatischer Fertigung geeignet. Sie übernehmen neben der Schmierung noch zusätzlich die Aufgabe des Kühlens.

– *Molybdändisulfid (Molykote-Suspensionen)*

Bei den Schmiermitteln auf Molybdändisulfid-Basis die für höchste Schmieransprüche geeignet sind, verwendet man überwiegend

$MoS_2$-Wasser Suspensionen.

Die Tauchzeit liegt zwischen 2 und 5 Minuten bei einer Temperatur von 80 °C. Die Konzentration (Mittelwert) liegt bei 1:3 (d.h. 1 Teil Molykote, 3 Teile Wasser).
Bei besonders schwierigen Umformungen verwendet man auch höher konzentrierte Suspensionen.

## 3.2  Kalt-Blechumformung

Zum Tiefziehen reichen in der Regel reine Gleitmittel wie Ziehöle oder Ziehfette aus, die eine unmittelbare Berührung von Werkstück und Werkzeug verhindern.

## 3.3  Warmformgebung (Gesenkschmieden)

Beim Gesenkschmieden verwendet man als Schmier- und Gleitmittel Sägemehl und Graphitsuspensionen. Optimale Ergebnisse erhält man mit 4% kolloidalem Graphit in Wasser oder Leichtöl. Bei den Flüssigschmiermitteln muß jedoch die Dosierung beachtet werden. Zu viel Suspension erhöht den Gasdruck im Gesenk und erschwert die Ausformung.

## 3.4  Testfragen zu Kapitel 3:

1. Welche Aufgabe hat das Schmiermittel bei der Umformung?
2. Warum kann man bei der Kaltumformung den Rohling nicht einfach mit Öl oder Fett schmieren?
3. Welche Vorbehandlung (Oberflächenbehandlung) der Rohlinge ist vor dem Preß-vorgang bei der Kaltverformung erforderlich?
4. Welche Schmierstoffe verwendet man bei der Kaltumformung?
5. Welche Schmierstoffe verwendet man beim Gesenkschmieden?

# 4. Stauchen (DIN 8583)

## 4.1 Definition

Stauchen ist ein Massivumformverfahren, bei dem die Druckwirkung in der Längsachse des Werkstückes liegt.

## 4.2 Anwendung

Bevorzugt zur Herstellung von Massenteilen wie Schrauben, Nieten, Kopfbolzen, Ventilstößel usw. (Bilder 4.1, 4.2 und 4.3).

## 4.3 Ausgangsrohling

Ausgangsrohling ist ein Stangenabschnitt aus Rund- oder Profilmaterial.
In vielen Fällen, vor allem in der Schraubenfertigung, wird vom Drahtbund (Bild 4.2) gearbeitet. Da Walzmaterial billiger ist als gezogenes Material, wird es bevorzugt eingesetzt.

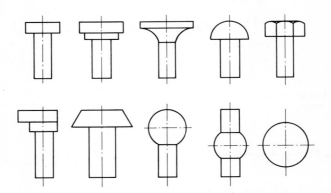

Bild 4.1 Typische Stauchteile

Bild 4.2 Arbeits-
stufen zur Herstel-
lung einer Schraube
auf einer Mehrstu-
fenpresse mit Ge-
windewalzeinrich-
tung. 0 Rohling ab-
scheren, 1 Kopf vor-
stauchen, 2 Kopf
fertig stauchen,
3 Schaft auf Ge-
windewalzdurch-
messer reduzieren,
4 Sechskant aus-
stanzen, 5 Schaft an-
fasen (Kuppen),
6 Gewindewalzen

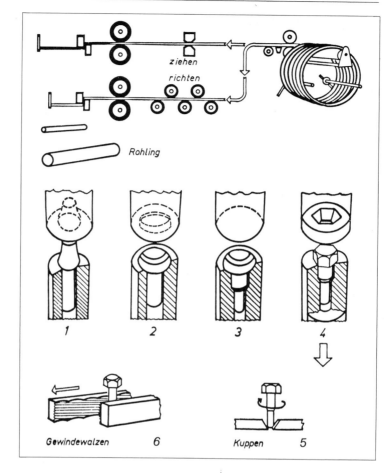

Bild 4.3 Herstellen    eines
Ventilstößels. 1 Ausgangs-
rohling, 2 Vorstauchen, 3
Fertigstauchen

## 4.4 Zulässige Formänderungen

Hier muß man zwei Kriterien unterscheiden:

### 4.4.1 Maß für die Größe der Formänderung

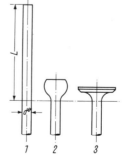

Damit werden die Grenzen für den zu verformenden Werkstoff (Formänderungsvermögen) gegeben.

Stauchung $\varepsilon_h$

$$\varepsilon_h = \frac{h_0 - h_1}{h_0}$$

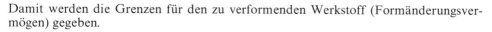

| | |
|---|---|
| Stauchungsgrad $\varphi_h$ | $$\boxed{\varphi_h = \ln \frac{h_1}{h_0}}$$ |
| $\varphi_h$       Stauchungsgrad<br>$\varphi_h$ in % $= \varphi_h \cdot 100$ | $$\varphi_h = \left( \ln \frac{h_1}{h_0} \right) \cdot 100 \, [\%]$$ |
| Ausgangslänge bzw. Länge nach dem Stauchvorgang, wenn die zulässige Formänderung gegeben ist. | $$\boxed{h_0 = h_1 \cdot e^{\varphi_h}}$$ <br> $h_0$ in mm Länge vor dem Stauch<br>$h_1$ in mm Länge nach dem Stauch |
| Berechnung von $\varphi_h$ aus $\varepsilon_h$ | $$\varphi_h = \ln (1 - \varepsilon_h)$$ |

Tabelle 4.1  Zulässige Formänderung

| Werkstoff | $\varphi_{h_{zul.}}$ |
|---|---|
| Al 99,8 | 2,5 |
| Al MgSil | 1,5 – 2,0 |
| Ms 63–85<br>CuZn 37–CuZn 15 | 1,2–1,4 |
| Ck 10–Ck 22<br>St 42–St 50 | 1,3 – 1,5 |
| Ck 35–Ck 45<br>St 60–St 70 | 1,2 – 1,4 |
| Cf 53 | 1,3 |
| 16 MnCr 5<br>34 CrMo 4 | 0,8 – 0,9 |
| 15 CrNi 6<br>42 CrMo 4 | 0,7 – 0,8 |

## 4.4.2 Stauchverhältnis

Das Stauchverhältnis *s* legt die Grenzen der Rohlingsabmessung in bezug auf die Knickgefahr beim Stauchvorgang fest. Als Stauchverhältnis bezeichnet man das Verhältnis von freier nicht im Werkzeug geführter Länge zum Ausgangsdurchmesser des Rohlings (Bild 4.4).

Stauchverhältnis $s$

$$s = \frac{h_0}{d_0} = \frac{h_{0_k}}{d_0}$$

$h_0$ in mm Rohlingslänge
$h_1$ in mm Länge nach dem Stauch
$d_0$ in mm Ausgangsdurchmesser
$h_{0_k}$ in mm im Werkzeug nicht
geführte Rohlingslänge

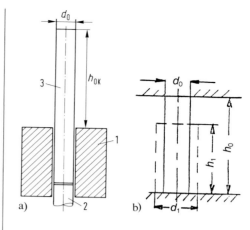

Bild 4.4 a) freie nicht im Werkzeug geführte Bolzenlänge. 1 Matrize, 2 Auswerfer, 3 Rohling vor dem Stauchvorgang; b) freies Stauchen, zwischen parallelen Flächen

Wird das zulässige Stauchverhältnis überschritten, dann knickt der Bolzen (Bild 4.5) aus.

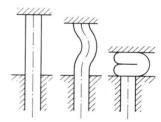

Bild 4.5 Ausknicken des Rohlings bei Überschreiten des Stauchverhältnisses

Zulässiges Stauchverhältnis:

– wenn das Stauchteil in einer Arbeitsoperation (Bild 4.6) hergestellt werden soll.

$$s \leqq 2,6$$

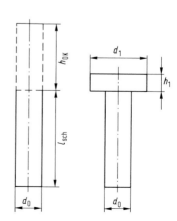

Bild 4.6 In einem Arbeitsgang hergestellter Kopfbolzen

– wenn das Stauchteil in zwei Operationen hergestellt werden soll (Bild 4.7) ist:

$$s \leqq 4{,}5$$

Als Vorstauchform verwendet man kegelige Formen (Bild 4.8), weil sie sehr fließgünstig sind.

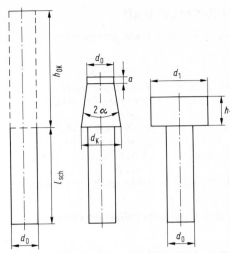

Bild 4.7 Im Doppeldruckverfahren hergestellter Kopfbolzen mit kegeligem Vorstauch

Tabelle 4.2 Maße fester Vorstaucher, Auszug aus VDI-Richtlinie 3171

| Stauch-verhält-nis | Kelgel-winkel | Führungs-länge | Länge des konischen Teiles des Vorstau-chers |
|---|---|---|---|
| $s = h_0/d_0$ | $2\alpha$ [Grad] | $a$ [mm] | $c$ [mm] |
| 2,5 | 15 | 0,6 $d_0$ | 1,37 $d_0$ |
| 3,3 | 15 | 1,0 $d_0$ | 1,56 $d_0$ |
| 3,9 | 15 | 1,4 $d_0$ | 1,66 $d_0$ |
| 4,3 | 20 | 1,7 $d_0$ | 1,56 $d_0$ |
| 4,5 | 25 | 1,9 $d_0$ | 1,45 $d_0$ |

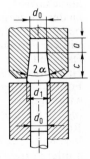

Bild 4.8 Maße fester Vorstaucher

Bei gegebenem Volumen des Fertigteiles (z. B. Kopfvolumen des Kopfbolzens von Bild 4.6), kann man mit der nachfolgenden Gleichung berechnen, wie groß der Ausgangsdurchmesser $d_0$ bei einem bestimmten Stauchverhältnis $s$ mindestens sein muß.

$$d_0 = \sqrt[3]{\frac{4 \cdot V}{\pi \cdot s}}$$

$d_0$ in mm   erforderlicher Rohlingsdurchmesser

$V$ in mm$^3$ an der Umformung beteiligtes Volumen

$s$   –   Stauchverhältnis

## 4.5 Stauchkraft

### 4.5.1 für rotationssymmetrische Teile

$F$ in N      Stauchkraft
$A_1$ in mm$^2$      Fläche nach dem Stauch
$k_{f_1}$ in N/mm$^2$   Formänderungsfestigkeit am Ende des Stauchvorganges
$\mu$  –      Reibungskoeffizient ($\mu = 0{,}1 - 0{,}15$)
$d_1$ in mm      Durchmesser nach dem Stauch
$h_1$ in mm      Höhe nach dem Stauch

$$F = A_1 \cdot k_{f_1}\left(1 + \frac{1}{3} \cdot \mu \frac{d_1}{h_1}\right)$$

### 4.5.2 für Körper beliebiger Form

$\eta_F$  –   Formänderungswirkungsgrad

$$F = \frac{A_1 \cdot k_{f_1}}{\eta_F}$$

## 4.6 Staucharbeit

$W$ in Nmm      Staucharbeit
$V$ in mm$^3$      an der Umformung beteiligtes Volumen
$k_{f_m}$ in N/mm$^2$   mittlere Formänderungsfestigkeit
$\varphi_h$  –      Hauptformänderung
$\eta_F$  –      Formänderungswirkungsgrad ($\eta_F = 0{,}6 - 0{,}9$)
$h_0$ in mm      Rohlingshöhe
$x$  –      Verfahrensfaktor
$F_m$ in N      mittlere Ersatzkraft
$F_{max}$ in N      Maximalkraft

$$W = \frac{V \cdot k_{f_m} \cdot \varphi_h}{\eta_F}$$

oder aus Kraft und Verformungsweg

$$W = F \cdot s \cdot x$$

$$W = F\,(h_0 - h_1) \cdot x$$

$$x = \frac{F_m}{F_{max}} \qquad x \cong 0{,}6$$

Den Verfahrensfaktor $x$ ermittelt man aus einer idellen mittleren Ersatzkraft (Bild 4.9), die man sich über den ganzen Verformungsweg konstant vorstellt, und der Maximalkraft. Die mittlere Ersatzkraft legt man so in das Kraft-Weg-Diagramm, daß sich zum tatsächlichen Arbeitsdiagramm ein flächengleiches Rechteck ergibt.

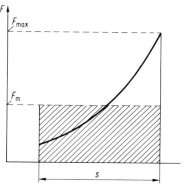

Bild 4.9 Kraft-Weg-Diagramm beim Stauchen

## 4.7 Stauchwerkzeuge

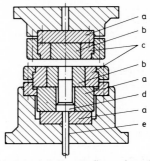

Stauchwerkzeuge werden überwiegend auf Druck und Reibung beansprucht. Sie müssen deshalb gegen Bruch und Verschleiß ausgelegt werden.
Den prinzipiellen Aufbau eines Stauchwerkzeuges nach VDI-Richtlinie 3186 Bl. 1 zeigt Bild 4.10.
Die Werkzeugwerkstoffe der wichtigsten Elemente (Bild 4.11) zeigt Tabelle 4.3.

Bild 4.10 Prinzipieller Aufbau eines Stauchwerkzeuges. a) Druckplatte, b) Döpper, c) Schrumpfring, d) Gegenstempel, e) Auswerfer (Auszug aus VDI-Richtlinie 3186, Bl. 1)

Tabelle 4.3  Werkzeugwerkstoffe

| Bezeichnung des Werkzeuges | Stahlsorte für das Werkzeug | | Härte des Werkzeuges HRC |
|---|---|---|---|
| | Kurzname | Werkstoff-Nr. | |
| a)  Schermesser | X 155 CrVMo 12 1<br>X 165 CrMoV 12<br>S 6-5-2<br>60 WCrV 7 | 1.2379<br>1.2601<br>1.3343<br>1.2550 | 57 bis 60<br>57 bis 60<br>57 bis 60<br>48 bis 55 |
| b)  Schermatrize | X 155 CrVMo 12 1<br>X 165 CrMoV 12<br>S 6-5-2<br>60 WCrV 7 | 1.2379<br>1.2601<br>1.3343<br>1.2550 | 57 bis 60<br>57 bis 60<br>57 bis 60<br>54 bis 58 |
| c)  Vorstaucher massiv | C 105 W 1<br>100 V 1<br>145 V 33 | 1.1545<br>1.2833<br>1.2838 | 57 bis 60<br>57 bis 60<br>57 bis 60 |
| c)  Vorstaucher geschrumpft | X 165 CrMoV 12<br>S 6-5-2 | 1.2601<br>1.3343 | 60 bis 63<br>60 bis 63 |
| d)  Fertigstaucher massiv | C 105 W 1<br>100 V 1<br>145 V 33 | 1.1545<br>1.2833<br>1.2838 | 58 bis 61<br>58 bis 61<br>58 bis 61 |
| d)  Fertigstaucher geschrumpft | X 165 CrMoV 12<br>S 6-5-2 | 1.2601<br>1.3343 | 60 bis 63<br>60 bis 63 |
| e)  Matrize massiv | C 105 W 1<br>100 V 1<br>145 V 33 | 1.1545<br>1.2833<br>1.2838 | 58 bis 61<br>58 bis 61<br>58 bis 61 |
| e)  Matrize geschrumpft | S 6-5-2<br>X 155 CrVMo 12 1<br>X 165 CrMoV 12 | 1.3343<br>1.2379<br>1.2601 | 60 bis 63<br>58 bis 61<br>58 bis 61 |

| f) Schrumpfring | 56 NiCrMoV 7<br>X 40 CrMoV 5 1<br>X 3 NiCoMoTi 18 9 5 | 1.2714<br>1.2344<br>1.2709 | 41 bis 47<br>41 bis 47<br>50 bis 53 |
|---|---|---|---|
| g) Auswerfer | X 40 CrMoV 5 1<br>60 WCrV 7 | 1.2344<br>1.2550 | 53 bis 56<br>55 bis 58 |
| Abscherwerkzeug: (Bild 4.11 b) | | | |
| 1 Matrize | S 6-5-2 | 1.3343 | 58 bis 61 |
| 2 Stempel | 60 WCrV 7<br>X 155 CrVMo 12 1<br>X 165 CrMoV 12 | 1.2550<br>1.2379<br>1.2601 | 58 bis 61<br>58 bis 61<br>58 bis 61 |
| 3 Auswerfer | X 40 CrMoV 5 1<br>60 WCrV 7 | 1.2344<br>1.2550 | 53 bis 56<br>55 bis 58 |

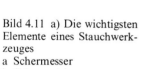

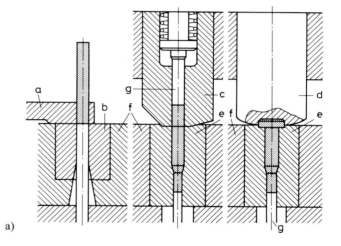

Bild 4.11 a) Die wichtigsten Elemente eines Stauchwerkzeuges
a Schermesser
b Schermatrize
c Vorstaucher
d Kopfstempel
e Matrize/Reduziermatrize
f Armierung
g Auswerfer

a)

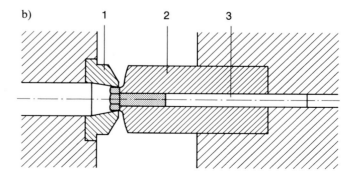

Bild 4.11 b) Abscherwerkzeug zum Ausstanzen des Sechskantes
1 Matrize
2 Stempel
3 Auswerfer

b)

An Stelle von Stahlmatrizen bei armier-
ten Werkzeugen (Bild 4.12) setzt man
auch Hartmetalle ein, weil sie besonders verschleißfest sind.
Bewährte Hartmetallsorten im Vergleich
zu Werkzeugstählen für die Massivumformung zeigt Tabelle 4.4.

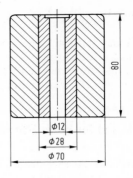

Bild 4.12 Preßmatrize mit Hartmetallkern für
Schraube M 12

Tabelle 4.4  Hartmetalle für die Massivumformung

| Werkzeug | HM-Sorte | HV 30 $N/mm^2 \cdot 10^3$ | Vergleichbare Stähle | |
|---|---|---|---|---|
| | | | Stoff-Nr. | Bezeichnung |
| Stempel | GT 20 | 13 | 1.3343 | S 6-5-2 |
| Stempel | GT 30 | 12 | 1.3207 | S 10-4-3-10 |
| Matrizen + Stempel | GT 40 | 10,5 | 1.2601 | X 165 CrMoV 12 |
| Matrizen + Stempel | GT 55 | 8,5 | 1.2080 | X 210 Cr 12 |
| Matrizen + Stempel | BT 30 | 11,5 | 1.2550 | 60 WCrV 7 |
| Matrizen + Stempel | BT 40 | 11,0 | 1.2542 | 45 WCrV 7 |

## 4.8 Erreichbare Genauigkeiten

### 4.8.1 Kaltstauchen

Die erreichbaren Genauigkeiten sind bei den spanlos erzeugten Massenteilen vom
Arbeitsverfahren, Zustand der Maschine und dem Zustand der Werkzeuge abhängig.
Die Toleranzangaben beziehen sich immer auf eine optimale Ausnutzung (Standzeit)
der Werkzeuge. Technisch möglich sind sehr viel kleinere Toleranzen.

Tabelle 4.5  Maßgenauigkeiten beim Kaltstauchen

| Nennmaß in mm | 5 | 10 | 20 | 30 | 40 | 50 | 100 |
|---|---|---|---|---|---|---|---|
| Kopfhöhen-Toleranz in mm | 0,18 | 0,22 | 0,28 | 0,33 | 0,38 | 0,42 | 0,5 |
| Kopf-∅-Toleranz in mm | 0,12 | 0,15 | 0,18 | 0,20 | 0,22 | 0,25 | 0,3 |

### 4.8.2 Warmstauchen

Für das Warmstauchen sind in DIN 7524 und 7526 Toleranzen und zulässige Abweichungen festgelegt.
Die Durchmesser- und Höhentoleranzen sind beim Warmstauchen etwa 5-mal so groß, wie die Werte beim Kaltstauchen.

## 4.9 Fehler beim Stauchen

Tabelle 4.6 Stauchfehler und ihre Ursachen

| Fehler | Ursache | Maßnahme |
|---|---|---|
| Ausknicken des Schaftes | Stauchverhältnis $s$ überschritten. | $s$ verkleinern durch Vorstauch |
| Längsriß im Kopf | Ziehriefen oder Oberflächenbeschädigungen im Ausgangsmaterial. | Vormaterial auf Oberflächenbeschädigungen überprüfen. |
| Schubrisse im Kopf | Formänderungsvermögen überschritten. $\varphi_h > \varphi_{zul.}$ | Formänderungsgrad verkleinern. Umformung auf 2 Arbeitsgänge verteilen. |
| Innenrisse im Kopf | | |

## 4.10 Berechnungsbeispiele

*Beispiel 1*

Es sind Kopfbolzen nach Skizze (Bild 4.13) aus Ck 35 herzustellen
*gegeben:* $\eta_F = 0,8$; $\mu = 0,15$
*gesucht:* Rohlingsabmessung
Anzahl der Arbeitsoperationen
Stauchkraft
Staucharbeit

Bild 4.13 Kopfbolzen

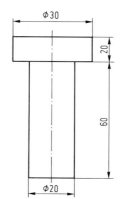

*Lösung:*

1. Volumen des Kopfes vom Fertigungsteil

$$V_k = \frac{d^2 \cdot \pi}{4} \cdot h = \frac{(30 \, \text{mm})^2 \cdot \pi \cdot 20 \, \text{mm}}{4}$$

$$= 14\,137 \, \text{mm}^3 \, .$$

Zu diesem Volumen gibt man normalerweise noch einen Zuschlag von $1-2\%$ für Abbrand- und Beizverluste.
Dieser Zuschlag wird hier aus Vereinfachungsgründen vernachlässigt.

2. Festlegun des Ausgangsdurchmessers

Da der Schaft einen Durchmesser von 20 mm hat, wählt man hier als Ausgangsdurchmesser

$$d_0 = 20 \, \text{mm} \, .$$

Daraus folgt für die Ausgangsfläche

$$A_0 = \frac{d_0^2 \, \pi}{4} = 314{,}2 \, \text{mm}^2 \, .$$

3. Ausgangshöhe für den Kopf (Bild 4.6)

$$h_{0_k} = \frac{V_k}{A_0} = \frac{14\,137 \, \text{mm}^3}{314{,}2 \, \text{mm}^2} = 45 \, \text{mm} \, .$$

4. Rohlingslänge

$$L = h_{0_k} + h_{sch} = 45 \, \text{mm} + 60 \, \text{mm} = 105 \, \text{mm} \, .$$

Daraus folgt die Abmessung des Rohlings:

$$\varnothing \, 20 \times 105 \, \text{lang} \, .$$

5. Stauchverhältnis

$$s = \frac{h_{0_k}}{d_0} = \frac{45 \, \text{mm}}{20 \, \text{mm}} = 2{,}25 \, .$$

Weil $s$ kleiner als der zulässige Grenzwert von 2,6 ist, kann das Werkstück aus der Sicht der Knickung in einem Arbeitsgang hergestellt werden.

6. Größe der Hauptformänderung

$$\varphi_h = \ln \frac{h_1}{h_{0_k}} = \ln \frac{20 \, \text{mm}}{45 \, \text{mm}} = 0{,}81 \rightarrow 81\% \, .$$

Die zulässige Formänderung aus Tabelle 1 beträgt

$$\varphi_{h_{zul.}} = 140\% \ .$$

Weil die sich aus der Abmessung ergebende tatsächliche Formänderung $\varphi_h$ kleiner ist als die zulässige Formänderung $\varphi_{h_{zul.}}$, kann das Werkstück auch aus der Sicht des Formänderungsvermögens in einem Arbeitsgang hergestellt werden.

### 7. Formänderungsfestigkeit

Die $k_f$-Werte werden aus der Fließkurve für den Werkstoff Ck 35 entnommen bzw. aus Tabelle 1, Teil III

$$k_{f_0} = 340 \ \text{N/mm}^2 \ \text{für } \varphi_h = \ 0\% \ ,$$

$$k_{f_1} = 920 \ \text{N/mm}^2 \ \text{für } \varphi_h = 81\% \ ,$$

$$k_{f_m} = \frac{k_{f_0} + k_{f_1}}{2} = \frac{340 + 920}{2} = 630 \ \text{N/mm}^2 \ .$$

### 8. Stauchkraft

$$F = A_1 \cdot k_{f_1} \left( 1 + \frac{1}{3} \ \mu \cdot \frac{d_1}{h_1} \right)$$

$$= \frac{(30 \ \text{mm})^2 \cdot \pi}{4} \cdot 920 \ \frac{\text{N}}{\text{mm}^2} \left( 1 + \frac{1}{3} \cdot 0,15 \cdot \frac{30 \ \text{mm}}{20 \ \text{mm}} \right),$$

$$F = 699\,082,8 \ \text{N} = 699 \ \text{KN} \ ,$$

### 9. Staucharbeit

$$W = \frac{V_k \cdot k_{f_m} \cdot \varphi_h}{\eta_F \cdot 10^3 \ \text{mm/m}} = \frac{14\,137 \ \text{mm}^3 \cdot 630 \ \text{N/mm}^2 \cdot 0,81}{0,8 \cdot 10^3 \ \text{mm/m}} \ ,$$

$$W = 9017,6 = 9 \ \text{KN m} \ .$$

*Beispiel 2*

Es sind Kugeln 30 mm $\varnothing$ aus 42 CrMo 4 herzustellen. Der Ausgangsdurchmesser ist so festzulegen, daß sich ein Stauchverhältnis von $s = 2,6$ ergibt.

*gegeben:* $\eta_F = 0,8$; $\mu = 0,15$
*gesucht:*

1. Volumen der Kugel
2. Rohlingsdurchmesser $d_0$ für $s = 2,6$
3. Rohlingsabmessung
4. tatsächliches Stauchverhältnis
5. Stauchkraft
6. Staucharbeit

*Lösung:*

1. Volumen der Kugel

$$V = \frac{4}{3}\pi \cdot r^3 = \frac{4}{3} \cdot \pi \cdot (15\,\text{mm})^3 = 14\,137,16\,\text{mm}^3 .$$

2. Ausgangsdurchmesser aus Stauchverhältnis

$$d_0 = \sqrt[3]{\frac{4 \cdot V}{\pi \cdot s}} = \sqrt[3]{\frac{4 \cdot 14\,137,16\,\text{mm}^3}{\pi \cdot 2,6}} = 19,05\,\text{mm} .$$

Da Material (Walzstahl) in der Abmessung 19,05 $\emptyset$ nicht handelsüblich ist, wird

$$d_0 = 20\,\text{mm}\ \emptyset\ \text{gewählt}.$$

Durch diese Wahl ist man zugleich mit dem Stauchverhältnis auf der sicheren Seite, weil es dadurch kleiner als 2,6 wird.

3. Rohlingslänge

$$h_0 = \frac{V}{A_0} = \frac{14\,137,16\,\text{mm}^3}{(20\,\text{mm})^2 \cdot \pi/4} = 44,99\,\text{mm} ,$$

$h_0 = 45\,\text{mm}$ gewählt.

4. Tatsächliches Stauchverhältnis aus der Rohlingsabmessung

$$s = \frac{h_0}{d_0} = \frac{45\,\text{mm}}{20\,\text{mm}} = 2,25 .$$

Da

$$s_{\text{tat}} < s_{\text{zul.}}$$
$$2,25 < 2,6 ,$$

kann die Kugel mit Sicherheit ohne Knickgefahr aus dieser Rohlingsabmessung hergestellt werden.

5. Stauchkraft

5.1   $\varphi_h = \ln \dfrac{h_1}{h_0} = \ln \dfrac{30\,\text{mm}}{45\,\text{mm}} = 0,4 \rightarrow 40\%$

$\varphi_{h_{\text{zul}}} = 80\%$ (aus Tabelle 1), also aus der Sicht des Formänderungsvermögens in einem Arbeitsgang möglich.

5.2 Aus Fließkurve, $k_f$-Werte entnehmen:

$$k_{f_0} = 420\,\text{N/mm}^2, \quad k_{f_1} = 960\,\text{N/mm}^2$$

$$k_{f_m} = \frac{k_{f_0} + k_{f_1}}{2} = \frac{420 + 960}{2} = 690\,\text{N/mm}^2$$

5.3 $\quad F = A_1 \cdot k_{f_1} \cdot \left(1 + \dfrac{1}{3} \cdot \mu \cdot \dfrac{d_1}{h_1}\right)$

$\qquad = (30 \text{ mm})^2 \cdot \dfrac{\pi}{4} \cdot 960 \text{ N/mm}^2 \cdot \left(1 + \dfrac{1}{3} \cdot 0{,}15 \cdot \dfrac{30 \text{ mm}}{30 \text{ mm}}\right)$

$\qquad F = 712\,513{,}2 \text{ N} = 712 \text{ kN}.$

6. Staucharbeit

$\qquad W = \dfrac{V \cdot k_{f_m} \cdot \varphi_h}{\eta_F \cdot 10^3 \text{ mm/m}} = \dfrac{14\,137{,}16 \text{ mm}^3 \cdot 690 \text{ n/mm}^2 \cdot 0{,}4}{0{,}8 \cdot 10^3 \text{ mm/m}}$

$\qquad W = 4877{,}3 \text{ N m} = 4{,}7 \text{ kN m}$

*Berechnungsblatt: Stauchen*

1. *Werkstoff:* _____

2. $d_0 = $ _____ mm , $\quad A_0 = $ _____ mm$^2$

3. *Volumen*

$\quad V = $ _____ $=$ _____ mm$^3$

4. $h_0 = \dfrac{V}{A_0} = $ _____ $=$ _____ mm

5. $s = \dfrac{h_0}{d_0} = $ _____ $=$ _____

6. $\varphi_h = \ln \dfrac{h_0}{h_1} = \ln$ _____ $= \ln$ _____ $=$ \_\_\_\_\_ %

7. $k_{f_0} = $ _____ ; $k_{f_1} = $ _____ ; $k_{f_m} = $ _____ N/mm$^2$

8. $F = A_1 \cdot k_{f_1} \left(1 + \dfrac{1}{3} \cdot \mu \cdot \dfrac{d_1}{h_1}\right)$

$\quad F = $ _____ $\left(1 + \dfrac{1}{3} \cdot 0{,}15 \cdot \text{_____}\right)$

$\quad F = $ _____ N $=$ _____ kN

8.1 $F = \dfrac{A_1 \cdot k_{f_1}}{\eta_F} = \dfrac{\text{_____}}{0{,}7 \cdot 10^3} = $ _____ kN

9. $W = \dfrac{V \cdot k_{f_m} \cdot \varphi_h}{\eta_F \cdot 10^6} = \dfrac{\text{_____}}{0{,}7 \cdot 10^6}$

$\quad W = $ _____ kN m

$10^6 = $ Umrechnungsfaktor von N mm in kN m.

## 4.11 Testragen zu Kapitel 4:

1. Wofür wird das Stauchverfahren bevorzugt eingesetzt?
2. Was ist das Maß für die Größe der Formänderung?
3. Wo findet man Angaben über die Größe der zulässigen Formänderung?
4. Wie kann man aus dem Formänderungsvermögen prüfen, wieviel Arbeitsoperationen zur Herstellung eines Stauchteiles erforderlich sind?
5. Was ist außer dem Formänderungsvermögen noch zu beachten?
6. Was passiert, wenn das zulässige Stauchverhältnis überschnitten wird?
7. Wie bezeichnet man die wichtigsten Elemente eines Stauchwerkzeuges?
8. Was war falsch, wenn am Kopf des Stauchteiles Schubrisse entstehen?

# 5. Fließpressen

## 5.1 Definition

Fließpressen ist ein Massivumformverfahren, bei dem der Werkstoff unter Einwirkung eines hohen Druckes zum Fließen gebracht wird. Die Umformung erfolgt überwiegend bei Raumtemperatur – Kaltfließpressen – weil man dabei preßblanke Werkstücke mit hoher Maßgenauigkeit erhält.
Nur wenn man für die Kaltumformung extreme Bedingungen (hohe Preßkräfte, großer Formänderungsgrad usw.) vorliegen, erwärmt man die Rohlinge auf Schmiedetemperatur – Warmfließpressen –.
Die so erzeugten Werkstücke haben geringere Maßgenauigkeiten und wegen der Zunderbildung rauhe Oberflächen, die in den meisten Fällen eine Nacharbeit erfordern.

## 5.2 Anwendung eines Verfahrens

Mit diesem Verfahren werden sowohl Massiv- als auch Hohlteile vielfältiger Form (Bilder 5.1, 5.2 und 5.3) erzeugt.

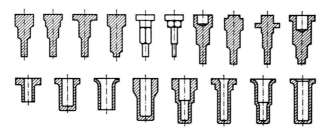

Bild 5.1 Vorwärts-Fließpreßteile

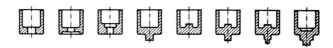

Bild 5.2 Rückwärts-Fließpreßteile

Bild 5.2 a) Typische Rückwärts-
Fließpreßteile

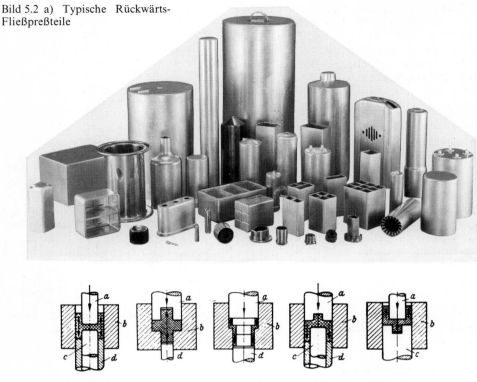

Bild 5.3 Typische Teile für das kombinierte Fließpressen. a) Stempel, b) Matrize, c) Gegenstempel, d) Ausstoßer

## 5.3  Unterteilung des Fließpreßverfahrens

*Gleichfließpressen (Vorwärtsfließpressen)*

Stempelbewegung und Werkstofffluß
haben die gleiche Richtung.
Beim Preßvorgang wird durch den
Druck des Stempels der Werkstoff in
Richtung der Stempelbewegung zum
Fließen gebracht. Dabei nimmt das
entstehende Werkstück die Innenform
der Matrize an.

*Gegenfließpressen (Rückwärtsfließpressen)*

Der Werkstofffluß ist der Stempelbewegung entgegengerichtet. Durch den
Stempeldruck über die Fließgrenze hin-
aus, wird der Werkstoff zum Fließen

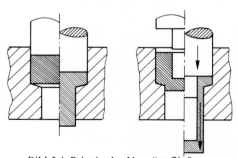

Bild 5.4  Prinzip des Vorwärtsfließpressens

gebracht. Da ein seitliches Ausweichen nicht möglich ist, fließt der Werkstoff durch den von Matrize und Stempel gebildeten Ringspalt, entgegen der Stempelbewegung, nach oben. Weil man mit diesem Verfahren auch Tuben herstellt, bezeichnet man es auch als »Tubenspritzen«.

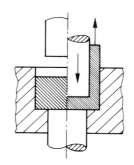

Bild 5.5 Prinzip des Rückwärtsfließpressens

*Kombiniertes Fließpreßverfahren*

Hierbei fließt der Werkstoff bei einem Stößelniedergang sowohl in Richtung, als auch gegen die Richtung der Stempelbewegung.

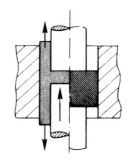

Bild 5.6 Prinzip des kombinierten Fließpressens

# 5.4 Ausgangsrohling

### 5.4.1 Gleichfließpressen

Stangenabschnitt, vorgeformter Napf, Rohrabschnitt.

### 5.4.2 Gegenfließpressen

Platine (Ronde), Stangenabschnitt

# 5.5 Hauptformänderung $\varphi_h$

### 5.5.1 Gleichfließpressen

$A_0$  in mm$^2$  Fläche vor der Umformung

$A_1$  in mm$^2$  Fläche nach der Umformung

$D_0$  in mm  Rondendurchmesser

$d$  in mm  Stempeldurchmesser

$\varphi_h$  –  Hauptformänderung

$$\varphi_h = \ln \frac{A_0}{A_1}$$

## 5.5.2 Gegenfließpressen allgemein

$$\varphi_h = \ln \frac{A_0}{A_1}$$

bevorzugt für dünnwandige Teile:

$$\varphi_h = \ln \frac{D_0}{D_0 - d} - 0,16$$

Die zulässigen Formänderungen zeigt die nachfolgende Tabelle.

Tabelle 5.1  Zulässige Formänderungen beim Fließpressen nach VDI-3138 Bl. 1

| Werkstoff | Vorwärtsfließpr. $\varphi_{h_{zul}}$ | Rückwärtsfließpr. $\varphi_{h_{zul}}$ |
|---|---|---|
| Al 99,5−99,8 | 3,9 | 4,5 |
| AlMgSi 0,5; AlMgSi 1; AlMg 2; AlCuMg 1 | 3,0 | 3,5 |
| CuZn 15-CuZn 37 (Ms 63); CuZn 38 Pb 1 | 1,2 | 1,1 |
| Mbk 6; Ma 8; und Stähle mit kleinem C-Gehalt | 1,4 | 1,2 |
| Ck 10; Ck 15; Cq 10; Cq 15 | 1,2 | 1,1 |
| Cq 22; Cq 35; 15 Cr 3 | 0,9 | 1,1 |
| Ck 45; Cq 45; 34 Cr 4; 16 MnCr 5 | 0,8 | 0,9 |
| 42 CrMO 4; 15 CrNi 6 | 0,7 | 0,8 |

## 5.6  Kraft- und Arbeitsberechnung

*Gleichfließpressen*

Kraft:

$$F = \frac{A_0 \cdot k_{f_m} \cdot \varphi_h}{\eta_F}$$

$\eta_F = 0,6 - 0,8$   (siehe Tab. 5.7)

| | | |
|---|---|---|
| $F$ | in N | Fließpreßkraft |
| $A_0$ | in mm² | Fläche vor der Umformung |
| $k_{f_m}$ | in N/mm² | mittlere Formänderungsfestigkeit |
| $\varphi_h$ | – | Hauptformänderung |
| $\eta_F$ | – | Formänderungswirkungsgrad |
| $W$ | in N m | Formänderungsarbeit |
| $s_w$ | in mm | Verformungsweg |
| $h_0$ | in mm | Rohlingshöhe |
| $h_k$ | in mm | Kopfhöhe (Bild 5.7) |
| $h_1$ | in mm | Bodendicke (Bild 5.8) |
| $x$ | – | Verfahrensfaktor ($x = 1$) |
| $A_{st}$ | in mm² | Querschnittsfläche des Stempels |

Arbeit:

$$W = F \cdot s_w \cdot x$$

$$s_w = h_0 - h_k$$

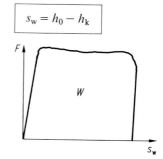

Bild 5.9 Kraft-Weg-Diagramm beim Fließpressen

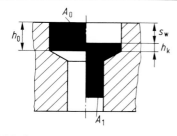

Bild 5.7 Querschnittsverhältnisse beim Gleichfließpressen

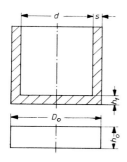

Bild 5.8 Kenngrößen beim Rückwärtsfließpressen

*Gegenfließpressen*

Kraft:

a) für dickwandige Teile ($D_0/s \leq 10$)

$$F = \frac{A_0 \cdot k_{f_m} \cdot \varphi_h}{\eta_F}$$

mit $\eta_F \approx 0{,}5$ bis $0{,}7$ (siehe Tab. 5.7)

b) für dünnwandige Teile ($D_0/s \geq 10$)

$$F = A_{St} \cdot \frac{k_{f_m}}{\eta_F}\left(2 + 0{,}25\,\frac{h_0}{s}\right)$$

Arbeit:

$$W = F \cdot s_w \cdot x$$

mit $x = 1$

$$s_w = h_0 - h_1.$$

## 5.7 Fließpreßwerkzeuge

Fließpreßwerkzeuge sind hochbeanspruchte Werkzeuge. Von ihrer Gestaltung, der Werkstoffwahl, der Einbauhärte und der Vorspannung der Matrizen wird der Erfolg beim Fließpressen bestimmt.

Die Matrize muß beim Pressen von Stahl in jedem Fall armiert sein. Der Schrumpfverband Matrize-Armierung kann nach VDI-Richtlinie VDI-3186 Bl. 3 berechnet werden.

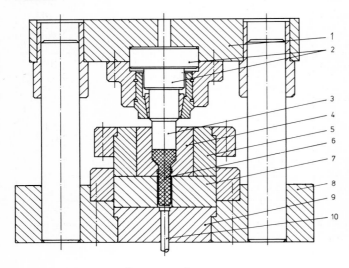

Bild 5.10 Werkzeug für das Vorwärtsfließpressen.
1 Kopfplatte, 2 Druckplatte, 3 Stempel, 4 Preßbüchse, 5 Schrumpfring, 6 Werkstück, 7 Zwischenplatte, 8 Grundplatte, 9 Druckplatte, 10 Auswerfer

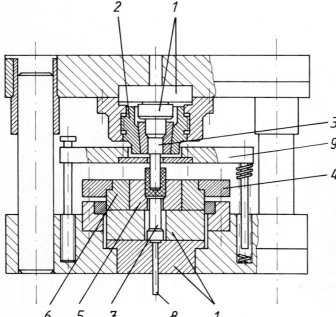

Bild 5.11 Werkzeug für das Rückwärtsfließpressen.
1 Druckplatte, 2 Spannmutter für Stempel, 3 Preßstempel, 4 Spannring für Matrize, 5 Preßbüchse, 6 Schrumpfring (Armierung), 7 Gegenstempel, 8 Auswerfer, 9 Abstreifer

Tabelle 5.2 Werkzeugstoffe und Einbauhärten für Fließpreßwerkzeuge (Auszug aus VDI 3186 Teil 1)

| Werkstoff- | | | Einbau-härte HRC | Verwendung für | | | | $R_e$ N/mm$^2$ |
|---|---|---|---|---|---|---|---|---|
| Bezeichnung | | Nr. | | Stempel | Matrize | Armie-rung | Aus-werfer | |
| Werkzeugstähle | S 6-5-2 (M 2) | 1.3343 | 62 bis 64 | ×× | ×× | | ×× | 2100 |
| | S 18-0-1 (B 18) | 1.3355 | 59 bis 62 | ×× | × | | | 2100 |
| | S 6-5-3 (M 4) | 1.3344 | 62 bis 64 | ×× | | | | 2200 |
| | X 165 CrMoV 12 | 1.2762 | 60 bis 62 | × | × | | × | 2000 |
| | X 40 CrMoV 51 | 1.2344 | 50 bis 56 | | × | ×× | × | 1200 − 1400 |
| | 42 CrMo 4 | 1.7225 | 30 bis 34 | | | ×× | × | 700 − 900 |
| Hartmetalle | G 40 | | 1100 HV | × | × | | | |
| | G 50 | | 1000 HV | | × | | | |
| | G 60 | | 950 HV | × | ×× | | | |

× − geeignet;     ×× − bevorzugt angewandt;     E-Modul St $\cong$ 210 000 N/mm$^2$.

# 5.8 Armierungsberechnung nach VDI 3186 Bl. 3 für einfach armierte Preßbüchsen

$D$   in mm   Außendurchmesser des Schrumpfverbandes (meist durch die Aufnahmebohrung der Maschine gegeben)

$d_F$   in mm   Fugendurchmesser

$d$   in mm   Innendurchmesser der Preßbüchse (Matrize)

$R_{e_1}$   in N/mm$^2$   Streckgrenzenfestigkeit der gehärteten Preßbüchse

$R_{e_2}$   in N/mm$^2$   Streckgrenzenfestigkeit des Armierungsringes

$p_i$   in N/mm$^2$   Innendruck im Werkzeug

$F_{st}$   in N   Stempelkraft beim Fließpressen

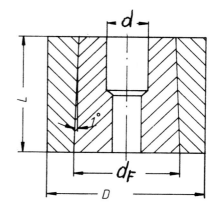

$A_{st}$   in mm$^2$   Querschnittsfläche des Stempels

$z_1$   in mm   Absolutes Übermaß der Preßbüchse am Fugendurchmesser $d_F$

$\vartheta$   in °C   Temperatur in °C

$T$   in °K   Temperatur zum Fügen des Schrumpfverbandes.
$[T(°K) = \vartheta(°C) + 273]$

$\alpha$   in mm/mmK   Thermischer Ausdehnungskoeffizient für Stahl $\alpha = 12{,}5 \cdot 10^{-6}$ mm/mmK

$s$   in mm   gewünschtes Einführspiel

$E$   in N/mm$^2$   Elastizitätsmodul $(E_{Stahl} = 210\ kN/mm^2)$

Tabelle 5.3 Zulässige Innendrücke in Abhängigkeit von der Armierung

| $p_{i_{zul}}$ (N/mm$^2$) | Armierung |
|---|---|
| 1000 | ohne |
| 1000 – 1600 | einfach |
| 1700 – 2000 | doppelt |

| | |
|---|---|
| $p_i = \dfrac{F_{st}}{A_{st}} - k_{f_0}$ | 1 |
| $p_s = \dfrac{p_i}{R_{e_1}}$ | 2 |
| $K_1 = \dfrac{R_{e_1}}{R_{e_2}}$ | 3 |
| $Q_1 = \sqrt{\dfrac{1}{2}\left(1 + \dfrac{1}{K_1}\right) - p_s}$ | 4 |
| $Q_2 = Q_1 \cdot K_1$ | 5 |
| $Q = Q_1 \cdot Q_2$ | 6 |
| $d_F \approx 0{,}9 \cdot \sqrt{D \cdot d}$ | 7 |
| $d_F = \dfrac{d}{Q_1}$ | 8 |
| $D = \dfrac{d}{Q}$ | 9 |
| $z_1 = \dfrac{d_F \cdot R_{e_1}}{E} \cdot \left(\dfrac{1}{K_1} - Q_1^2\right)$ | 10 |
| $T = \dfrac{z_1 + s}{d_F \cdot \alpha}$ | 11 |

($p_i$ nach [14-2/2 S. 1008])

Weil $d$ und $D$ in der Regel bekannt sind, berechnet man den Fugendurchmesser überwiegend mit Gleichung 7.

*Beispiel:*

Berechnen Sie den Fugendurchmesser und das erforderliche Übermaß der Preßbüchse für folgende gegebene Daten!

Gegeben:

$p_i$ = 1000 N/mm² (angenommener Wert)
$D$ = 120 mm Ø (in der Maschine vorhandene Werzeugaufnahmebohrung)
$d$ = 40 mm Ø
$R_{e_1}$ = 2100 N/mm² (für Matrizenwerkstoff S 6-5-2)
$R_{e_2}$ = 1400 N/mm² (für Armierungswerkstoff X 40 CrMoV 51).

*Lösung:*

$$d_F \cong 0{,}9 \cdot \sqrt{D \cdot d} = 0{,}9 \cdot \sqrt{120 \text{ mm} \cdot 40 \text{ mm}} = 62{,}3 \text{ mm}$$

$$d_F = 65 \text{ mm} \quad \text{gewählt}$$

$$p_s = \frac{p_i}{R_{e_1}} = \frac{1000 \text{ N/mm}^2}{2100 \text{ N/mm}^2} = 0{,}476$$

$$K_1 = \frac{R_{e_1}}{R_{e_2}} = \frac{2100 \text{ N/mm}^2}{1400 \text{ N/mm}^2} = 1{,}5$$

$$Q_1 = \sqrt{\frac{1}{2}\left(1 + \frac{1}{K_1}\right) - p_s} = \sqrt{\frac{1}{2}\left(1 + \frac{1}{1{,}5}\right) - 0{,}476} = 0{,}59$$

$$z_1 = \frac{d_F \cdot R_{e_1}}{E}\left(\frac{1}{K_1} - Q_1^2\right) = \frac{65 \text{ mm} \cdot 2100 \text{ N/mm}^2}{210\,000 \text{ N/mm}^2}\left(\frac{1}{1{,}5} - 0{,}592\right)$$

$$z_1 = \underline{\underline{0{,}20 \text{ mm}}}.$$

Wenn bezüglich des Außendurchmessers des Matrizenverbandes völlige Freiheit
besteht, dann kann man $d_F$ aus Gleichung 8 und $D$ aus Gleichung 9 bestimmen und
mit diesen Werten dann $z_1$ errechnen.
Dabei ergeben sich aber in der Regel wesentlich größere Abmessungen für den
Matrizenverband.

## 5.9  Erreichbare Genauigkeiten

Die beim Kaltfließpressen erreichbaren Genauigkeiten zeigen die Tabellen 5.4.1 und 5.4.2. Beide Tabellen sind Auszüge aus VDI-3138 Bl. 1.

Tabelle 5.4.1  Durchmessertoleranzen für Kaltfließpreßteile aus Stahl

| Gültig für | | Bereich in mm | | | | | | Masse in kg |
|---|---|---|---|---|---|---|---|---|
| | | bis 10 | über 10 bis 16 | über 16 bis 25 | über 25 bis 40 | über 40 bis 63 | über 63 bis 100 | |
| Innendurchmesser | | 0,05 | 0,06 | 0,06 | 0,07 | 0,08 | | bis 0,1 |
| | | 0,08 | 0,09 | 0,10 | 0,11 | 0,12 | 0,14 | −  0,5 |
| | | 0,10 | 0,11 | 0,12 | 0,14 | 0,16 | 0,18 | −  4,0 |
| | | 0,12 | 0,14 | 0,16 | 0,18 | 0,20 | 0,22 | − 25 |
| Außendurchmesser | | 0,09 | 0,11 | 0,14 | 0,18 | 0,22 | 0,28 | bis 0,1 |
| | | 0,14 | 0,18 | 0,22 | 0,28 | 0,35 | 0,45 | −  0,5 |
| | | 0,18 | 0,22 | 0,28 | 0,35 | 0,45 | 0,56 | −  4,0 |
| | | 0,22 | 0,28 | 0,35 | 0,45 | 0,56 | 0,71 | − 25 |

Tabelle 5.4.2  Wanddickentoleranzen beim Napf-Rückwärtsfließpressen für $l/d < 2,5$
$l$  in mm  Bohrungslänge
$d$  in mm  Bohrungsdurchmesser

| Wanddicke in mm | Toleranz in mm |
|---|---|
| 0,3 bis 0,6 | ± 0,05 |
| 0,6 bis 1,0 | ± 0,075 |
| 1,0 bis 2,5 | ± 0,1 |
| > 2,5 | ± 0,2 |

*Oberflächengüte*

Kaltfließpreßteile haben eine hohe Oberflächengüte und zeigen deshalb ein gutes Verschleißverhalten.
Unter der Voraussetzung, daß

a) die Oberflächengüte der Werkzeuge gut ist,
b) das Schmiermittel und das Verfahren der Schmiermittelaufbringung richtig gewählt sind,
c) die Formänderung in den zulässigen Grenzen bleibt,

lassen sich an den Flächen, an denen der Werkstofffluß erfolgt, Rauhigkeiten in der Größenordnung von

$$R_t = 5 \text{ bis } 10 \ \mu\text{m}$$

erreichen.

## 5.10 Fehler beim Fließpressen

Die wichtigsten Fehler, die beim Fließpressen entstehen können, sind in Tabelle 5.5 zusammengefaßt.

Tabelle 5.5 Fehler und Fehlerursachen beim Fließpressen

| Fehler | Ursache | Maßnahme |
|---|---|---|
| Oberflächeninnenrisse | Überschreitung des Formänderungs-vermögens | Umformung auf 2 Operationen verteilen und Zwischenglühen |
| Schubrisse unter 45° | Überschreitung des Formänderungs-vermögens beim Setzvorgang (Stauchen)<br>– Arbeitsvorgang vor dem Fließ-pressen um einen genauen Rohling zu erzeugen | größeren Ausgangsdurch-messer wählen |
| Oberflächenaußenrisse | Falsche Schmierung! Zu viel Flüssigschmiermittel, das beim Preßvorgang nicht aus der Matrize entweichen kann, führt zur Schmiermittelexplosion. Sie erzeugt Risse | weniger Schmiermittel einsetzen |

## 5.11 Stadienplan

In den meisten Fällen sind zur Herstellung eines Preßteiles mehrere Operationen erforderlich. Die Folge der einzelnen Zwischenstufen und die Abmessungen der Zwischenformen (Stadien) werden in einem Plan, den man als

»Stadienplan«

bezeichnet, dargestellt. Außer den Abmessungen der einzelnen Stadien enthält der Stadienplan Angaben über

die Wärme- und Oberflächenbehandlung,
die Größe der Formänderungen,
die Größe der Kräfte und Arbeiten, die zur Umformung notwendig sind.

Der Stadienplan ist die wichtigste Arbeitsunterlage zur Festlegung der erforderlichen Umformmaschinen, für die Konstruktion der Werkzeuge und zur Bestimmung der Fertigungszeiten.

Bild 5.12 zeigt einen Stadienplan für eine Schraube M 12 × 60.

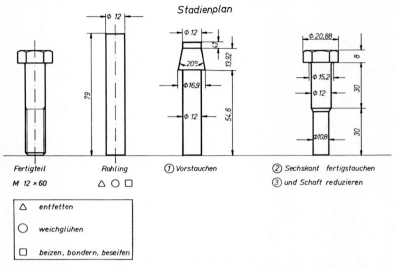

Bild 5.12  Arbeitsstufen einer Schraube mit angepreßtem Sechskantkopf

## 5.12  Berechnungsbeispiele

*Beispiel 1*

Es sind Bolzen nach Bild 5.13 aus 42CrMo4 herzustellen. Zu bestimmen sind:
Arbeitsverfahren, Rohling, Kraft und Arbeit,
gegeben: $\eta = 0,7$.

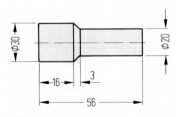

Bild 5.13 Bundbolzen

*Lösung:*

1. Arbeitsverfahren: Vorwärtsfließpressen
2. Rohling
2.1. Volumen des Fertigteiles

$$V_F = \frac{D^2\,\pi}{4} \cdot h_1 + \frac{\pi}{12} \cdot h_2 (D^2 + D \cdot d + d^2) + \frac{d^2\,\pi}{4} \cdot h_3$$

$$= \frac{\pi}{4}\left[ D^2\,h_1 + \frac{h_2}{3}\,(D^2 + D \cdot d + d^2) + d^2\,h_3 \right]$$

$$= 0,785 \left[ (30 \text{ mm})^2 \cdot 16 \text{ mm} + \frac{3 \text{ mm}}{3} (900 \text{ mm}^2 + 30 \text{ mm} \cdot 20 \text{ mm} + 400 \text{ mm}^2) \right.$$
$$\left. + (20 \text{ mm})^2 \cdot 37 \text{ mm} \right]$$

$$V_F = 24\,413 \text{ mm}^3.$$

Zuschlag für Abbrand- u. Beizverluste: 2%

$$V_{Ab} = \frac{2}{100} \cdot 24\,413 \text{ mm}^3 = 488 \text{ mm}^3.$$

Volumen des Rohlings $V_R = V_F + V_{Ab} = 24\,413 \text{ mm}^3 + 488 \text{ mm}^3 = 24\,901 \text{ mm}^3.$

2.2. Rohlingsabmessung

$$D_0 = 30,0 \text{ mm gewählt}, \quad A_0 = \frac{(30 \text{ mm})^2 \pi}{4} = 706,5 \text{ mm}^2$$

$$h_0 = \frac{V_R}{A_0} = \frac{24\,901 \text{ mm}^3}{706,5 \text{ mm}^2} = 35,24 \text{ mm}, \quad h_0 = 35,0 \text{ mm gewählt}.$$

3. Preßkraft $F$

3.1. $\quad \varphi_h = \ln \frac{A_0}{A_1} = \ln \frac{706,5 \text{ mm}^2}{314 \text{ mm}^2} = \ln 2,25 = 0,81, \quad \varphi_h = 81\%.$

3.2. $\quad k_{f_0} = 420 \text{ N/mm}^2, \quad k_{f_1} = 1080 \text{ N/mm}^2, \quad k_{f_m} = \frac{k_{f_0} + k_{f_1}}{2} = 750 \text{ N/mm}^2.$

3.3. $\quad F = \frac{A_0 \cdot k_{f_m} \cdot \varphi_h}{\eta_F} = \frac{706,5 \text{ mm}^2 \cdot 750 \text{ N/mm}^2 \cdot 0,81}{0,7} = 613\,141 \text{ N} = 613 \text{ kN}.$

4. Arbeit $W$

$$s_w = h_0 - h_k = 35 \text{ mm} - 16 \text{ mm} = 19 \text{ mm} = 0,019 \text{ m}$$

$$W = F \cdot s_w \cdot x = 613 \text{ kN} \cdot 0,019 \text{ m} \cdot 1 = 11,6 \text{ kNm}.$$

*Beispiel 2*

Es sind Hülsen nach Bild 5.14 aus Al 99,5 herzustellen.
Gegeben: $\eta_F = 0,7$

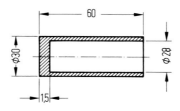

Bild 5.14 Hülse

Zu bestimmen sind:
Arbeitsverfahren, Rohling, Kraft und Arbeit.

*Lösung 1:*

1. Arbeitsverfahren: Rückwärtsfließpressen

2. Rohling

2.1. Volumen des Fertigteiles

$$V_F = d_i^2 \frac{\pi}{4} \cdot s_b + (D^2 - d_i^2) \frac{\pi}{4} \cdot h_1$$
$$= (28 \text{ mm})^2 \cdot \frac{\pi}{4} \cdot 1,5 \text{ mm} + (30^2 - 28^2) \text{ mm}^2 \cdot \frac{\pi}{4} \cdot 60 \text{ mm} = 6386,7 \text{ mm}^3$$

Zuschlag für Abbrand- und Beizverluste: 1%

$$V_{Ab} = \frac{1}{100} \cdot 6386 \text{ mm}^3 \cong 64 \text{ mm}^3.$$

Volumen des Rohlings $V_R = V_F + V_{Ab} = 6386,7 \text{ mm}^3 + 64 \text{ mm}^3 = 6451 \text{ mm}^3$.

2.2. Rohlingsabmessung

$$D_0 = 30_{-0,1} \text{ mm}, \quad A_0 = 706,5 \text{ mm}^2$$
$$h_0 = \frac{V_R}{A_0} = \frac{6451 \text{ mm}^3}{706,5 \text{ mm}^2} = 9,13 \text{ mm}, \quad h_0 = 9,0 \text{ mm gewählt.}$$

3. Preßkraft $F$

3.1. $\varphi_h = \ln \dfrac{D_0}{D_0 - d} - 0,16 = \ln \dfrac{30 \text{ mm}}{30 \text{ mm} - 28 \text{ mm}} - 0,16 = \ln 15 - 0,16$

$\qquad = 2,70 - 0,16 = 2,54$

$\qquad \varphi_h = 254\%.$

3.2. Formänderungsfestigkeit aus der Fließkurve oder Tabelle 1 (Teil III)

$$k_{f_0} = 60 \text{ N/mm}^2, \quad k_{f_1} = 184 \text{ N/mm}^2,$$
$$k_{f_m} = \frac{k_{f_0} + k_{f_1}}{2} = \frac{60 \text{ N/mm}^2 + 184 \text{ N/mm}^2}{2} = 122 \text{ N/mm}^2.$$

3.3. $F = A_{St} \cdot \dfrac{k_{f_m}}{\eta_F} \left( 2 + 0,25 \dfrac{h_0}{s} \right) = \dfrac{(28 \text{ mm})^2 \pi}{4} \cdot \dfrac{122 \text{ N/mm}^2}{0,7} \left( 2 + 0,25 \dfrac{9}{1} \right)$

$\qquad = 455\,836 \text{ N} = 456 \text{ kN}.$

4.1. Umformweg

$$s_w = h_0 - h_1 = 9 \text{ mm} - 1,5 \text{ mm} = 7,5 \text{ mm} = 0,0075 \text{ m}$$

4.2    $W = F \cdot s_w \cdot x = 456$ kN $\cdot 0,0075$ m $\cdot 1 = 3,4$ kN m.

*Beispiel 3*

Es sind Werkstücke nach Bild 5.15 herzustellen. Der Rohlingsdurchmesser ist so zu wählen, daß sich zunächst rechnerisch ein Stauchverhältnis von $s = 2$ ergibt. Der errechnete Durchmesser $d_0$ ist auf volle mm aufzurunden. Die errechnete Rohlingslänge $h_0$ soll ebenfalls auf volle mm gerundet werden.
Gegeben: Werkstoff Ck 15, $\eta_F = 0,7$, $\mu = 0,15$.
Erstellen Sie den Stadienplan!

*Lösung:*

1. *Volumen*

1.1. Kopfvolumen

$$V_K = \frac{4}{3}\, \pi \cdot r^3 - \pi \cdot h^2 \left( r - \frac{h}{3} \right)$$

$$V_K = \pi \left[ \frac{4}{3} \cdot 25^3 - 5^2 \left( 25 - \frac{5}{3} \right) \right]$$

$$V_K = \underline{\underline{63\,617 \text{ mm}^3}}$$

1.2. Volumen der beiden Schäfte

$$V_1 + V_2 = \frac{\pi}{4}\, (30^2 \cdot 35 + 20^2 \cdot 25)$$

$$= 24\,740 + 7854.$$

1.3. Gesamtvolumen

$$V_{ges} = V_K + V_1 + V_2 = \underline{\underline{96\,211 \text{ mm}^3}}$$

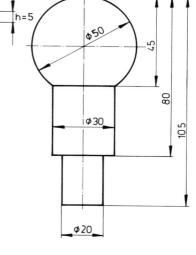

Bild 5.15  Kugelbolzen

2. Erforderliches $d_0$ aus Stauchverhältnis bestimmen

$$d_0 = \sqrt[3]{\frac{4 \cdot V_K}{\pi \cdot s}}$$

$$= \sqrt[3]{\frac{4 \cdot 63\,617 \text{ mm}^3}{\pi \cdot 2}}$$

$$= 34,34 \text{ mm}$$

$$d_0 = \underline{\underline{35 \text{ mm } \varnothing \text{ gewählt}}}\ .$$

3. Rohlingslänge $h_0$

$$h_0 = \frac{V_{ges}}{A_0} = \frac{96\,211 \text{ mm}^3}{35^2\, \pi/4 \text{ mm}^2} = 99,99 \text{ mm}, \quad h_0 = \underline{\underline{100 \text{ mm gewählt}}}.$$

## 3.1. Erforderliche Rohlingslänge für den Kugelkopf $h_{0_K}$

$$h_{0_K} = \frac{V_K}{A_0} = \frac{63\ 617\ \text{mm}^3}{962,11\ \text{mm}^2} = 66,1\ \text{mm}$$

## 4. Vorwärtsfließpressen

4.1.    $\varphi_h = \ln \frac{A_0}{A_1} = \ln \frac{d_0^2}{d_1^2} = \ln \frac{35^2}{20^2} = 1,12 \rightarrow \underline{\underline{112\%}}, \quad \varphi_{h_{zul}} = 120\%$.

4.2.    $k_{f_0} = 280, \quad k_{f_1} = 784, \quad k_{f_m} = 532\ \text{N/mm}^2$

4.3.    $F = \frac{A_0 \cdot k_{f_m} \cdot \varphi_h}{\eta_F} -- = \frac{962,11\ \text{mm}^2 \cdot 532\ \text{N/mm}^2 \cdot 1,12}{0,7}$

$F = 818\ 948\ \text{N} = \underline{\underline{819\ \text{kN}}}$ .

4.4.    $s_w = h_0 - h_{0_K} = 100 - 66,1 = 33,9\ \text{mm} = 0,0339\ \text{m}$

4.5.    $W = F \cdot s_w \cdot x = 819\ \text{kN} \cdot 0,0339\ \text{m} \cdot 1 = \underline{\underline{27,8\ \text{kN\,m}}}$ .

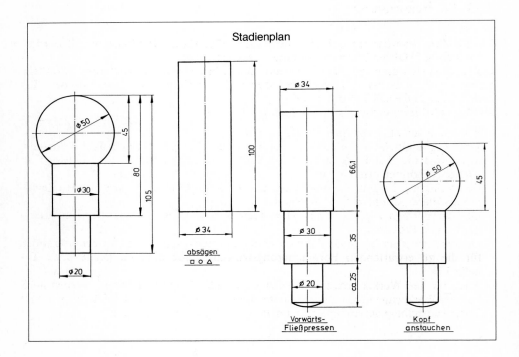

Bild 5.16 Stadienfolge zur Herstellung eines Kugelbolzens

5. Stauchen

5.1. $\varphi_h = \ln \dfrac{h_{0_K}}{h_K} = \ln \dfrac{66,1}{45} = 0,384 \rightarrow \underline{\underline{38,4\%}}$

$\varphi_{h_{zul}} = 150\%$.

5.2. $k_{f_0} = 280,\quad k_{f_1} = 670,\quad k_{f_m} = 475 \text{ N/mm}^2$

5.3. $F = A_1 \cdot k_{f_1}\left(1 + \dfrac{1}{3}\,\mu\,\dfrac{d_1}{h_1}\right)$

$\quad = \dfrac{50^2\,\pi}{4} \text{ mm}^2 \cdot 670 \text{ N/mm}^2\left(1 + \dfrac{1}{3} \cdot 0,15 \cdot \dfrac{50 \text{ mm}}{45 \text{ mm}}\right)$

$F = 1\,387\,896,7 \text{ N} = \underline{\underline{1\,388 \text{ kN}}}$

5.4. $W = \dfrac{V_K \cdot k_{f_m} \cdot \varphi_h}{\eta_F} = \dfrac{63\,617 \text{ mm}^3 \cdot 475 \text{ N/mm}^2 \cdot 0,384}{0,7}$

$W = 16\,576\,771 \text{ N/mm} = \underline{\underline{16,6 \text{ kN m}}}$

## 5.13 Formenordnung

Für die Arbeitsvorbereitung, in der die Stadienpläne für die Preßteile erstellt werden, ist es wichtig Erfahrungswerte zu sammeln und festzuhalten.
Deshalb arbeitet man mit einer Formenordnung, in der man die vielfältigen Preßteil-formen nach Arbeitsverfahren, Arbeitsfolge, Schwierigkeitsgrad usw. ordnet. Tabelle 5.6 zeigt eine solche Formenordnung.
Die Vorteile einer solchen Formenordnung sind:

- Erstellung von Stadienplänen für neue Teile.
  Wenn für ähnliche Teile aus der Formenordnung bereits Stadienpläne vorliegen, dann wird die Erstellung eines neuen Stadienplanes erleichtert, weil man sich an ähnlichen Formen orientieren kann.
  Dadurch wird die Einarbeitung neuer unerfahrener Mitarbeiter wesentlich erleichtert und das Spezialistentum abgebaut.
- Gleiche Formengruppen haben aber auch gleiche oder ähnliche Schwierigkeitsgrade beim Pressen.
  Daraus kann man in Abhängigkeit von der Formengruppe auch Größenordnungen für die zu erwartenden Formänderungswirkungsgrade ableiten (siehe dazu Tabelle 5.7).
- Auch für den Werkzeugbau ergeben sich Vorteile. Ähnliche Formen ergeben auch bei den Werkzeugen ähnliche Elemente, die man dann innerbetrieblich normen und in der Herstellung vereinfachen und dadurch billiger herstellen kann.

Tabelle 5.6 Formenordnung nach Lange

| Deckfläche / Mantelfläche | ohne Nebenform einseitig | ohne Nebenform zweiseitig | mit Aussparung (Hohlkörper) einseitig | mit Aussparung (Hohlkörper) zweiseitig | mit Zapfen einseitig | mit Zapfen zweiseitig | mit Aussparung und Zapfen einseitig | mit Aussparung und Zapfen zweiseitig |
|---|---|---|---|---|---|---|---|---|

**Klasse 1** Scheibenform
$d > h$
$d_1 > h_1$

| | | | | | | | | |
|---|---|---|---|---|---|---|---|---|
| Hauptform zylindrisch 1.1 | | | | | | | | |
| Hauptform mit durchgehender Bohrung 1.2 | | | | | | | | |
| Hauptform mit gewölbten, profilierten oder kegeligen Teilflächen 1.3 | | | | | | | | |

**Klasse 2** gedrungene Form
$d = h$
$d_1 = h_1$

| | | | | | | | | |
|---|---|---|---|---|---|---|---|---|
| Hauptform zylindrisch 2.1 | | | | | | | | |
| Hauptform mit Kopf oder Flansch 2.2 | | | | | | | | |
| Hauptform mit durchgehender Bohrung 2.3 | | | | | | | | |
| Hauptform mit gewölbten, profilierten oder kegeligen Teilflächen 2.4 | | | | | | | | |

Tabelle 5.6 Formenordnung nach Lange

**Klasse 3**

Langform
Vollkörper

$d < h$
$d_1 > h_1$

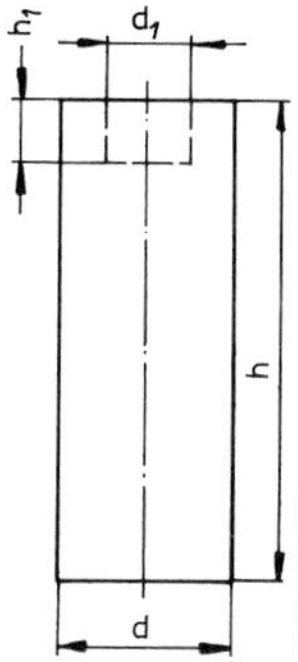

| Deckfläche / Mantelfläche | ohne Nebenform | | mit Aussparung (Hohlkörper) | | mit Zapfen | | mit Aussparung und Zapfen | |
|---|---|---|---|---|---|---|---|---|
| | einseitig | zweiseitig | einseitig | zweiseitig | einseitig | zweiseitig | einseitig | zweiseitig |
| 3.1 Hauptform glatter Schaft | | | | | | | | |
| 3.2 Hauptform abgesetzter Schaft | | | | | | | | |
| 3.3 Hauptform mit gewölbten, profilierten oder kegeligen Teil-flächen | | | | | | | | |

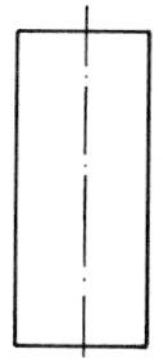

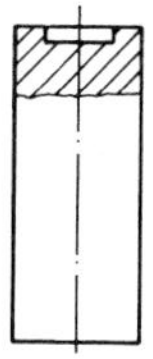

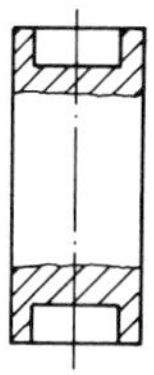

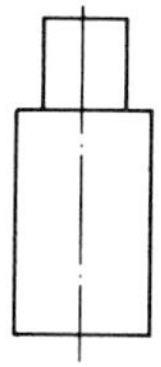

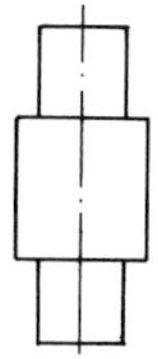

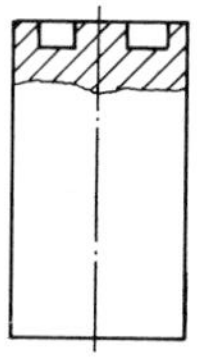

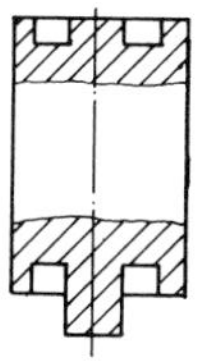

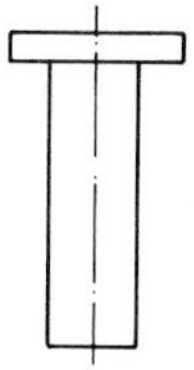

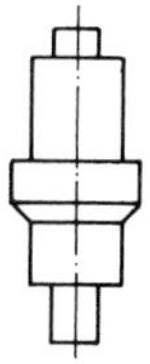

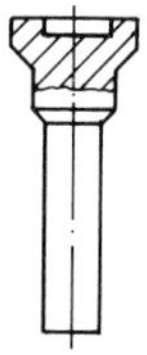

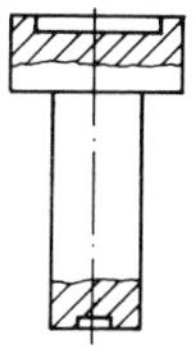

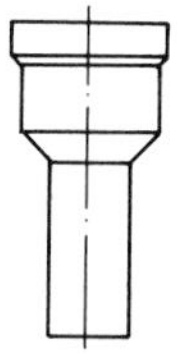

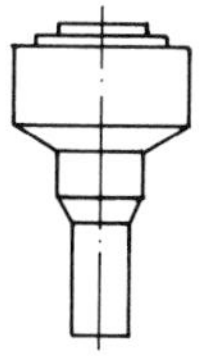

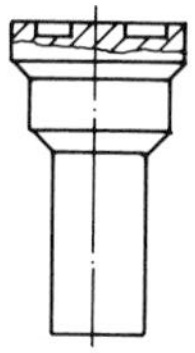

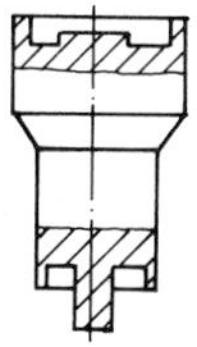

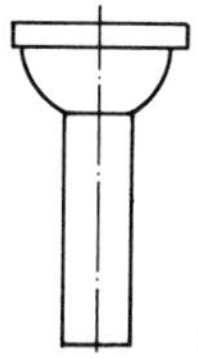

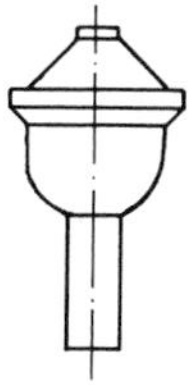

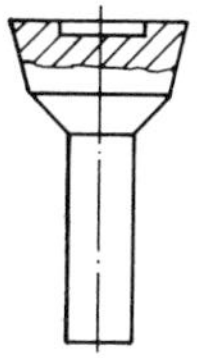

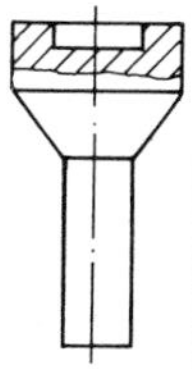

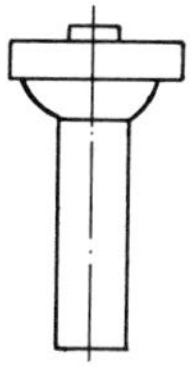

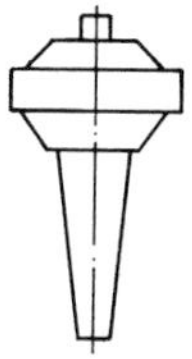

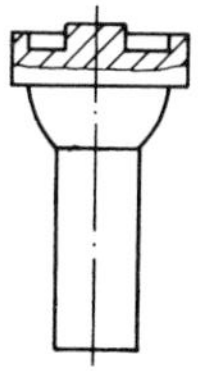

Tabelle 5.6 Formenordnung nach Lange

| Deckfläche / Mantelfläche | ohne Nebenform | | mit Aussparung (Hohlkörper) | | mit Zapfen | | mit Aussparung und Zapfen | |
|---|---|---|---|---|---|---|---|---|
| | einseitig | zweiseitig | einseitig | zweiseitig | einseitig | zweiseitig | einseitig | zweiseitig |
| 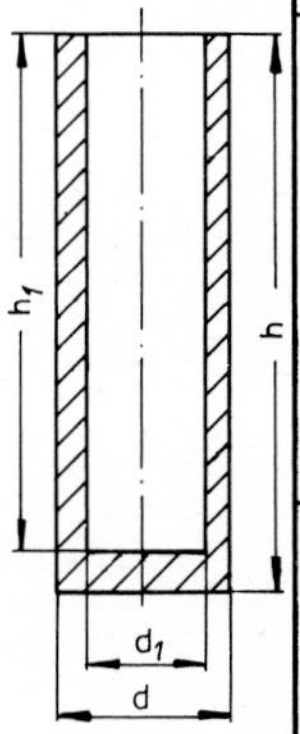 Hauptform außen und innen glatt — 4.1 | 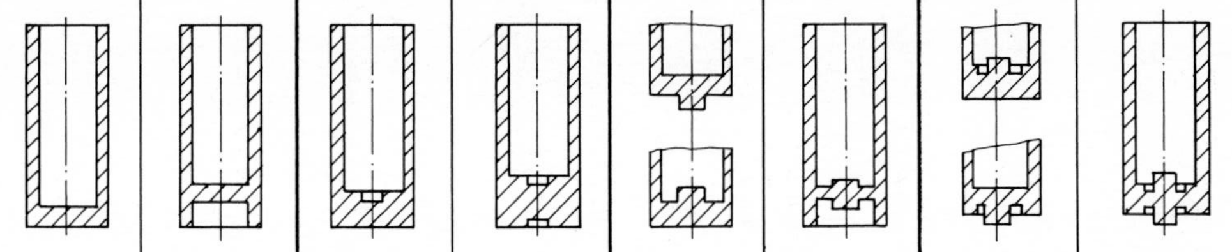 | | | | | | | |
| Hauptform außen abgesetzt innen glatt — 4.2 | 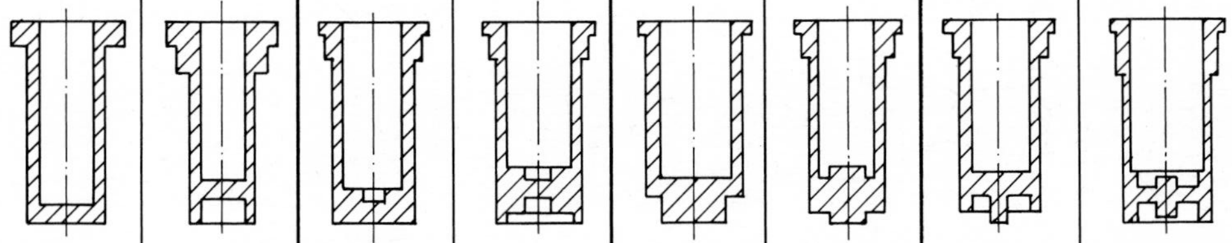 | | | | | | | |
| Hauptform außen glatt innen abgesetzt — 4.3 | 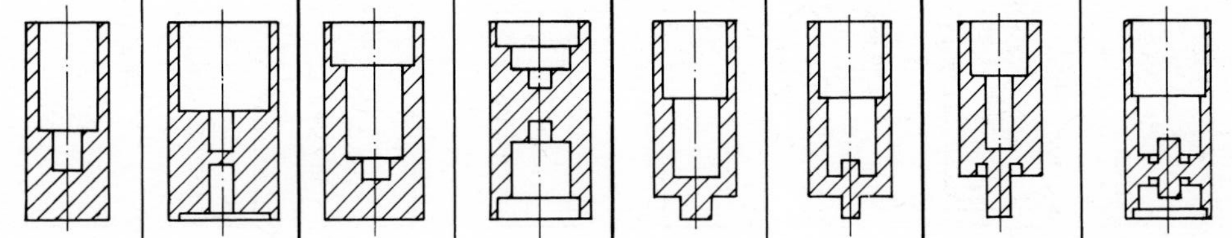 | | | | | | | |

**Klasse 4**

Langform Hohlkörper

$d < h$
$d < h$

Tabelle 5.6 Formenordnung nach Lange

| Deckfläche / Mantelfläche | ohne Nebenform | | mit Aussparung (Hohlkörper) | | mit Zapfen | | mit Aussparung und Zapfen | |
|---|---|---|---|---|---|---|---|---|
| | einseitig | zweiseitig | einseitig | zweiseitig | einseitig | zweiseitig | einseitig | zweiseitig |
| Hauptform außen und innen abgesetzt · 4.4 | 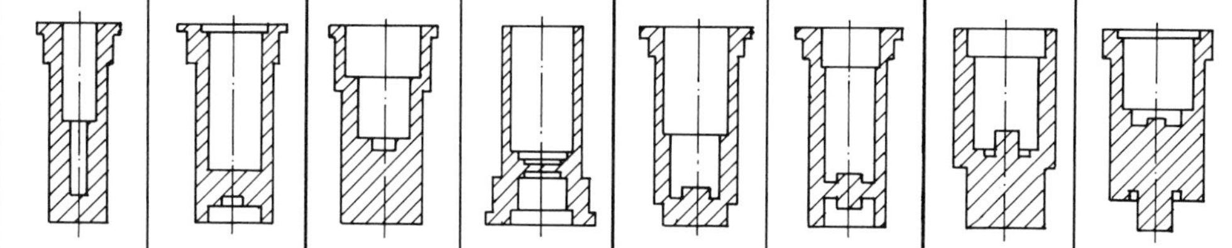 | | | | | | | |
| 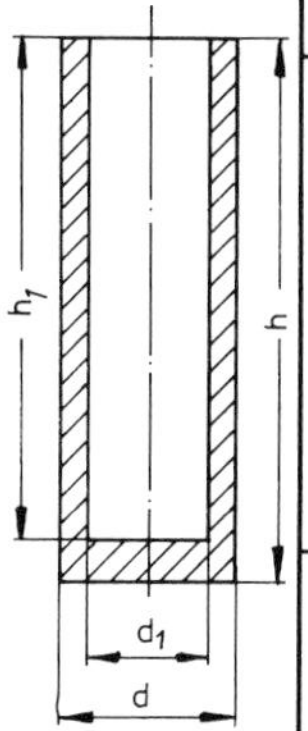 Hauptform mit durchgehender Bohrung · 4.5 | 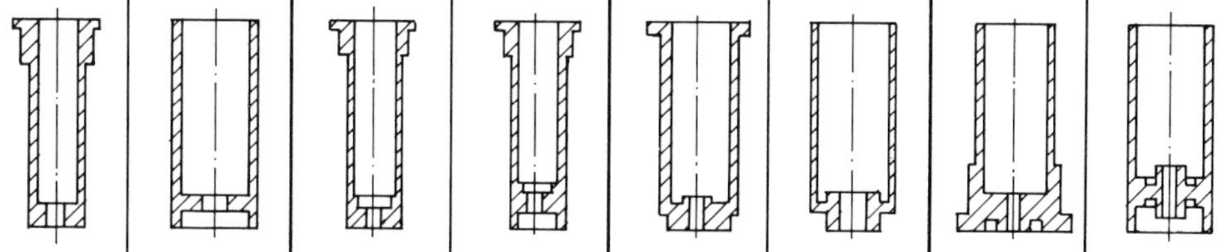 | | | | | | | |
| Hauptform mit gewölbten, profilierten oder kegeligen Teilflächen · 4.6 | 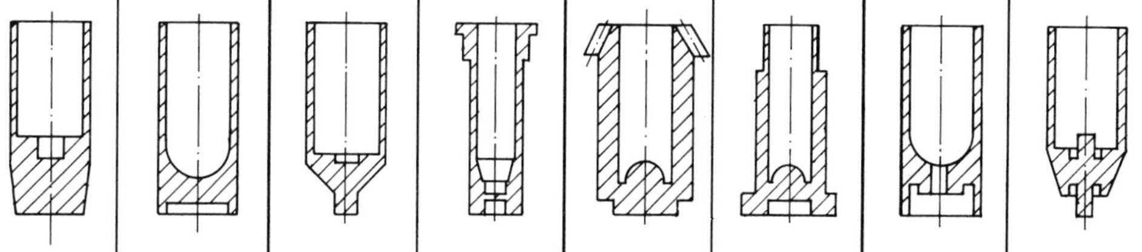 | | | | | | | |

**Klasse 4**

Langform Hohlkörper

d < h
d < h

Tabelle 5.7  Formänderungswirkungsgrad $\eta_F = f$ (Werkstückform und Formänderungsgrad $\varphi_h$)

*Vorwärtsfließpressen*

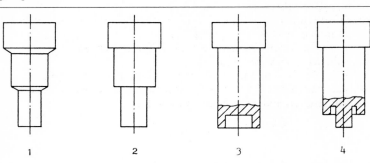

| $\varphi_h$ | Formänderungswirkungsgrad $\eta_F$ | | | |
|---|---|---|---|---|
| | Form 1 | Form 2 | Form 3 | Form 4 |
| $< 0,4 - 0,6$ | 0,6 | 0,55 | 0,45 | 0,4 |
| $> 0,6 - 1,0$ | 0,65 | 0,6 | 0,5 | 0,45 |
| $> 1,0 - 1,6$ | 0,7 | 0,65 | 0,55 | 0,5 |
| $> 1,6$ | 0,75 | 0,7 | 0,6 | 0,55 |

*Rückwärtsfließpressen*

 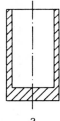  

| $\varphi_h$ | Formänderungswirkungsgrad $\eta_F$ | | | |
|---|---|---|---|---|
| | Form 1 | Form 2 | Form 3 | Form 4 |
| 0,4 | 0,55 | 0,52 | 0,5 | 0,48 |
| $> 0,4 - 1,2$ | 0,57 | 0,55 | 0,52 | 0,5 |
| $> 1,2 - 1,8$ | 0,58 | 0,56 | 0,54 | 0,52 |
| $> 1,8$ | 0,6 | 0,58 | 0,56 | 0,55 |

## 5.14 Testfragen zu Kapitel 5:

1. Welche Fließpreßverfahren kennen Sie?
2. Aus welchen Größen wird die Hauptformänderung beim Fließpressen berechnet?
3. Wie bestimmt man den Verformungsweg?
4. Nennen Sie die wichtigsten Elemente eines Fließpreßwerkzeuges?
5. Warum muß die Matrize armiert sein?
6. Von welchen Größen ist der Formänderungswirkungsgrad abhängig?
7. Was war falsch, wenn beim Rückwärtsfließpressen innen Oberflächenrisse auftreten?
8. Was ist ein Stadienplan und wozu braucht man ihn?

# 6. Gewindewalzen

Gewindewalzen ist ein Kalt-Massivumformverfahren, mit dem Gewinde aller Art, Kordel und Schrägverzahnungen hergestellt werden.

## 6.1 Unterteilung der Verfahren

Man unterteilt die Verfahren nach Art der Werkzeuge in:

### 6.1.1 Werkzeuge mit endlichen Arbeitsflächen

a) *Flachbackenverfahren* (Bild 6.1)

Das Gewinde wird durch 2 Flachbacken, die das Profil des herzustellenden Gewindes haben, erzeugt.
Die Profilrillen sind um den Steigungswinkel des zu erzeugenden Gewindes geneigt. Die eine Flachbacke ist feststehend und die zweite Flachbacke wird durch einen Kurbeltrieb hin und her bewegt. Die Mitnahme des zu walzenden Rohlings erfolgt durch Reibschluß

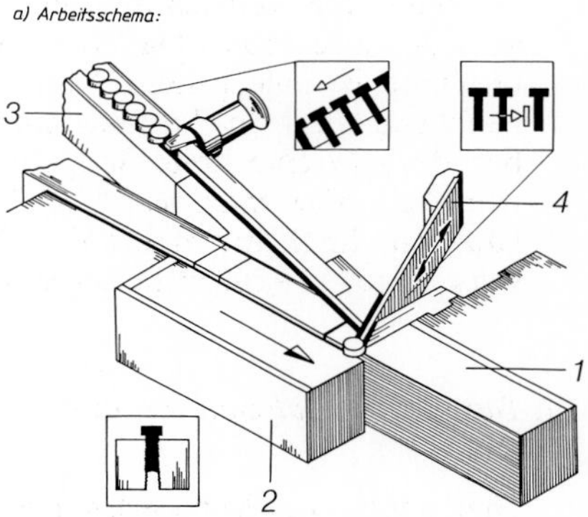

Bild 6.1 Arbeitsschema beim Gewindewalzen mit Flachbacken. 1 feststehende-, 2 bewegte Flachbacke, 3 Zuführschiene, 4 Einstoßschieber

b) *Segmentverfahren* (Bild 6.2)

An Stelle der geraden Walzbacken verwendet man hier gekrümmte Segmente, deren Länge der Umfangslänge des zu walzenden Werkstückes entspricht. Das Gegenstück zu den Segmenten (es können mehrere auf dem Umfang angeordnet sein), ist eine umlaufende Gewinderolle. Bei einer Umdrehung dieser Rolle werden so viele Werkstücke gewalzt, wie außen Segmente angeordnet sind.

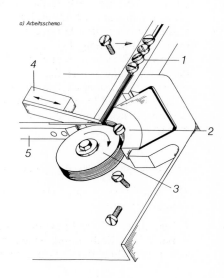

Bild 6.2 Arbeitsschema des Gewindewalzens mit Segmentwerkzeugen. 1 Zuführschiene, 2 Segment, 3 umlaufende Rolle, 4 Sperrschieber, 5 Einstoßschieber

### 6.1.2 Werkzeuge mit unendlichen Arbeitsflächen

a) *Einstechverfahren* (Bild 6.3)

Beim Einstechverfahren haben die Profilrillen der Walzen die Steigung des zu erzeugenden Gewindes. Die mit gleicher Drehzahl angetriebenen Walzen haben die gleiche Drehrichtung. Das Werkstück dreht sich beim Walzen durch Reibschluß, ohne sich axial zu verschieben. Das so erzeugte Gewinde ist eine genaue Kopie der Rollwerkzeuge. Solche Gewinde haben deshalb eine hohe Steigungsgenauigkeit. Die maximale Gewindelänge ist durch die Breite der Rollwerkzeuge (30−200 mm) begrenzt.

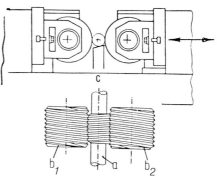

Bild 6.3 Anordnung von Werkstück und Werkzeug beim Einstechverfahren. a) Werkstück, b) Werkzeuge, $b_1$ ortsfestes-, $b_2$ verstellbares Rollwerkzeug, c) Werkstückauflage

b) *Durchlauf-Axialschubverfahren* (Bild 6.4)

Hier haben die Walzwerkzeuge steigungslose Rillen, deren Querschnittsform dem flankennormalen Profil entspricht. Die Gewindesteigung wird durch Neigung der Rollenachsen, um den Steigungswinkel des Gewindes, erzeugt. Dadurch erhält das Werkstück einen Axialschub und bewegt sich bei einer vollen Umdrehung um eine Gewindesteigung in axialer Richtung. Weil mit dem Eindringen der Werkzeuge sofort der Vorschub in axialer Richtung einsetzt, wird bei größeren Gewinden die volle Gewindetiefe nicht in einem Durchgang erreicht.

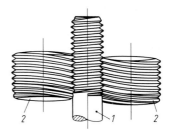

Bild 6.4 Anordnung von Werkstück und Werkzeug beim Axial-Durchlaufverfahren. 1 Werkstück, 2 Werkzeuge

c) *Kombiniertes Einstech-Axialschubverfahren*

Das kombinierte Einstech-Durchlaufverfahren ist eine Kombination der beiden Grundverfahren.

− langsames axiales Eindringen mit axialem Wandern des Werkstückes,
− bei axialer Endstellung Änderung der Walzendrehrichtung,
− Wiederholung des Vorganges bis die gewünschte Gewindetiefe erreicht ist.

## 6.2 Anwendung der Verfahren

### 6.2.1 Flachbacken- und Segmentverfahren

Einsatz überwiegend in der Massenfertigung zur Herstellung von Schrauben und Gewindebolzen, an die keine zu hohen Anforderungen an die Genauigkeit gestellt werden.

Bild 6.5 Typische Teile für das Walzen mit Flachbacken und Segmenten

### 6.2.2 Einstechverfahren

Für Gewinde mit höchster Steigungsgenauigkeit z. B. Meßspindeln für Mikrometerschrauben.
Wegen der technischen Verbesserungen an den Gewinderollmaschinen, die zu immer kleineren Fertigungszeiten führen, wird dieses Verfahren zunehmend auch in der Massenfertigung eingesetzt.

### 6.2.3 Kombiniertes Einstech-Axialschubverfahren

Für lange Gewinde mit großen Gewindetiefen, die eine große Umformung erfordern. Außer Trapezgewindespindeln können aber auch Formteile, wie z. B. Kugelgriffe, Zahnräder mit Schrägverzahnung und Schnecken mit diesem Verfahren hergestellt werden.

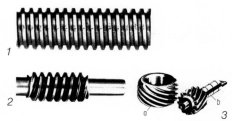

Bild 6.6 Im kombinierten Einstech-Axialschubverfahren erzeugte Werkstücke. 1 Spindel mit Trapezgewinde Tr70×10 aus C45, Walzzeit: 2×60 s/m, 2 Schnecke Modul 4, Walzzeit: 80 s, 3 Schraubenrad und Antriebsritzel Modul 1,25, Walzzeit: 10 s

Die nachfolgenden Tabellen zeigen einige technische Daten für das Walzen mit Gewinderollen.

Tabelle 6.1 Technische Daten für das Walzen mit Rollen

| | |
|---|---|
| Walzkräfte in kN | 10 − 600 |
| Werkstückdurchmesser in mm | 5 − 130 |
| Werkstücklänge in mm<br>− Einstechverfahren<br>− Durchlaufverfahren | max. 200<br>max. 5000 |
| Gewindesteigung in mm | max. 14 |
| Modul für Schnecken und Schraubenräder in mm | max. 5 |
| Schrägungswinkel zwischen Zahnprofil und Zahnradachse in Grad | 30 − 70 |
| Rollendurchmesser in mm<br>− Einstechverfahren<br>− Durchlaufverfahren | } 130 − 300 |
| Walzzeiten<br>− Einstechverfahren in s/Stück<br>− Durchlaufverfahren in s/m | 2 − 12<br>60 |

Tabelle 6.2 Erreichbare Stückzahlen/min beim Gewindewalzen mit Flachbacken

| Gewinde | M 6 | M 10 | M 20 | Ausgangswerkstoff |
|---|---|---|---|---|
| Stückz./min. | 500 | 220 | 100 | $R_m \sim$ 500 N/mm$^2$ |
| Stückz./min. | 200 | 100 | 40 | $R_m \sim$ 1000 N/mm$^2$ |

## 6.3 Vorteile des Gewindewalzens

− *optimaler Faserverlauf*

Der Faserverlauf folgt der äußeren Kontur des Gewindes und verringert damit, im Vergleich zu spanend erzeugten Gewinden, die Kerbwirkung erheblich. Dadurch erreicht man eine Steigerung der Dauerfestigkeit bis zu 50%.

− *preßblanke Oberflächen*

Gewalzte Gewinde haben spiegelblanke glatte Oberflächen.

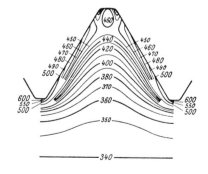

Bild 6.7 Faserverlauf und Härteverlauf bei gewalzten Gewinden aus leg. Stahl

— *Kaltverfestigung*

Durch die Kaltverfestigung kommt es zu einer erheblichen Festigkeitssteigerung (Bild 6.7), die in Verbindung mit der preßblanken Oberfläche zur Verminderung des mechanischen Verschleißes führt.

— *Materialeinsparung*

Die Materialeinsparung gewalzter Gewinde, im Vergleich zu spanend erzeugten Gewinden, beträgt etwa 20%.

— *kurze Fertigungszeiten*

Die Walzzeiten sind im Vergleich zur spanenden Herstellung von Gewinden (siehe Tabellen 6.1 und 6.2) sehr klein.

— *fast alle für die Praxis wichtigen Werkstoffe sind walzbar*

Bis zu einer Bruchdehnung von größer 8% und einer maximalen Festigkeit von 1200 N/mm$^2$ lassen sich, bis auf die Automatenstähle, fast alle Stähle walzen.
Auch Ms 58-63 weich ist walzbar.

## 6.4  Bestimmung des Ausgangsdurchmessers

Der Bolzenausgangsdurchmesser läßt sich mit den nachfolgenden Gleichungen in Abhängigkeit von der Art des Gewindes rechnerisch bestimmen.

*Für metrische Gewinde*

$$d_0 = d - 0{,}67 \cdot h$$

*Für Whitworthgewinde*

$$d_0 = d - 0{,}64 \cdot h$$

*Für überzogene Gewinde*

z. B. verzinkt, verchromt

$$d_\text{ü} = d_0 - \frac{2\,z}{\sin\dfrac{\alpha}{2}}$$

$h$   in mm   Gewindesteigung
$d_0$ in mm   Bolzenausgangsdurchmesser
$d$   in mm   Gewindeaußendurchmesser
$d_\text{f}$ in mm   Flankendurchmesser
$\alpha$   in Grad   Flankenwinkel
$z$   in mm   Dicke des Metallüberzuges
$d_\text{ü}$ in mm   Bolzenausgangsdurchmesser für Teile, die einen Metallüberzug erhalten.

## 6.5 Rollgeschwindigkeiten mit Rundwerkzeugen

Die Rollgeschwindigkeiten liegen, abhängig vom zu rollenden Werkstoff, zwischen 30 und 100 m/min.

## 6.6 Walzwerkzeuge

### 6.6.1 Flachbacken

Das Profil der Flachbacken entspricht dem zu erzeugenden Gewinde.
Die Neigung der Rillen entspricht dem Steigungswinkel des Gewindes.

$$\tan \alpha = \frac{h}{\pi \cdot d_f}$$

$h$ in mm Gewindesteigung
$d_f$ in mm Flankendurchmesser

Bild 6.8 Rillenausbildung an einem Flach-
backenwerkzeug

Bezüglich der Form der Gewinderollbacken gibt es verschiedene Ausführungen.
Eine gebräuchliche Form soll hier gezeigt werden.

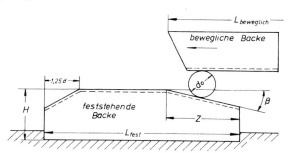

$$z = 3 \cdot d_0$$

$$\beta = 3 \text{ bis } 7°$$

Bild 6.9 Abmessung und Anordnung der Flachbacken-
werkzeuge

$d_0$ in mm   Ausgangsdurchmesser
$\beta$ in Grad   Anlaufwinkel
$z$ in mm   Anlauflänge

Auch im Anrollteil hat das Gewindeprofil volle Höhe.
Die Backenlänge soll mindestens $15\,d_0$ betragen.
Die bewegliche Backe soll 15 bis 20 mm länger sein als die feststehende Backe.
Die Backenbreite $B$

$$B = L_1 + 3\,h$$

$B$  in mm  Backenbreite
$h$  in mm  Gewindesteigung
$L_1$  in mm  Länge des Gewindes am Werkstück
$H$  in mm  Backendicke
$L$  in mm  Backenlänge

Tabelle 6.3  Backenabmessungen für metrische Gewinde

| Gewinde-Nenndurchm. | Backenlänge in mm | | Backen-breite $B$ in mm | Backen-dicke $H$ in mm | Anlauflänge $z$ in mm |
|---|---|---|---|---|---|
| | bewegl. $L_b$ | festst. $L_f$ | | | |
| M 6 | 125 | 110 | 40 | 25 | 20 |
| M 10 | 170 | 150 | 45 | 30 | 28 |
| M 16 | 250 | 230 | 65 | 45 | 46 |

Tabelle 6.4  Werkzeugwerkstoffe für Flachbacken und Rundwalzen (Rollen)

| Werkstoff-Nr. | 1.2379 | 1.2601 | 1.3343 |
|---|---|---|---|
| Einbauhärte HRC | 59 bis 61 | 59 bis 61 | 60 bis 61 |

### 6.6.2 Abmessung der Rollen

– Einstechverfahren (Spitzgewinde)

$$D_f = d_f \cdot \frac{G}{g} \; ; \;\; D_f/d_f = G/g = k$$

$$D_f = k \cdot d_f$$

$$D_a = k \cdot d_f + t$$

$D_f$  in mm      Flankendurchmesser der Rolle
$d_f$  in mm      Flankendurchmesser des zu walzenden Gewindes
$D_a$  in mm      Außendurchmesser der Rolle
$t$   in mm      Gewindetiefe
$G$   in Anzahl   Gangzahl der Rolle
$g$   in Anzahl   Gangzahl des Gewindes
$k$            Faktor abhängig vom Verhältnis $G/g$

— *Durchlaufverfahren mit Rillenrollen ohne Steigung*

Beim Durchlaufverfahren ist der Durchmesser des Rollwerkzeuges unabhängig vom Durchmesser des zu erzeugenden Gewindes. Man wählt ihn deshalb in der Regel nach der Abmessung der Maschine.

— *Kombiniertes Einstech-Axialschubverfahren*

$$D_f = k \cdot d_f \frac{\sin \alpha_W}{\sin (\alpha_W - \varepsilon)}$$

$\alpha_W$ = Steigungswinkel des Werkstückgewindes
$\varepsilon$  = Schwenkwinkel der Rollenachsen

Die gebräuchlichen Rollenwerkstoffe und die zugeordneten Einbauhärten zeigt Tabelle 6.5.
Die Standmengen der Rollen sind abhängig von der Festigkeit des zu walzenden Werkstoffes.

Tabelle 6.5 Standmengen der Walzwerkzeuge

| Materialfestigkeit $R_m$ in N/mm² | Stückzahl pro Werkzeug |
|---|---|
| 1000 | 100 000 |
| 800 | 200 000 |
| 600 | 300 000 |

## 6.7 Beispiel:

Es sind Gewinde M 10 × 50 lang herzustellen.
Der erforderliche Ausgangsdurchmesser ist zu bestimmen.

*Lösung:*

$d_0 = d - 0{,}67 \cdot h = 10 \, \text{mm} - 0{,}67 \cdot 1{,}5 \, \text{mm} = 9{,}0 \, \text{mm}$

$h$  = 1,5 mm aus Tabelle.

## 6.8 Gewindewalzmaschinen

Hier unterscheidet man:

Flachbacken-Gewindewalzmaschinen
Gewindewalzmaschinen mit Rundwerkzeugen
Gewindewalzmaschinen mit Rund- und Segmentwerkzeugen.

### 6.8.1 Flachbackengewindewalzmaschinen

Der konstruktive Aufbau dieser Maschinen ist in der Grundkonzeption praktisch bei allen Herstellern gleich.
Der Maschinenständer ist als kastenförmige Gußkonstruktion, oder wie bei der im Bild 6.10 gezeigten Maschine, als Kombination von Schweiß- und Gußkonstruktion, ausgeführt.
Ein Schlitten nimmt die bewegliche Backe auf. Die Walzschlittenführung ist überwiegend als nachstellbare Prismen- oder V-Führung ausgebildet. Der Walzschlitten (Bild 6.11) wird von dem auf der Kurbelwelle sitzenden Kurbelrad 3 über das Pleuel 2 angetrieben. Durch die Riemenscheibe, die als Schwungscheibe ausgebildet ist, wird die Gleichförmigkeit beim Lauf der Maschine erreicht.
Die Werkstücke werden von einer Bolzentrommel (Bild 6.10) oder von einem Schwingförderer gerichtet und über gehärtete Zuführschienen in den Arbeitsraum der Maschine geführt. Ein über Kurven gesteuertes Einschiebemesser (Bild 6.1) bringt den Rohling zwischen die Walzwerkzeuge.
Die mit diesen Maschinen erreichbaren Stückzahlen pro Zeiteinheit zeigt Tabelle 6.2.
Flachbacken-Gewindewalzmaschinen werden überwiegend in der Schrauben- und Normteilindustrie eingesetzt.

Bild 6.10 Automatische Hochleistungs-Gewindewalzmaschine Typ R 2 L (Werkfoto Fa. Hilgeland, Wuppertal)

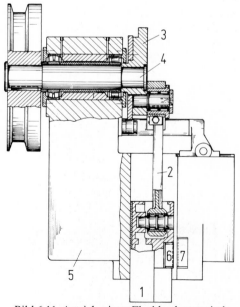

Bild 6.11 Antrieb einer Flachbackengewindewalzmaschine der Firma Hilgeland. 1 Schlitten, 2 Pleuel, 3 Kurbelrad, 4 Kurbelwelle, 5 Maschinenständer, 6 bewegte Flachbacke, 7 feststehende Flachbacke

### 6.8.2 Gewindewalzmaschinen mit Rundwerkzeugen

Der Antrieb der beiden Walzwerkzeuge (Drehbewegung der Walzen) erfolgt mechanisch. Beide Walzen sind angetrieben.

Im Gegensatz dazu wird der längsbewegliche Walzschlitten, der die Walzkraft aufbringt, hydraulisch betätigt. Der Hydraulikkolben ist sowohl bezogen auf die Walzkraft als auch bezogen auf die Bewegungsgeschwindigkeit feinfühlig steuerbar.

Bei der im Bild 6.12 gezeigten PEE-WEE-Maschine (jetzt Fa. F. H. Jung GmbH, Beselich Vertriebsgesellschaft) wird der Rollspindelantrieb vom Elektromotor über ein PIV-Getriebe auf ein Zentralstirnrad (Bild 6.13) abgeleitet. Über Zwischenwellen, Kupplungen und Schneckengetriebe werden die Rollspindeln schließlich durch Stirnräder angetrieben.

Bei der Wanderer-Gewinderollmaschine (Bild 6.14) sind die beiden auf den Maschinenständer aufgeschraubten Rollköpfe durch eine stabile Traverse verbunden.

Bild 6.12 Gewindewalzmaschine Bauart PEE-WEE (Werkfoto Fa. Jung, 6251 Beselich 1)

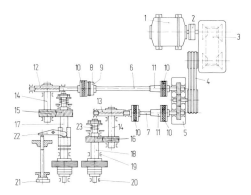

Bild 6.13 Antrieb der Rollspindeln der im Bild 6.12 gezeigten Maschine. 1 Hauptmotor für den Rollspindelantrieb, 2 Elastische Wellenkupplung, 3 PIV-Getriebe, 4 Keilriementrieb, 5 Getriebearm, 6 Zwischenwelle, lang, 7 Zwischenwelle, kurz, 8 Einstellkupplung, 9 Feineinstellung an der Einstellkupplung, 10 Gelenkkupplung, 11 Schiebekupplung, 12 Schneckengetriebe im Rollspindelbock, 13 Schneckengetriebe im Rollspindelschlitten, 14 Vorgelegewelle, 15 Zahnradpaar im Rollspindelbock, 16 Zahnradpaar im Rollspindelschlitten, 1 Rollspindel mit Stützlager im Rollspindelbock, 18 Rollspindel mit Stützlager im Rollspindelschlitten, 19 Rollspindel-Hauptlager, 20 Rollspindel-Stützlager, 21 Feineinstellung, 22 Einstellhebel, 23 Rückzugfeder

Bild 6.14 Gewinderollmaschine Typ RM, (Werkfoto Fa. Wanderer-Werke, 8013 Haar)

Bei den größeren Typen dieser Bauart wird jede Rollspindel (Bild 6.15) einzeln, durch je einen polumschaltbaren Motor, über Synchrongetriebe und je eine Gelenkwelle angetrieben.

Beide Getriebehälften sind durch ein Synchronrad verbunden. Durch diese Verbindung wird der Gleichlauf der Spindeln erreicht.

Bei kleineren Maschinen (Bild 6.16) wird der Antrieb der Rollspindeln nur von einem Motor über 2 Gelenkwellen abgeleitet.

*Einsatzgebiete der Gewindewalzmaschinen mit Rundwerkzeugen*

Diese Maschinen können sowohl für das Einstech- als auch für das Durchlaufverfahren und auch für das kombinierte Einstech-Durchlaufverfahren eingesetzt werden. Daraus resultiert ihr Einsatz für die Herstellung von:

- Spezialschrauben mit hoher Genauigkeit
- Dehnschrauben hoher Festigkeit
- ein- und mehrgängigen Schnecken
- Trapezgewinde- und Kugelrollspindeln
- Rändel- und Kordelarbeiten.

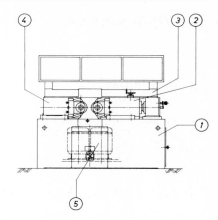

Bild 6.15 Prinzip der Gewinderollmaschine Typ RM von Bild 6.14. 1 Maschinenständer, 2 beweglicher Schlitten mit Rollkopf, 3 Traverse, 4 Spindelstock mit festem Rollkopf, 5 Antriebsmotore

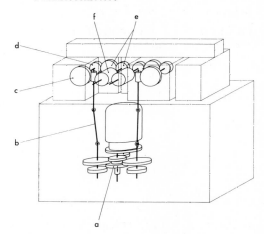

Bild 6.16 Antriebsschema: Antrieb mit 1 Motor und 2 Gelenkwellen

## 6.9  Testfragen zu Kapitel 6:

1. Wie unterteilt man die Gewindewalzverfahren?
2. Mit welchen Verfahren werden lange Gewinde mit großen Gewindetiefen hergestellt?
3. Was sind die Vorteile des Gewindewalzens?
4. Welche Gewindewalzmaschinen gibt es?

# 7. Kalteinsenken

## 7.1 Definition

Kalteinsenken ist ein Kalt-Massivumformverfahren, bei dem ein gehärteter Stempel mit geringer Geschwindigkeit (kleiner als beim Fließpressen) in ein zu formendes Werkstück eindringt.

## 7.2 Anwendung des Verfahrens

Zur Herstellung von Gravuren in Preß-, Präge-, Spritzguß-, Kunststoff- und Gesenkschmiedewerkzeugen.
Zum Beispiel:

*Schraubenherstellung (Bild 7.1)*

Einsenken von Schraubenkopfformen in Stempel und Matrizen.

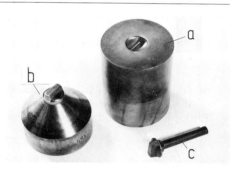

Bild 7.1 a) kalteingesenkte Schraubenmatrize, b) Senkstempel, c) im Stauchverfahren hergestellte Schloßschraube

*Besteckherstellung (Bild 7.2)*

Einsenken der Besteckgravuren in Prägewerkzeuge.

Bild 7.2 Gesenk für einen Besteckgriff.
a) Senkstempel, b) eingesenktes Prägewerkzeug

*Gesenkherstellung (Bild 7.3)*

Einsenken von Gesenkgravuren in Gesenkschmiedewerkzeuge.

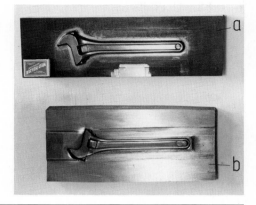

Bild 7.3 Kalteingesenkte Gesenkgravur in ein Gesenkschmiedewerkzeug. a) Senkstempel, b) eingesenkte Gravur

## 7.3 Zulässige Formänderungen

Die Grenzen für das Kalteinsenken ergeben sich aus dem Formänderungsvermögen der einzusenkenden Werkzeugstähle und aus den zulässigen maximalen Flächenpressungen der Senkstempel.
Eine präzise Berechnungsmethode gibt es hierfür jedoch noch nicht.

## 7.4 Kraft- und Arbeitsberechnung

### 7.4.1 Einsenkkraft

$$F = p_{max} \cdot A$$

Ersatzdurchmesser $d$

$$D = 1,13 \cdot \sqrt{A}$$

$F$  in N          Einsenkkraft
$A$  in mm$^2$     Stempelfläche
$d$  in mm         Stempeldurchmesser
$t$  in mm         Einsenktiefe
$p_{max}$ in N/mm$^2$  spezifische Einsenkkraft

(aus Tabelle 7.1)

Für nicht runde Stempel kann man aus der Stempelfläche $A$ einen Ersatzdurchmesser $d$ berechnen.

Tabelle 7.1 Spezifische Einsenkkraft $p_{max}$ in N/mm$^2 = f\left(\text{Werkstoff und } \dfrac{t}{d}\right)$

| $\dfrac{t}{d}$ | | 0,1 | 0,2 | 0,4 | 0,6 | 0,8 | 1,0 |
|---|---|---|---|---|---|---|---|
| Werkstoff-Gruppe | I | 1700 | 2000 | 2300 | 2600 | 2800 | 2900 |
| | II | 2400 | 2750 | 3200 | – | – | – |
| | III | 3100 | [4000] | – | – | – | – |

### 7.4.2 Einsenkarbeit

$$W = F \cdot t$$

$W$ in N mm   Einsenkarbeit

## 7.5 Einsenkbare Werkstoffe

Tabelle 7.2 Kalteinsenkbare Stähle

| Werkstoff-Gruppe | Qualität Kurzname nach DIN 17006 | Werk-stoff-Nr. | Besondere Hinweise zum Verwendungszweck |
|---|---|---|---|
| **Schrauben-Werkzeuge** | | | |
| I oder II | C 100 W 1<br>95 V 4 | 1.1540<br>1.2835 | Kopfstempel und Matrizen für Kaltarbeit |
| II<br><br>III | X 32 CrMoV 3 3<br>X 38 CrMoV 5 1<br>45 CrMoW 5 8<br>X 30 WCrV 5 1<br>X 30 WCrV 9 3 | 1.2365<br>1.2343<br>1.2603<br>1.2567<br>1.2581 | Kopfstempel und Matrizen für Warmarbeit |
| **Gesenkschmiede-Werkzeuge** | | | |
| II | C 70 W 1 | 1.1520 | Schlagsäume |
| II | 45 CrMoV 6 7<br>X 32 CrMoV 3 3 | 1.2323<br>1.2365 | Gesenke für Leichtmetalle<br>Gesenke für Buntmetalle und für Stähle unter Pressen |
| III | 55 NiCrMoV 6<br>56 NiCrMoV 7 | 1.2713<br>1.2714 | Gesenke für Stähle unter Hämmern |
| **Druckguß-Werkzeuge** | | | |
| I | X 8 CrMoV 5 | 1.2342 | Zinkdruckgußformen |
| II | 45 CrMoV 6 7<br>X 32 CrMoV 3 3<br>X 38 CrMoV 5 1<br>X 32 CrMoV 3 3 | 1.2323<br>1.2365<br>1.2343<br>1.2365 | Zink- und Leichtmetall-Druckgußformen<br>Leichtmetall-Druckgußformen<br>Leichtmetall-Druckgußformen<br>Messing-Druckgußformen |
| **Präge-Werkzeuge** | | | |
| I oder II<br>II | C 100 W 1<br>90 Cr 3 | 1.1540<br>1.2056 | Prägestempel (Münzprägung) |
| II<br>III | 45 CrMoV 6 7<br>55 NiCr 10<br>X 45 NiCrMo 4<br>X 165 CrMoV 12 | 1.2323<br>1.2718<br>1.2767<br>1.2601 | Formen für Schmuck, Elektroteile und Möbelbeschläge<br><br>(Münzprägung) |

## 7.6 Einsenkgeschwindigkeit

Die Einsenkgeschwindigkeiten liegen zwischen

$$v = 0{,}01\ \mathrm{mm/s}\ \text{bis}\ 4\ \mathrm{mm/s}$$

wobei Stähle höherer Festigkeit und schwierige Formen mit den kleineren Einsenkgeschwindigkeiten zu senken sind.

## 7.7 Schmierung beim Kalteinsenken

Um eine Kaltverschweißung zwischen Senkstempel und Werkstück zu verhindern, sind folgende Maßnahmen erforderlich:

- Oberfläche des Stempels muß an den Flächen, an denen er das Werkstück berührt, poliert sein.
- Stempelflächen mit Kupfervitriol-Lösung einstreichen (dient als Schmiermittelträgerschicht).
- Schmierung mit Molybdändisulfid ($MoS_2$).

## 7.8 Gestaltung der einzusenkenden Werkstücke

- Bei den einzusenkenden Werkstücken sollen Außendurchmesser und Höhe in Relation zum Senkdurchmesser und zur Senktiefe stehen.

| |
|---|
| $D = 2{,}5 \cdot d$ |
| $D_A = 1{,}5 \cdot d$ |
| $h \geqq 2{,}5 \cdot t$ |
| $\alpha = 1{,}5$ bis $2{,}5°$ |

- Das zu senkende Werkstück soll an den Seiten und am Boden Aussparungen haben. Dadurch wird der Werkstofffluß erleichtert und das Einsenkvermögen vergrößert.

Φd
α
h
t
15r
seitliche Aussparung
Aussparung am Boden
ΦD_A
ΦD

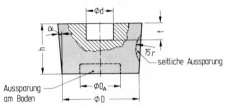

Bild 7.4 Maße am Werkstück, das eingesenkt werden soll. $d$ Senkdurchmesser, $t$ Einsenktiefe, $D$ Außendurchmesser, $D_A$ Aussparung am Boden, $r$ Radius für die Aussparung an den Seiten, $\alpha$ Neigungswinkel $\cong 1°$

Maßnahmen zur Verzögerung der Verfestigung
unten und seitlich ausgespart (Druckplatte voll)
seitlich ausgespart (Druckplatte hohl)

Bild 7.5 Aussparungen am Werkstück ▶

# 7.9 Einsenkwerkzeug

Das Einsenkwerkzeug besteht aus Senkstempel, Armierungsring, Haltering, gehärteten Unterlagen und Befestigungselementen. Die Befestigungselemente haben die Aufgabe Stempel und Halteringe in ihrer Lage zu sichern.

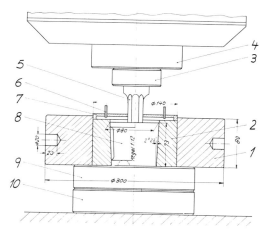

Bild 7.6 Einsenkwerkzeug. 1 Haltering, 2 Armierung, 3 Stempelauflage, 4 Druckplatte, 5 Einsenkstempel, 7 Zentrierring, 8 einzusenkende Matrize, 9 und 10 Druckplatten

*Halterung (Armierung, Bild 7.7)*

Da beim Senken große Radialkräfte in den zu senkenden Werkzeugen auftreten, die große Tangentialspannungen zur Folge haben, müssen die Werkzeuge in einem Haltering (Schrumpfring) armiert werden. Die Vorspannung des Schrumpfringes wirkt der Tangentialspannung im Werkzeug entgegen. Die Höhe der Halteringe $h$ entspricht der Höhe des Werkstückes. Der innere Haltering $a$ ist gehärtet und hat eine Härte von $58 \pm 2$ HRC. Der äußere Haltering ist gehärtet. Seine Festigkeit sollte bei 1200 N/mm² liegen. Sein äußerer Durchmesser $D_1$ sollte 2,5 $D$ sein.

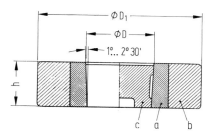

Bild 7.7 Anordnung von Armierungsring, Haltering und einzusenkendem Werkstück. a) Armierung, b) Haltering, c) einzusenkende Matrize

Das eigentliche Einsenkwerkzeug ist der Einsenkstempel (Bild 7.8):

– Er soll keine scharfkantigen Übergänge haben.
– Der Stempelkopf soll etwa 20 mm größer sein als der Schaft.
– Der Schaft muß bis einschließlich Übergangsradius zum Kopf fein geschliffen und poliert sein.

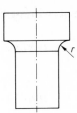

Bild 7.8  Einsenkstempel

Tabelle 7.3 Stempelwerkstoffe und zulässige Flächenpressung

| Werkstoff-Nr. | $p_{zul}$ in N/mm$^2$ | Härte HRC |
|---|---|---|
| 1.3343 | 3200 | 63 |
| 1.2601 | 3000 | 62 |
| 1.2762 | 2600 | 61 |

## 7.10  Vorteile des Kalteinsenkens

– gesunder ununterbrochener Faserverlauf (Bild 7.9)
– preßblanke glatte Oberflächen an der gesenkten Kontur
– hohe Maßgenauigkeit der gesenkten Kontur

   Toleranzen: 0,01 – 0,02 mm

– höhere Werkzeugstandzeiten als Folge von optimalem Faserverlauf und hoher Oberflächengüte
– wesentlich kürzere Fertigungszeiten als bei einer spanenden Herstellung.

a)                                          b)
kalteingesenkt                    spanabhebend eingearbeitet

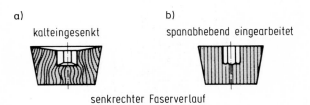

senkrechter Faserverlauf

waagerechter Faserverlauf

Bild 7.9  Faserverlauf. a) bei kalteingesenktem – b) bei spanend hergestelltem Werkstück

## 7.11 Fehler beim Kalteinsenken

Tabelle 7.4 Senkfehler und ihre Ursachen

| Fehler | Ursache | Maßnahme |
|---|---|---|
| Werkstück reißt radial ein. | Es wurde ohne Armierungsring eingesenkt. | Werkstück vor dem Senken armieren und evtl. fließgünstigere Vorform einsenken. |
| Zu große Kaltverfestigung beim Einsenken. | Werkstück am Boden und an den Seiten nicht ausgespart (Bild 7.4) Werkstoff kann nicht abfließen. | Werkstück aussparen. |
| Einsenkstempel bricht aus. | Zulässige Flächenpressung überschritten.<br>—<br>Stempelkopf ungünstig gestaltet. | Werkstück zwischenglühen nach Teileinsenkung.<br>—<br>Stempelkopfform fließgünstiger gestalten. |

## 7.12 Maschinen für das Kalteinsenken

Zum Einsenken werden hydraulische Sonderpressen eingesetzt. Diese Maschinen zeichnen sich durch besonders stabile Bauweise und feinfühlige Regelbarkeit der Einsenkgeschwindigkeit aus.

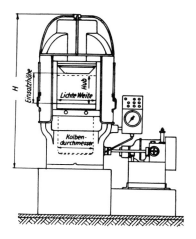

Bild 7.10 Einsenkpresse

Tabelle 7.5  Baugrößen der Einsenkpressen (Fa. *Sack und Kiesselbach*)

| $F$ in kN | $H$ in mm | Kolbendurchm. in mm | Lichte Weite in mm | Hub in mm |
|---|---|---|---|---|
| 1 600 | 1700 | 210 | 220 | 160 |
| 3 150 | 2000 | 285 | 320 | 250 |
| 6 300 | 2245 | 400 | 415 | 275 |
| 12 500 | 2300 | 570 | 585 | 355 |
| 25 000 | 2700 | 800 | 830 | 380 |
| \| | \| | \| | \| | \| |
| 200 000 | 5600 | — | 1640 | 400 |

## 7.13  Berechnungsbeispiele

*Beispiel 1*

In eine Preßmatrize (Bild 7.11) soll ein Vierkant mit 15 mm Seitenlänge 12 mm tief eingesenkt werden.
Werkstoff:
X 8 CrMoV 5   Werkstoffgruppe I

Gesucht:
Einsenkkraft.

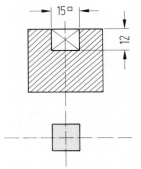

Bild 7.11  Preßmatrize

*Lösung:*

Ersatzstempeldurchmesser $d$

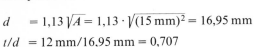

$$d = 1{,}13\sqrt{A} = 1{,}13 \cdot \sqrt{(15\,\text{mm})^2} = 16{,}95\,\text{mm}$$

$$t/d = 12\,\text{mm}/16{,}95\,\text{mm} = 0{,}707$$

$p_{max}$  aus Tabelle 7.1 für $t/d = 0{,}71$ und Werkstoffgruppe I

$$p_{max} = 2710\,\text{N/mm}^2$$

$$F_{max} = p_{max} \cdot A = 2710\,\text{N/mm}^2 \cdot (15\,\text{mm})^2 = 609\,750\,\text{N} = 609{,}7\,\text{kN}$$

*Beispiel 2*

In eine Schraubenmatrize aus 45 CrMoW 5 8 ist ein Sechskant mit der Schlüsselweite $s = 20$ mm, 4,2 mm tief einzubringen.

Gesucht:  Kraft und Arbeit.

*Lösung:*

$$A = \frac{a \cdot h}{2} \cdot 6$$

gegeben ist $h = \dfrac{s}{2} = 10$ mm

$$a^2 - \frac{a^2}{4} = h^2$$

$$h^2 = \frac{3}{4} a^2$$

$$a = \sqrt{\frac{4}{3}} \cdot h = \sqrt{\frac{4}{3}} \cdot 10 = 11,54 \text{ mm}$$

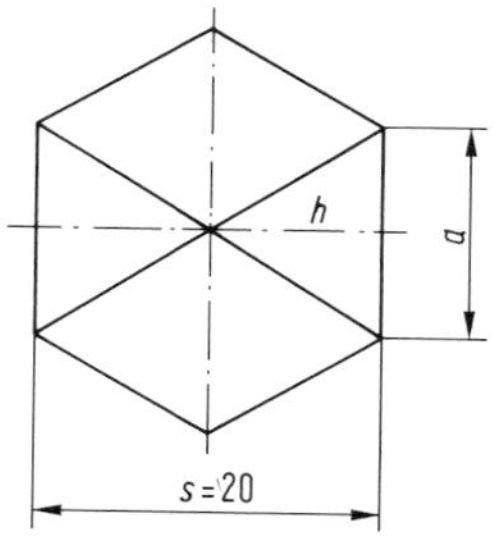

Bild 7.12 Vermaßtes Sechseck

$$A = \frac{a \cdot h}{2} \cdot 6 = \frac{11,54 \cdot 10}{2} \cdot 6 = \underline{346,2 \text{ mm}^2}$$

$$d_{\text{ers.}} = 1,13 \cdot \sqrt{A} = 1,13 \cdot \sqrt{346,2} = \underline{21,0 \text{ mm}}$$

$$F = p_{\max} \cdot A = \frac{4000 \text{ N/mm}^2 \cdot 346,2 \text{ mm}^2}{10^3} = \underline{1384,8 \text{ kN}}$$

$$\frac{t}{d} = \frac{4,2}{21} = \underline{\underline{0,2}}$$

$$W = F \cdot t = 1384,8 \text{ kN} \cdot 0,0042 \text{ m} = \underline{\underline{5,8 \text{ kN m}}}$$

## 7.14 Testfragen zu Kapitel 7:

1. Was versteht man unter dem Begriff Kalteinsenken?
2. Wofür setzt man dieses Verfahren ein?
3. Wie sehen die Senkwerkzeuge aus?
4. Was war falsch, wenn das Werkstück beim Einsenken einreißt?

# 8. Massivprägen

## 8.1 Definition

Massivprägen ist ein Kaltumformverfahren mit dem bei geringer Werkstoffwanderung bestimmte Oberflächenformen erzeugt werden.

## 8.2 Unterteilung und Anwendung der Massivprägeverfahren

### 8.2.1 Massivprägen

Beim Massivprägen wird die Werkstoffdicke des Ausgangsrohlings verändert.

Anwendung:
Münzprägen (Bild 8.1), Gravurprägen in Plaketten, Prägen von Bauteilen für den Maschinenbau und die Elektroindustrie (Bild 8.2).

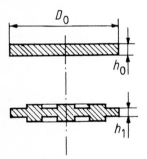

Bild 8.1 Prägen von Münzen

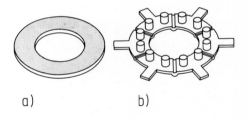

a)                                    b)

Bild 8.2 Massivgeprägtes Schaltstück.
a) Rohling, b) Fertigteil

### 8.2.2 Kalibrieren oder Maßprägen

Es wird angewandt, wenn man einem bereits vorgeformten Rohling eine höhere Maßgenauigkeit geben will.
An gesenkgeschmiedeten Pleueln (Bild 8.3) kann man z. B. durch eine Maßprägung die Dicke der Naben und den Abstand der Nabenmittelpunkte auf ein genaues Maß bringen.

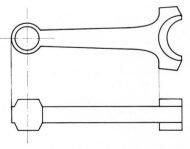

Bild 8.3 Kalibrierung bzw. Maßprägen eines Pleuels

### 8.2.3 Glattprägen (Planieren)

Es wird angewandt, wenn man verbogene oder verzogene Stanzteile planrich-
ten will.
Durch Einprägen eines Rastermusters
(Bild 8.4) (Rauhplanieren) können
Spannungen abgebaut und die Teile
plan gerichtet werden.

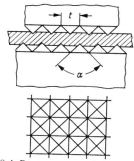

## 8.3 Kraft- und Arbeitsberechnung

### 8.3.1 Kraft

Bild 8.4 Rastermuster eines Richtprägewerkzeuges. $\alpha$ Winkel der Spitzen, $t$ Teilung

Bei der Kraftberechnung unterscheidet man zwischen Gravur- und Schriftprägen und
Vollprägen.
Beim Vollprägen ist die Relieftiefe und deshalb auch der Formänderungswiderstand
$k_w$ (Tabelle 8.1) größer als beim Gravurprägen.

Tabelle 8.1  $k_w$-Werte für das Massivprägen in N/mm²

| Werkstoff | $R_m$ in N/mm² | $k_w$ in N/mm² | |
|---|---|---|---|
| | | Gravurprägen | Vollprägen |
| Aluminium 99% | 80 bis 100 | 50 bis 80 | 80 bis 120 |
| Aluminium-Leg. | 180 bis 320 | 150 | 350 |
| Messing Ms 63 | 290 bis 410 | 200 bis 300 | 1500 bis 1800 |
| Kupfer, weich | 210 bis 240 | 200 bis 300 | 800 bis 1000 |
| Stahl St 12; St 13 | 280 bis 420 | 300 bis 400 | 1200 bis 1500 |
| Rostfreier Stahl | 600 bis 750 | 600 bis 800 | 2500 bis 3200 |

Stempelfläche $A$

$$A = \frac{D_0^2 \cdot \pi}{4}$$

$A$  in mm²  Stempelfläche
$D_0$  in mm  Rohlings-
durchmesser

max. Prägekraft $F$

$$F = k_w \cdot A$$

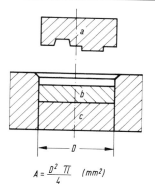

$$A = \frac{D^2 \pi}{4} \quad (mm^2)$$

Bild 8.5 Bezugsmaße beim Massivprägen.
a) Stempel, b) Rohling, c) Matrize

### 8.3.2 Prägearbeit

$$W = F \cdot h \cdot x$$

$$h = \frac{V_G}{A_{Pr}}$$

$$h_0 = h_1 + h$$

| | | |
|---|---|---|
| $W$ | in N m | Prägearbeit |
| $x$ | | Verfahrensfaktor |
| $V_G$ | in mm³ | Volumen der Gravur |
| $A_{Pr}$ | in mm² | Projektionsfläche |
| | | des Prägeteiles |
| $h$ | in mm | Stempelweg |
| $h_0$ | in mm | Dicke des Rohlings |
| $h_1$ | in mm | verbleibende Dicke nach |
| | | der Umformung |

Der Verfahrensfaktor $x$ läßt sich aus dem Kraft-Weg-Diagramm (Bild 8.6) bestimmen.

$$x = \frac{F_m}{F_{max}}$$

$$x \cong 0{,}5 \,.$$

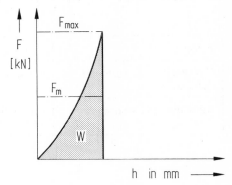

Bild 8.6  Kraft-Weg-Diagramm beim Prägen

## 8.4 Werkzeuge

Massivprägewerkzeuge erhalten in der Regel ihre Führung durch ein Säulenführungsgestell (Bild 8.7).

Die Gravuren am Werkzeug stellen das Negativ zu der am Werkstück herzustellenden Gravur dar. Wie bei Schmiedegesenken unterscheidet man hier auch zwischen geschlossenen Werkzeugen (Bild 8.7) und offenen Werkzeugen.

Geschlossene Werkzeuge setzt man bei kleineren Werkstoffverdrängungen, wie z. B. beim Münzprägen ein.

Offene Werkzeuge, die am Werkstück Gratbildungen ergeben, verwendet man bei Prägungen mit großen Umformgraden.

Gebräuchliche Werkzeugwerkstoffe zeigt Tabelle 8.2.

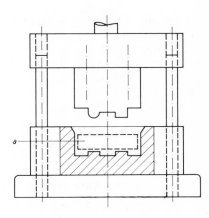

Bild 8.7 Geschlossenes Massivprägewerkzeug mit Säulenführung, a) Rohling

Tabelle 8.2 Werkstoffe für Prägestempel und Matrizen

| Werkstoff | Werkstoff-Nr. | Einbauhärte HRC |
|-----------|---------------|-----------------|
| C 110 W 1 | 1.1550 | 60 |
| 90 Cr 3 | 1.2056 | 62 |
| 90 MnV 8 | 1.2842 | 62 |
| 50 NiCr 13 | 1.2721 | 58 |

## 8.5 Fehler beim Prägen (Tabelle 8.3)

| Fehler | Ursache | Maßnahme |
|--------|---------|----------|
| Unvollkommene Ausformung der Gravur | Prägekraft zu klein | Kraft erhöhen |
| Rißbildung am Werkstück | Formänderungsvermögen des Werkstoffes überschritten | Zwischenglühen |

## 8.6 Beispiel

Es soll eine Gravur nach Bild 8.8 massivgeprägt werden.
Werkstoff: Ms 63. (CuZn 37)
Gesucht: Massivprägekraft und Prägearbeit

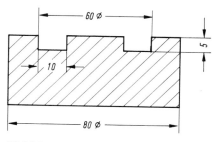

Bild 8.8 Massivgeprägtes Werkstück

$$F = k_\mathrm{w} \cdot A = 1500 \, \frac{\mathrm{N}}{\mathrm{mm}^2} \cdot \frac{(80 \, \mathrm{mm})^2}{4} = 1500 \cdot 5024 \, \mathrm{N} = 753\,600 \, \mathrm{N} = 7536 \, \mathrm{kN}$$

$k_\mathrm{w}$ aus Tabelle 8.1 = 1500 N/mm² gewählt

$$h = \frac{V_\mathrm{Grav}}{A_\mathrm{Proj}} = \frac{50 \, \mathrm{mm} \cdot \pi \cdot 10 \, \mathrm{mm} \cdot 5 \, \mathrm{mm}}{5024 \, \mathrm{mm}^2} \, 1{,}56 \, \mathrm{mm}$$

$$W = F_\mathrm{max} \cdot h \cdot x = 7536 \, \mathrm{kN} \cdot 0{,}00156 \, \mathrm{m} \cdot 0{,}5 = 5{,}87 \, \mathrm{kN} \, \mathrm{m}$$

$$h_0 = h + h_1 = 1{,}56 + 8 = 9{,}56 \, \mathrm{mm} \, .$$

## 8.7 Testfragen zu Kapitel 8:

1. Was versteht man unter dem Begriff „Massivprägen"?
2. Wie unterteilt man die Massivprägeverfahren?
3. Aus welchen Hauptelementen besteht das Massivprägewerkzeug?

# 9. Abstreckziehen (Abstrecken)

## 9.1 Definition

Abstreckziehen ist ein Massivumform-verfahren, bei dem die Umformkraft (Zugkraft), von der umgeformten Napf-wand aufgenommen werden muß. Über-steigt die Spannung in der umgeform-ten Napfwand die Zugfestigkeit des Napfwerkstoffes, dann reißt der Boden ab.

## 9.2 Anwendung des Verfahrens

Zur Herstellung von Hohlkörpern mit Flansch, bei denen die Bodendicke grö-ßer oder kleiner ist, als die Wanddicke. Es können mit diesem Verfahren auch Hohlkörper mit Innenkonus hergestellt werden.

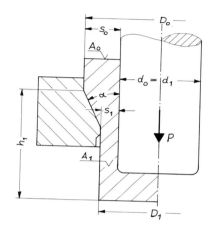

Bild 9.1 Napf mit Flansch. Abstrecken mit einem Ring

## 9.3 Ausgangsrohling

Der Ausgangsrohling ist ein vorgeformter (überwiegend im Fließpreßverfahren her-gestellter) dickwandiger Napf.

## 9.4 Hauptformänderung (Bild 9.1)

$$\varphi_h = \ln \frac{A_0}{A_1} = \ln \frac{D_0^2 - d_0^2}{D_1^2 - d_0^2} = \ln \frac{D_0^2 - d_0^2}{D_1^2 - d_1^2}$$

$A_0$ in mm$^2$  Ringfläche vor der Umformung
$A_1$ in mm$^2$  Ringfläche nach der Umformung
$D_0$ in mm   Außendurchmesser vor der Umformung
$d_0$ in mm   Innendurchmesser vor der Umformung
$D_1$ in mm   Außendurchmesser nach der Umformung
$d_1$ in mm   Innendurchmesser nach der Umformung (meist ist $d_0 = d_1$)
$\varphi_h$ —       Hauptformänderung.

Wenn $\varphi_h$ gegeben ist und der Grenzdurchmesser $D_1$, bei $d_0 = d_1 = \text{const.}$ gesucht wird, folgt:

$$D_1 = \sqrt{\frac{D_0^2 - d_0^2}{e^{\varphi_h}} + d_0^2} \; .$$

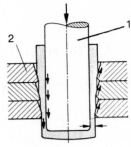

Mehrfachzug

Bild 9.2 Mehrfachzug.
1 Ziehstempel, 2 Ziehring

Beim Abstrecken mit einem Ziehring (Bild 9.1), sind die in Tabelle 9.1 angegebenen Werte zulässig.
Beim Abstrecken mit mehreren hintereinandergeschalteten Ziehringen (Bild 9.2), kann man ca. 20% mehr an Formänderung zulassen (z. B. statt 35% − 40%).

Tabelle 9.1 Zulässige Formänderungen mit einem Ziehring

| Werkstoff | $\varphi_{h_{zul}}$ |
|---|---|
| Al 99,8; Al 99,5; AlMg 1; AlMgSi 1; AlCuMg 1 | 0,35 |
| CuZn 37 (Ms 63) | 0,45 |
| Ck 10−Ck 15, Cq 22−Cq 35 | 0,45 |
| Cq 45; 16 MnCr 5; 42 CrMo 4 | 0,35 |

Aus dem Quotienten von tatsächlicher und zulässiger Formänderung, läßt sich die Anzahl der erforderlichen Züge bestimmen.
*Anzahl der erforderlichen Züge:*

$$n = \frac{\varphi_h}{\varphi_{h_{zul}}} = \frac{\left(\ln \dfrac{A_0}{A_n}\right) \cdot 100}{\varphi_{h_{zul}}}$$

| | |
|---|---|
| $n$ | Anzahl der erforderlichen Züge |
| $A_0$ in mm$^2$ | Querschnittsfläche vor dem 1. Zug |
| $A_n$ in mm$^2$ | Querschnittsfläche nach dem letzten ($n$-ten) Zug |
| $\varphi_{h_{zul}}$ in Prozent | zulässige Formänderung |
| $\varphi_h$ in Prozent | Hauptformänderung. |

Die tatsächlichen Grenzwerte ergeben sich jedoch aus der Abstreckkraft. Sie muß kleiner bleiben, als das Produkt der Ringfläche $A_1$ nach der Umformung und der Festigkeit des Werkstoffes.

$$F < A_1 \cdot R_e < A_1 \cdot R_m$$

($R_e$ früher $\sigma_s$ − $R_m$ früher $\sigma_B$).

Wird $F > A_1 \cdot R_e$: dann tritt eine nicht gewollte zusätzliche Formänderung ein.
Wird $F > A_1 \cdot R_m$: dann reißt der Napf in Bodennähe ab.

## 9.5 Kraft- und Arbeitsberechnung

### 9.5.1 Kraft

$$F = \frac{A_1 \cdot k_{f_m} \cdot \varphi_h}{\eta_F \cdot 10^3}$$

$F$  in kN  Abstreckkraft
$A_1$  in mm$^2$  Querschnittsfläche nach der Umformung
$k_{f_m}$  in N/mm$^2$  mittlere Formänderungsfestigkeit
$\varphi_h$  $-$  Hauptformänderung
$\eta_F$  $-$  Formänderungswirkungsgrad
$10^3$  in N/kN  Umrechnungszahl in kN

### 9.5.2 Arbeit

$$W = F \cdot h_1 \cdot x$$

$W$ in kN m  Arbeit
$h_1$ in m  Stößelweg
$x$  $-$  Verfahrensfaktor ($x = 0{,}9$).

## 9.6 Beispiel

Ein dickwandiger vorgeformter Napf, soll in einem Napf mit verringerter Wanddicke (Bild 9.3) umgeformt werden.
Gegeben: Werkstoff Cq 45; $\eta_F = 0{,}7$.
Gesucht:

1. Hauptformänderung
2. Anzahl der Züge
3. kleinstmöglicher Durchmesser beim 1. Zug ($\varphi_{h_{zul}} = 35\%$)
4. Kraft für den 1. Zug.

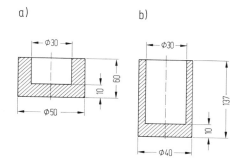

Bild 9.3 Abgestrecktes Werkstück. a) Rohling – vorgeformter Napf, b) Fertigteil nach 3 Zügen

*Lösung:*

Hauptformänderung:

$$\varphi_h = \ln \frac{D_0^2 - d_0^2}{D_1^2 - d_0^2} = \ln \frac{50^2 \text{ mm}^2 - 30^2 \text{ mm}^2}{40^2 \text{ mm}^2 - 30^2 \text{ mm}^2} = 0{,}82 \, .$$

Anzahl der erforderlichen Züge:

$$n = \frac{\varphi_h}{\varphi_{h_{zul}}} = \frac{82\%}{35\%} = 2{,}34$$

$n = 3$ Züge erforderlich!
(Nach jedem Zug erneute Weichglühung erforderlich!)
Kleinstmöglicher Durchmesser beim 1. Zug:

$$D_1 = \sqrt{\frac{D_0^2 - d_0^2}{e^{\varphi_h}} + d_0^2} = \sqrt{\frac{50^2 \text{ mm}^2 - 30^2 \text{ mm}^2}{e^{0{,}35}} + 30^2 \text{ mm}}$$

$$D_{1_{min}} = \sqrt{\frac{1600}{1{,}419} + 900} = \underline{\underline{45 \text{ mm}}} \, .$$

Kraft für den 1. Zug:
Für $\varphi_h = 35\%$: $k_{f_0} = 390 \text{ N/mm}^2$; $k_{f_1} = 860 \text{ N/mm}^2$; $k_{f_m} = 625 \text{ N/mm}^2$.
Beim 1. Zug ist: $D_1 = 45 \text{ mm}$, $d_0 = d_1 = 30 \text{ mm}$

$$F = \frac{A_1 \cdot k_{f_m} \cdot \varphi_h}{\eta_F \cdot 10^3} = \frac{(D_1^2 - d_0^2) \cdot \pi \cdot \text{mm}^2 \cdot k_{f_m} \cdot \varphi_h}{4 \cdot \eta_F \cdot 10^3}$$

$$F = \frac{(45^2 \text{ mm}^2 - 30^2 \text{ mm}^2) \cdot \pi \cdot 625 \text{ N/mm}^2 \cdot 0{,}35}{4 \cdot 0{,}7 \cdot 10^3} = \underline{\underline{276 \text{ kN}}} \, .$$

## 9.7 Testfragen zu Kapitel 9:

1. Wodurch unterscheidet sich das Abstreckziehen vom Vorwärtsfließpressen?
2. Wodurch wird die Größe der Formänderung begrenzt?
3. Für welche Werkstückformen wendet man es an?

# 10. Drahtziehen

## 10.1 Definition

Drahtziehen ist ein Gleitziehen (Bild 10.1), bei dem ein Draht größerer Abmessung ($d_0$) durch einen Ziehring mit kleinerer Abmessung ($d_1$) gezogen wird. Dabei erhält der Draht die Form und die Querschnittsmaße des Ziehringes.

Das Drahtziehen gehört nach DIN 8584 zu den Fertigungsverfahren mit Zugdruckumformung, weil sich in der Verformungszone ein Spannungszustand, der sich aus Zug- und Druckumformung zusammensetzt, ergibt.

Beim Drahtziehen unterscheidet man:
nach der Abmessung des Drahtes zwischen:

Grobzug:      $d = 16$  bis 4,2 mm
Mittelzug:    $d =$  4,2 bis 1,6 mm
Feinzug:      $d =$  1,6 bis 0,7 mm
Kratzenzug: $d <$  0,7 mm

nach der eingesetzten Maschine zwischen:

Einfachzug
Mehrfachzug.

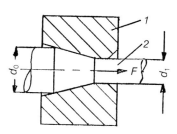

Bild 10.1 Prinzip des Drahtziehens.
1 Werkzeug, 2 Draht

## 10.2 Anwendung

Das Draht- und Stangenziehen wird angewandt, um Drähte und Stangen mit glatten Oberflächen und kleinen Toleranzen, für vielfältige Einsatzgebiete (Tabelle 10.1) zu erzeugen.

Tabelle 10.1 Einsatzgebiete der gezogenen Drähte und Stangen

| Werkstoff | Anwendung |
|---|---|
| Kohlenstoffarme Stähle C 10 – C 22 | Drähte, Drahtgeflechte, Stacheldraht, Stifte, Nägel, Schrauben, Niete |
| Kohlenstoffreiche Stähle (bis 1,6% C) | Stangenmaterial für die Automatenbearbeitung, Drahtseile |
| Legierte Stähle | Technische Federn, Schweißdrähte |
| Kupfer und Kupferlegierungen | Drähte, Drahtgeflechte, Schrauben und Formteile, Teile für die Elektroindustrie |
| Aluminium und Al-Legierungen | Schrauben, Formteile, elektrische Leitungen usw. |

## 10.3 Ausgangsmaterial

Ausgangsmaterial für das Drahtziehen sind warmgewalzte Drähte. Für das Stangenziehen setzt man durch Warmwalzen oder durch Strangpressen hergestellte Stangen als Ausgangsmaterial ein.

## 10.4 Hauptformänderung

Die Hauptformänderung ergibt sich aus dem Querschnittsverhältnis vor und nach dem Zug.

$$\varphi_h = \ln \frac{A_0}{A_1}$$

$$d_1 = \frac{d_0}{e^{\varphi_h/2}}$$

| | |
|---|---|
| $A_0$ in mm² | Querschnitt vor dem Zug |
| $A_1$ in mm² | Querschnitt nach dem Zug, |
| $d_0$ in mm | Durchmesser vor dem Zug |
| $d_1$ in mm | Durchmesser nach dem Zug |
| $e = 2.718$ | Basiszahl des natürl. Logarithmus |
| $\varphi_h$ | Hauptformänderung |

## 10.5 Zulässige Formänderungen

Die nachfolgende Tabelle enthält Richtwerte für die Zugabstufung und die zulässige Gesamtformänderung bei Mehrfachzügen.

Tabelle 10.2 Zulässige Formänderungen bei Mehrfachzügen

| Werkstoff | Einlauffestigkeit $R_m$ in N/mm² | Einlaufdurchmesser $d_0$ in mm | Zugabstufung zwischen 2 Zügen $\varphi_{h_{zul}}$ (%) | Gesamtformänderung (Mehrfachzug) $\varphi_{h_{zul}}$ (%) | Anzahl der Ziehstufen |
|---|---|---|---|---|---|
| Stahldraht | 400 | 4−12 | 18−22 | 380−400 | 8 bis 21 |
| | 1200 | 4−12 | 18−22 | 380−400 | |
| | 1200 | 0,5−2,5 | 12−15 | 120−150 | |
| Cu-Werkstoffe | Cu (weich) | 8−10 Naßzug | 40−50 | 350−400 | 5 bis 13 |
| | 250 | 1−3,5 | 18−20 | 200−300 | |
| Al-Werkstoffe | Al (weich) und Al-Leg. 80 | 12−16 Naßzug | 20−25 | 250−300 | 5 bis 13 |
| | | 1−3,5 | 15−20 | 150−200 | |

Beim Einfachzug liegen die zulässigen Formänderungen bei:

- Stahldrähten     = 150–200%
- Cu-Werkstoffen = 200%
  (Cu-weich)
- Al-Werkstoffen  = 200%
  (Al-weich).

## 10.6 Ziehkraft

Nach Siebel kann man die Ziehkraft mit der nachfolgenden Gleichung berechnen

$$F_z = A_1 \cdot k_{f_m} \cdot \varphi_h \left( \frac{\mu}{\alpha} + \frac{2 \cdot \widehat{\alpha}}{3 \cdot \varphi_h} + 1 \right).$$

Der Reibungskoeffizient liegt im Mittel bei $\mu = 0,035$ ($\mu = 0,02$ bis $0,05$). Der optimale Ziehwinkel, bei dem sich ein Kraftminimum ergibt, liegt bei $2\,\alpha = 16°$. Daraus folgt für den Winkel im Bogenmaß:

$$\widehat{\alpha} = \frac{\pi}{180°} \cdot \alpha° = \frac{\pi}{180°} \cdot 8° = 0,13.$$

Setzt man diese Werte in obige Gleichung ein, dann kann man die Ziehkraft beim Drahtziehen, näherungsweise mit der vereinfachten Gleichung und einem Formänderungswirkungsgrad $\eta = 0,6$ bestimmen.

$$F_z = \frac{A_1 \cdot k_{f_m} \cdot \varphi_h}{\eta_F}$$

$F_z$ in N          Ziehkraft
$k_{f_m}$ in N/mm$^2$   mittlere Formänderungsfestigkeit
$A_1$ in mm$^2$      Querschnitt des Drahtes nach dem Zug
$\varphi_h$ –          Hauptformänderung
$\eta_F$ –          Formänderungswirkungsgrad ($\eta_F = 0,6$).

## 10.7 Ziehgeschwindigkeiten

### 10.7.1 Einfachzug

Die Ziehgeschwindigkeiten für Einfachzüge können aus der nachfolgenden Tabelle entnommen werden.

Tabelle 10.3  Ziehgeschwindigkeiten $v$ für Einfachzüge

| Werkstoff | Einlauffestigkeit $R_m$ in N/mm$^2$ | $v_{max}$ in m/s |
|---|---|---|
| Stahldraht | (Eisendraht) 400 | 20 |
|  | 800 | 15 |
|  | 1300 | 10 |
| Cu (weich) | 250 |  |
| Messing, Bronze | 400 | 20 |
| Al und Al-Legierungen | 80–100 | 25 |

## 10.7.2 Mehrfachzug

Bei Mehrfachzügen ist die Ziehgeschwindigkeit bei jedem Zug anders. Weil das Volumen konstant ist, ergibt sich bei verjüngtem Drahtquerschnitt eine größere Geschwindigkeit.

$$v_1 \cdot A_1 = v_2 \cdot A_2$$
$$v_1 \cdot A_1 = v_n \cdot A_n$$

$$\boxed{v_1 = \frac{v_n \cdot A_n}{A_1}}$$

$v_1$ in m/s   Ziehgeschwindigkeit beim ersten Zug
$v_2$ im m/s   Ziehgeschwindigkeit beim 2. Zug
$v_n$ in m/s   Ziehgeschwindigkeit beim $n$-ten Zug
$A_1$ in mm$^2$   Drahtquerschnitt nach dem 1. Zug
$A_2$ in mm$^2$   Drahtquerschnitt nach dem 2. Zug
$A_n$ in mm$^2$   Drahtquerschnitt nach dem $n$-ten Zug.

In Richtwerttabellen werden bei Mehrfachziehmaschinen immer die größten Geschwindigkeiten, die sich auf den letzten Zug beziehen, angegeben.

Tabelle 10.4  Ziehgeschwindigkeit $v_n$ für Mehrfachzüge

| Werkstoff | Einlauffestigkeit $R_m$ in N/mm$^2$ | $v_n$ in m/s |
|---|---|---|
| Stahldraht | (Eisendraht) 400 | 20 |
|  | 800 | 15 |
|  | 1300 | 10 |
| Cu (weich) | 250 |  |
| Messing, Bronze | 400 | 25 |
| Al (weich) Al-Legierungen | 80–100 |  |

Aus der Ziehgeschwindigkeit, die der zugeordneten Trommel-Umfangsgeschwindigkeit entspricht, läßt sich dann auch die Trommeldrehzahl $n$ bestimmen.

$$n = \frac{v \cdot 60 \text{ s/min}}{d \cdot \pi}$$

$v$ in m/s    Ziehgeschwindigkeit
$d$ in m      Trommeldurchmesser
$n$ in min$^{-1}$ Trommeldrehzahl

## 10.8 Antriebsleistung

Die Antriebsleistung der Drahtziehmaschine wird aus der Ziehkraft und der Ziehgeschwindigkeit bestimmt.

### 10.8.1 Einfachziehmaschine (Bild 10.2)

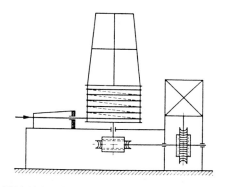

$$P = \frac{F_z \cdot v}{\eta_M}$$

$P$ in kW   Antriebsleistung
$F_z$ in kN   Ziehkraft
$v$  in m/s  Ziehgeschwindigkeit
$\eta_M$ —      Wirkungsgrad der Maschine ($\eta_M = 0{,}8$).

Bild 10.2 Prinzip der Einfachziehmaschine

### 10.8.2 Mehrfachziehmaschine (Bild 10.3)

Bei Mehrfachziehmaschinen ergibt sich die gesamte Antriebsleistung aus der Summe der Antriebsleistungen der einzelnen Züge

$$P_M = \sum P$$

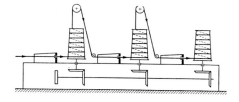

a)

Bild 10.3 Prinzip der Mehrfachdrahtziehmaschine. Drahtzuführung: a) von oben mit Doppelumlenkung, b) in Ziehachse ohne Umlenkung

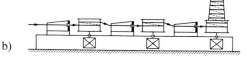

b)

## 10.9 Ziehwerkzeuge

Das Ziehwerkzeug, der Ziehstein (Bild 10.4), besteht aus 3 Zonen. Einlaufkonus mit Einlaufwinkel $2\beta$ und Ziehkegelwinkel $2\alpha$, dem Ziehzylinder $l_3$ und dem Auslaufkonus $l_4$ mit Auslaufwinkel $2\gamma$.

Die Länge des Führungszylinders $l_3$ liegt bei:

$$l_3 = 0,15 \cdot d_1$$

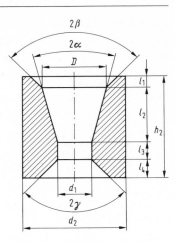

Der Ziehkegelwinkel $2\alpha$ beeinflußt die Ziehkraft und die Oberflächengüte des Drahtes.

Optimale Werte zeigt Tabelle 10.5.

Bild 10.4 Bezeichnung der Winkel und Maße am Ziehstein nach DIN 1547 Bl. 1

Tabelle 10.5 Optimale Ziehkegelwinkel $2\alpha$ in Abhängigkeit vom Werkstoff, dem Umformgrad und der Art des Zuges

| Ziehkegelwinkel $2\alpha$ | | | | $\varphi_h$ in % |
|---|---|---|---|---|
| Werkstoff | | Werkstoff | | |
| Stahl (C < 0,4%), Messing, Bronze | | Stahl (C > 0,4%) | | |
| Naßzug | Trockenzug | Naßzug | Trockenzug | |
| 11° | 9° | 10° | 8° | 10 |
| 16° | 14° | 15° | 12° | 22 |
| 19° | 17° | 18° | 15° | 35 |

### 10.9.1 Werkstoffe für Ziehsteine

Ziehsteine werden aus Stahl, Hartmetall und Diamanten hergestellt.

*Ziehsteine aus Stahl*

Tabelle 10.6 Stähle und Einbauhärten für Ziehsteine aus Stahl

| Werkstoff | Arbeitshärte HRC | Einsatzgebiete |
|---|---|---|
| 1.2203<br>1.2453<br>1.2080<br>1.2436 | 63−67 | Stab- und Rohrziehen |

*Ziehsteine aus Hartmetall nach DIN 1547 Bl. 2 (Bild 10.5)*

Drähte mit kleinerem Durchmesser werden fast ausschließlich mit Werkzeugen aus gesinterten Hartmetallen gezogen.

Man verwendet dafür die Hartmetallanwendungsgruppen G 10 bis G 60 (kleinste Zahl – höchste Härte).

Die Abmessungen von Hartmetallziehsteinen (Bild 10.5) und der dazugehörigen Armierung aus Stahl zeigt Tabelle 10.7.

Bild 10.5 Hartmetallziehsteine für Stahldrähte nach DIN 1547 Bl. 2

Tabelle 10.7 Abmessung der Hartmetallziehsteine für Stahldrähte (ISO-A) und Drähte aus NE-Metallen (ISO-B)

| Stahldraht $d_1$ in mm | NE-Metalle $d_1$ in mm | $d_2$ in mm | $h_2$ in mm | $d_3$ in mm | $h_3$ in mm | $l_3$ in mm | $2\beta$ in Grad | $2\gamma$ in Grad |
|---|---|---|---|---|---|---|---|---|
| 1,0 | 1,5 | 8 | 4 | 28 | 12 | 0,5 | 90 | 90 |
| 2,0 | 2,5 | 10 | 8 | 28 | 16 | 0,5 | | |
| 3,0 | 3,5 | 12 | 10 | 28 | 20 | 0,6 | | |
| 5 | 6 | 16 | 13 | 43 | 25 | 0,9 | 60 | 75 |
| 6,5 | 8 | 20 | 17 | 43 | 32 | 1,2 | 60 | 60 |
| 9 | 10,5 | 25 | 20 | 75 | 35 | 1,5 | | |
| 12 | 13 | 30 | 24 | 75 | 40 | 1,8 | | |

Bezeichnung eines Hartmetall-Ziehsteines für Stahldrähte (A)[1]) mit zylindrischer Fassung (Z)[1]), Kerndurchmesser $d_2 = 14$ mm, Fassungsdurchmesser $d_3 = 28$ mm, Ziehholdurchmesser $d_1$ z. B. 1,8 mm, Ziehkegelwinkel $2\alpha$ z. B. 16° (16), Kern aus Hartmetall der Anwendungsgruppe G 10, Fassung aus Stahl (St):

Ziehstein AZ 14−28−1,8−16 DIN 1547−G 10−St

*Ziehsteine aus Diamanten*

Diamantziehsteine werden für das Ziehen von Fein- und Feinstdrähten (0,01 mm bis 1,5 mm) aus Kupfer, Stahl, Wolfram und Molybdän eingesetzt.
Die Diamanten werden in eine Stahlfassung eingesintert. Sie umgibt den Diamanten mit einer dosierten Vorspannung.
Bild 10.6 zeigt das Prinzip eines Diamantenziehwerkzeuges nach DIN 1546 und vergrößert die Ausbildung des Ziehholes.

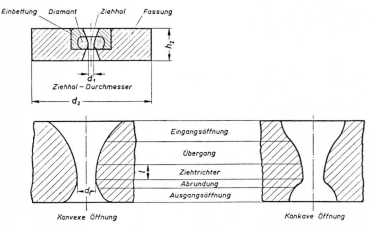

Bild 10.6 Elemente des Diamantziehsteines nach DIN 1546. a) Einzelheiten des Ziehholes

Das Verhältnis der Ziehtrichterlänge zum Ziehholdurchmesser $l/d_1$ liegt bei:

Stahldrähten von 0,01 − 1,0 mm Durchmesser:        1    bis 2,5
Messing und Bronze von 0,2 − 1,0 mm Durchmesser:  0,8 bis 1,5
Aluminium von 0,2 − 1,0 mm Durchmesser:           0,5 bis 1,0.

Bezeichnung eines Diamantziehsteines mit Fassung 25 × 6 (25) aus Messing Ms 58 für Naßzug von Kupfer (B), Ziehholdurchmesser $d_1 = 0,18$ mm (0,18) Verhältnis des Ziehtrichters zum Ziehholdurchmesser $l: d_1 = 0,6$ (0,6):

25 B 0,18 × 0,6 DIN 1546.

Bezeichnung eines Diamantziehsteines ohne Fassung für Warmzug von Wolframdraht (H), Ziehholdurchmesser $d_1 = 0,02$ mm (0,02) Verhältnis des Ziehtrichters zum Ziehholdurchmesser $l: d_1 = 1,5$ (1,5):

H 0,02 × 1,5 DIN 1546.

## 10.10  Beispiel

Ein Walzdraht aus 42 CrMo 4, $R_m = 1200$ N/mm$^2$, soll vom Durchmesser $d_0 = 12,5$ mm in einem Mehrfachzug auf $d_1 = 5,3$ mm gezogen werden. Es entsteht eine Maschine mit 8 Ziehstufen zur Verfügung. Gegeben:

$v_{max} = v_n = 10$ m/s

$\eta_F \quad = 0,6$ Formänderungswirkungsgrad

$\eta_M \quad = 0,7$ Wirkungsgrad der Ziehmaschine.

Gesucht:

1. Gesamtformänderung
2. Formänderung pro Zug
3. Zwischendurchmesser 2. bis 7. Zug bei gleicher Formänderung zwischen den Zügen
4. Ziehkraft für den 1. Zug
5. Antriebsleistung für den 1. Zug.

*Lösung:*

1. $\quad \varphi_{h_{ges.}} = \ln \dfrac{A_0}{A_1} = \ln \dfrac{12,5^2 \, \pi/4}{5,3^2 \, \pi/4} = 1,72 = 172\%$

2. $\quad \varphi_{h_{Zug}} = \dfrac{\varphi_{h_{ges}}}{Z} = \dfrac{172\%}{8} = 21,5\%$ pro Zug

3. $\quad d_1 = \dfrac{d_0}{e^{\varphi/2}} = \dfrac{12,5}{e^{0,215/2}} = \dfrac{12,5}{e^{0,175}} = \dfrac{12,5}{1,11349} = 11,2$ mm $\varnothing$

   $\quad d_2 = \dfrac{d_1}{e^{\varphi/2}} = 10,05$ mm $\varnothing \qquad$ usw.

   $\quad d_3 = 9,02, \quad d_4 = 8,10, \quad d_5 = 7,27, \quad d_6 = 6,52, \quad d_7 = 5,85, \quad d_8 = 5,3$

4. Ziehkraft (1. Zug)

   $\quad F_z = \dfrac{A_1 \cdot k_{f_m} \cdot \varphi_h}{\eta_F}$

   $\quad \varphi_{h_1} = 21,1\% = 0,215$

   $\quad k_{f_0} = 420$ N/mm$^2$, $\quad k_{f_1} = 880$ N/mm$^2$, $\quad k_{f_m} = \dfrac{420 + 880}{2} = 650$ N/mm$^2$

   $\quad A_1 = \dfrac{d_1^2 \, \pi}{4} = \dfrac{(11,2 \text{ mm})^2 \, \pi}{4} = \underline{\underline{98,52 \text{ mm}^2}}$

   $\quad F_z = \dfrac{98,52 \text{ mm}^2 \cdot 650 \text{ N} \cdot 0,215}{0,6 \cdot \text{mm}^2} = 22\,946 = \underline{\underline{22,9 \text{ kN}}}$

5. Antriebsleistung (1. Zug)

5.1 Ziehgeschwindigkeit (1. Zug)

   $\quad v_1 = \dfrac{v_n \cdot A_n}{A_1} = \dfrac{10 \text{ m} \cdot (5,3 \text{ mm})^2 \, \pi/4}{(11,2 \text{ mm})^2 \, \pi/4}$

   $\quad v_1 = \underline{\underline{2,24 \text{ m/s}}}$

5.2 Antriebsleistung (1. Zug)

   $\quad P_1 = \dfrac{F_z \cdot v_1}{\eta_M} = \dfrac{22,9 \text{ kN} \cdot 2,24 \text{ m}}{0,7 \cdot \text{s}} = \underline{\underline{73,3 \text{ kW}}} \, .$

## 10.11  Testfragen zu Kapitel 10:

1. Wie unterteilt man die Drahtziehverfahren?
2. Wie unterteilt man die Maschinen zum Drahtziehen?
3. Wie bestimmt man die Hauptformänderung beim Drahtziehen?
4. Warum sind die Ziehgeschwindigkeiten bei Mehrfachzügen an jeder Düse anders?

# 11. Rohrziehen

## 11.1 Definition

Das Rohrziehen ist ein Gleitziehen von Hohlkörpern (Hohlgleitziehen – DIN 8584), bei dem die Formgebung außen durch ein Ziehhol und innen durch einen Stopfen oder eine Stange erzeugt wird.

## 11.2 Rohrziehverfahren

Für das Ziehen von Rohren wurden mehrere Arbeitsverfahren entwickelt. Alle Verfahren haben gemeinsam, daß das zu ziehende Rohr an einem Ende angespitzt (zwischen 2 Halbrundbacken in einer Presse zusammengedrückt) wird. Dieses angespitzte Ende wird durch den Ziehring geschoben und dann von der Ziehzange, die am Ziehwagen der Ziehmaschine befestigt ist, festgespannt. Der Ziehwagen zieht nun das Rohr durch den feststehenden Ziehring.
Die Rohrziehverfahren und ihre Besonderheiten zeigt Tabelle 11.1.

Tabelle 11.1 Rohrziehverfahren

| | |
|---|---|
| *Gleitziehen ohne Dorn (Druckzug)* <br><br> Das Rohr wird durch das Ziehhol ohne Abstützung von innen gezogen. <br> Dabei erhält nur der Außendurchmesser ein genaues Maß. Wanddicke und Innendurchmesser haben größere Maßabweichungen. <br> Dieses Verfahren, der sogenannte Druckzug, wird nur bei Rohren mit kleineren Innendurchmessern angewandt. | 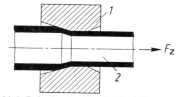 <br> Bild 11.1 Prinzip des Hohlgleitziehens. <br> 1 Ziehwerkzeug, 2 Werkstück |
| *Gleitziehen über einen festen Dorn (Stopfen)* <br><br> Hierbei wird das Rohr über einen, an der Dornstange befestigten, Stopfen geschoben. Beim Ziehvorgang wird das Rohr durch den von Ziehring und Stopfen gebildeten Ringspalt gezogen. <br> Da der Ringspalt kleiner ist als die Wanddicke des zu ziehenden Rohres, wird die Wanddicke verjüngt und das Rohr nimmt im Außendurchmesser das Maß des Ziehholes und im Innendurchmesser das Maß des Stopfens an. | 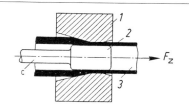 <br> Bild 11.2 Prinzip des Gleitziehens über festen Dorn. 1 Ziehring, 2 Werkstück, 3 Dornstange, 4 Dorn |

Tabelle 11.1  Rohrziehverfahren (Fortsetzung)

| | |
|---|---|
| *Gleitziehen über einen schwimmenden Dorn*<br><br>Die Anordnung ist wie beim Stopfenzug. Nur ist hier der Stopfen nicht an einer Dornstange befestigt. Er wird vor Beginn des Zuges eingestoßen. Durch seine kegelige Form wird er beim Ziehvorgang von selbst in Ziehrichtung in die Matrize hineingezogen. | 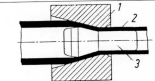<br>Bild 11.3 Prinzip des Gleitziehens über schwimmenden Dorn. 1 Ziehring, 2 Werkstück, 3 schwimmender Dorn |
| *Gleitziehen über eine mitlaufende Stange*<br><br>An Stelle des Stopfens wird hier eine lange Stange, die vorn verjüngt ist und einen zylindrischen Ansatz hat, in das Rohr geschoben. Dabei wird der zylindrische Ansatz durch das angespitzte Rohrstück hindurchgesteckt. Die Ziehzange erfaßt diesen zylindrischen Zapfen.<br>Beim Ziehvorgang werden dann Stange und Rohr gleichzeitig in Ziehrichtung bewegt. | 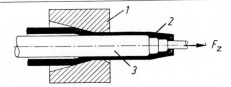<br>Bild 11.4 Prinzip des Gleitziehens über mitlaufender Stange. 1 Ziehring, 2 Werkstück, 3 mitlaufende Stange |

## 11.3  Hauptformänderung und Ziehkraft

Die Grenzen für die zulässigen Hauptformänderungen ergeben sich aus der erforderlichen Ziehkraft.

Da die Ziehkraft von dem Rohrquerschnitt $A_1$ (Bild 11.5) nach der Formänderung übertragen werden muß, muß sie kleiner bleiben als die Zerreißkraft.

$$F_z < F_{zul.}$$

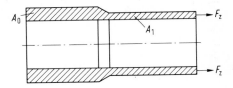

Bild 11.5  Rohrquerschnitte $A_0$ vor und $A_1$ nach dem Zug

Daraus ergeben sich die zulässigen Formänderungen. Kann man mit einem Zug die erforderliche Querschnittsabnahme nicht erreichen, weil $F_z > F_{zul.}$, dann muß man nach dem 1. Zug Zwischenglühen.

Wie man die Ziehkraft $F_z$ und die Zerreißkraft $F_{zul.}$ rechnerisch bestimmen kann, zeigt Tabelle 11.2.

Tabelle 11.2 Berechnung von Hauptformänderung und Ziehkraft

| Zugart | Zulässige Formänderung $\varphi_{h_{zul}}$ in % (ergibt sich aus Ziehkraft) | Hauptformänderung $\varphi_h$ (−) | Ziehkraft in N |
|---|---|---|---|
| Druckzug | 20 − 50 | $\varphi_h = \ln \dfrac{d_0}{d_1}$ <br> $\varphi_{h_{\%}} = \varphi_h \cdot 100 \ (\%)$ | $F_z = \dfrac{A_1 \cdot k_{f_m} \cdot \varphi_h}{\eta_F}$ <br><br> für $2\alpha = 16°$ (optimaler Öffnungswinkel) gilt: |
| Stopfenzug | 30 − 50 | $\varphi_h = \ln \dfrac{A_0}{A_1}$ <br> $\varphi_h = \ln \dfrac{D_0^2 - d_0^2}{D_1^2 - d_1^2}$ <br> $\varphi_{h_{(\%)}} = \varphi_h \cdot 100 \ (\%)$ | $\eta_F = 0{,}4 - 0{,}6$ für $\varphi_h = 15\%$ <br> $\eta_F = 0{,}7 - 0{,}8$ für $\varphi_h = 50\%$ <br><br> $F_{zul.} = A_1 \cdot R_m$ <br><br> $F_z$ muß aber kleiner sein als $F_{zul.}$, sonst reißt das Rohr ab. |
| Stangenzug | 40 − 60 | | |

| | | | | |
|---|---|---|---|---|
| $\varphi_h$ | − | Hauptformänderung | $k_{f_m}$ in N/mm² | mittlere Formänderungsfestigkeit |
| $D_0$ | in mm | Außendurchmesser vor dem Zug | | |
| $d_0$ | in mm | Innendurchmesser vor dem Zug | $R_m$ in N/mm² | Zugfestigkeit des Rohrwerkstoffes |
| $A_0$ | in mm² | Rohrquerschnitt vor dem Zug | | |
| $D_1$ | in mm | Außendurchmesser nach dem Zug | $F_z$ in N | Ziehkraft |
| $d_1$ | in mm | Innendurchmesser nach dem Zug | $F_{zul.}$ in N | vom Rohrquerschnitt maximal übertragbare Kraft |
| $A_1$ | in mm² | Rohrquerschnitt nach dem Zug | | |
| | | | $\eta_F$ − | Formänderungswiderstand |

## 11.4 Ziehwerkzeuge

Für das Rohrziehen verwendet man überwiegend Ziehwerkzeuge aus Hartmetall.
Der Ziehstein, DIN 1547, Bl. 6 + 7, entspricht im Aufbau den im Bild 10.5 für das Drahtziehen gezeigten Werkzeugen.
Der Ziehdorn, DIN 8099, Bl. 1 + 2, besteht aus dem Grundkörper aus Stahl (Bild 11.6) und dem eigentlichen Dorn aus Hartmetall.
Gebräuchliche Hartmetallsorten sind auch hier G 10 bis G 60.

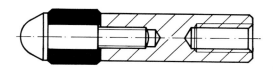

Bild 11.6 Ziehdorn (DIN 8099 Bl. 2) mit aufgeschraubtem Hartmetallring

## 11.5  Beispiel

Ein Rohr aus Ck 45 ($R_m = 800$ N/mm$^2$) mit der Ausgangsabmessung $D_0 = 45$, $d_0 = 30$, soll auf die Maße $D_1 = 40$ und $d_1 = 28$ gezogen werden.

*Gesucht:*

1. Ziehkraft
2. zulässige Grenzkraft
3. kann die Querschnittsabnahme in einem Zug erreicht werden?

*Lösung:*

$$\varphi_h = \ln \frac{D_0^2 - d_0^2}{D_1^2 - d_1^2} = \ln \frac{45^2 - 30^2}{40^2 - 28^2} = 0{,}32 \to 32\%$$

$$k_{f_0} = 390, \qquad k_{f_1} = 840, \qquad k_{f_m} = 615 \text{ N/mm}^2$$

$$F_z = \frac{A_1 \cdot k_{f_m} \cdot \varphi_h}{\eta_F} = \frac{(40^2 - 28^2) \cdot \pi \, \text{mm}^2 \cdot 615 \text{ N} \cdot 0{,}32}{4 \cdot 0{,}7 \, \text{mm}^2}$$

$$F_z = 180\,178 \text{ N} \cong \underline{180 \text{ kN}}$$

$$F_{\text{zul.}} = \frac{A_1 \cdot R_m}{10^3 \, \text{N/kN}} = \frac{640{,}9 \, \text{mm}^2 \cdot 800 \text{ N}}{10^3 \, \text{N/kN} \cdot \text{mm}^2} = \underline{512{,}7 \text{ kN}}$$

Da $F_z$ erheblich kleiner als $F_{\text{zul.}}$ ist, kann diese Umformung in einem Zug erfolgen.

## 11.6  Testfragen zu Kapitel 11:

1. Welche Rohrziehverfahren gibt es?
2. Wodurch unterscheiden sie sich?

# 12. Strangpressen

## 12.1 Definition

Strangpressen (Bild 12.1) ist ein Massivumformverfahren, bei dem ein erwärmter Block, der von einem Aufnehmer (Rezipienten) umschlossen ist, mittels Preßstempel durch eine Formmatrize gedrückt wird. Dabei nimmt der austretende Strang die Form der Matrize an.

Strangpressen ist ein Druckumformverfahren und gehört nach DIN 8583 zur Untergruppe Durchdrücken. Die eigentliche Umformung vom Preßblock zum Preßstrang erfolgt in der trichterförmigen Umformzone vor der Matrize.

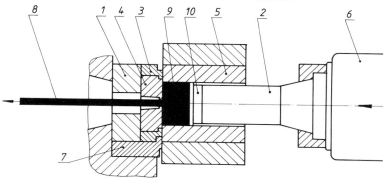

Bild 12.1 Prinzip des direkten Vollstrangpressens. 1 Druckplatte, 2 Stempel, 3 Werkzeugträger, 4 Matrize, 5 Rezipient, 6 Plunger, 7 Schieber, 8 Profilstrang, 9 Block, 10 Preßscheibe

## 12.2 Anwendung

Das Verfahren wird eingesetzt um Voll- und Hohlprofile aller Art (Bild 12.2) aus Aluminium- und Kupferlegierungen und aus Stahl zu erzeugen.

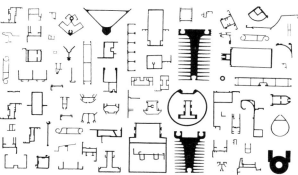

Bild 12.2 Typische Strangpreßprofile

## 12.3 Ausgangsmaterial

Auf Warmumformungstemperatur erwärmte Voll- oder Hohlblöcke.
Für die Herstellung von Hohlprofilen benötigt man Hohlblöcke.
Bei der Rohrherstellung kann der Hohlblock auch in der Strangpresse durch einen Lochvorgang, der dem eigentlichen Strangpressen vorangeht, erzeugt werden.

## 12.4 Die Strangpreßverfahren

Beim Strangpressen unterscheidet man:

a) nach der Art, wie der Block im Rezipienten verschoben wird in:

   *direktes und indirektes Strangpressen.*

b) nach dem beim Strangpressen entstehenden Produkt in:

   *Voll- und Hohl-Strangpressen.*

### 12.4.1 Direktes Strangpressen (Vorwärtsstrangpressen)

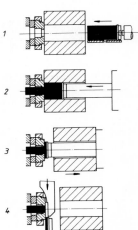

Hier sind Werkstofffluß des austreten-den Stranges und Stempelbewegung (Bild 12.1) gleichgerichtet.
Der auf Umformungstemperatur er-wärmte Block (Bild 12.3) wird in die Maschine eingebracht. Der Stempel, der durch die Preßscheibe vom Werkstoff getrennt ist, drückt den Block durch die Matrize.
Der Preßrest wird durch Rückfahren des Aufnehmers freigelegt und abge-schert oder abgesägt.

Bild 12.3 Arbeitsablauf beim direkten Strang-pressen. 1 Block und Preßscheibe in Presse einbringen, 2 Block auspressen, 3 Rückfah-ren des Aufnehmers, 4 Preßrest abtrennen

### 12.4.2 Indirektes Strangpressen (Rückwärtsstrangpressen)

Beim Rückwärtsstrangpressen (Bild 12.4) sitzt die Matrize auf dem hohl ausgeführten Preßstempel.
Der Werkstofffluß ist der relativen Stempelbewegung entgegengerichtet. Hier führen Plunger und Rezipient gleichzeitig die Preßbewegung aus.
Dadurch gibt es beim Rückwärtsstrangpressen keine Relativbewegung zwischen Block und Rezipient. Diese Relativbewegung (beim Vorwärtsstrangpressen) ist ein Nachteil, weil dadurch zusätzliche Reibungswärme erzeugt wird, die nur durch Verringerung der Preßgeschwindigkeit in Grenzen gehalten werden kann.

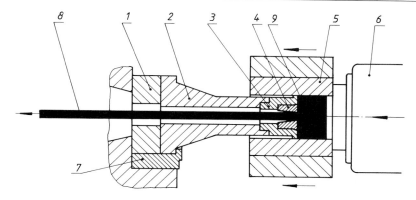

Bild 12.4 Prinzip des indirekten Strangpressens. 1 Druckplatte, 2 Stempel, 3 Werkzeugträger, 4 Matrize, 5 Rezipient, 6 Plunger, 7 Schieber, 8 Profilstrang, 9 Block, 10 Preßscheibe

### 12.4.3 Vollstrangpressen bzw. Hohlstrangpressen

Bei der Erzeugung von Vollprofilen spricht man vom Vollstrangpressen und bei der Erzeugung von Hohlprofilen vom Hohlstrangpressen.
Eine Verfahrensübersicht zeigt Tabelle 12.1.

Tabelle 12.1  Strangpreßverfahren

| Prinzipskizze | Verfahren | Anwendung |
|---|---|---|
| | Direktes Strangpressen: Matrize und Aufnehmer liegen fest zueinander. Stempel bewegt sich und drückt den Block durch die Matrize | Vollprofile, Stangen und Bänder aus Vollblöcken |
| | Indirektes Strangpressen: An feststehendem, hohlge-bohrtem Stempel befindet sich die Matrize mit Preß-scheibe. Bewegung führt am Ende verschlossener Aufnehmer mit Rohling aus. Er fährt gegen die festste-hende Matrize. | Drähte und Profile aus Vollblöcken |

Tabelle 12.1  Strangpreßverfahren (Fortsetzung)

| Prinzipskizze | Verfahren | Anwendung |
|---|---|---|
| | Direktes hydrostatisches Strangpressen: Die Umformung des Blockes erfolgt durch eine unter hohem Druck stehende Flüssigkeit (12 000 bar). Der Druck wird durch den voreilenden Stempel erzeugt. | Einfache kleine Profile aus schwer preßbaren Werkstoffen, die mit den anderen Verfahren nicht preßbar sind. |
| | Direktes Rohrpressen über feststehendem Dorn: Der Rohling ist ein Hohlblock. Der feststehende Dorn bildet mit der Matrize den Ringspalt. Der Hohlstempel macht die Arbeitsbewegung. | Rohre und Hohlprofile aus Hohlblöcken. |
| | Indirektes Rohrpressen über feststehendem Dorn: Arbeitsbewegung führt verschlossener Aufnehmer aus. Am feststehenden Stempel befindet sich vorn die Matrize. | Rohre und Vollprofile aus Hohlblöcken oder Vollblöcken, die in der Presse gelocht werden. |

1 Produkt, 2 Matrize, 3 Block, 4 Preßscheibe, 5 Aufnehmer, 6 Stempel, 7 Preßscheibe mit Matrize, 8 Verschlußstück, 9 Dichtung, 10 Preßflüssigkeit, 11 Dorn

Tabelle 12.2  Vor- und Nachteile der Strangpreßverfahren

| Verfahren | Vorteile | Nachteile |
|---|---|---|
| Vorwärtsstrangpressen | Einfache Handhabung, gute Strangoberfläche, einfache Handhabung bei der Strangabkühlung | Hohe Reibungswärme zwischen Preßblock und Aufnehmer, Veränderung der Werkstoffeigenschaften durch überhöhte Temperatur, kleinere Preßgeschwindigkeiten |
| Rückwärtsstrangpressen | Höhere Preßgeschwindigkeiten kleinerer Umformwiderstand geringere Preßrestdicken, weil Fließlinien bis in die Endzone optimal, geringerer Verschleiß im Aufnehmer | Preßstrangdurchmesser begrenzt, weil durch den Hohlstempel geführt. Abkühlung des Stranges schwieriger, setzt gute Preßblockoberflächen voraus (in der Regel gedrehte Oberfläche) |
| Hydrostatisches Strangpressen | Reine Druckumformung, idealer Fließlinienverlauf, auch spröde Werkstoffe noch umformbar, höchste Umformgrate bis $\varphi = 900\%$ z. B. bei Al-Werkstoffen möglich | Dichtungsprobleme wegen der erforderlichen hohen Arbeitsdrücke (bis 20 000 bar) |

## 12.5 Hauptformänderung

$\varphi_h$ —    Hauptformänderung
$A_0$ in mm² Querschnitt vor der Form-
         änderung
$A_1$ in mm² Querschnitt nach der Form-
         änderung
$\lambda$ —    Preßgrat

$$\varphi_h = \ln \frac{A_0}{A_1}$$

$$\lambda = \frac{A_0}{A_1}$$

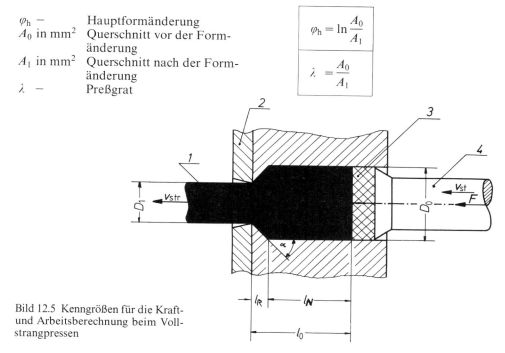

Bild 12.5 Kenngrößen für die Kraft-
und Arbeitsberechnung beim Vollstrangpressen

## 12.6 Formänderungsgeschwindigkeiten beim Strangpressen $\dot\varphi$

Wegen des komplizierten Materialflusses in der Umformzone (Bild 12.6) bestimmt
man die Umformgeschwindigkeit beim Strangpressen näherungsweise mit den nachfolgenden Formeln:

$\dot\varphi$   in s⁻¹    Umformgeschwindigkeit
$v_{st}$  in mm/s  Stempelgeschwindigkeit
$D$    in mm    Rezipientendurchmesser,
            Hauptformänderung
$v_{str}$ in m/min  Austrittsgeschwindigkeit
            des Preßstranges
$A_0$   in mm²   Querschnitt vor der
            Formänderung
$A_1$   in mm²   Querschnitt nach der
            Formänderung
$D_0$   in mm    Blockdurchmesser
$D_1$   in mm    Strangdurchmesser
10³ mm/m   Umrechnungszahl von m
            in mm
60   s/min    Umrechnungszahl von
            min in s

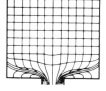

Bild 12.6 Fließ-
linienverlauf
beim Vorwärts-
Vollstrangpressen
mit α = 90°

$$\dot\varphi \cong \frac{6 \cdot v_{st} \cdot \varphi_h}{D}$$

$$\dot\varphi \cong \frac{2 \cdot v_{str}}{D_1}$$

$$v_{st} = \frac{10^3 \cdot v_{str} \cdot A_1}{60 \cdot A_0}$$

Tabelle 12.3 Zulässige Formänderungen, Preßtemperaturen, Geschwindigkeiten und Preßbarkeit für Stahl-, Kupfer- und Al-Werkstoffe

| Werkstoff | | Preßtemperatur in °C (Mittelwert) | Max. Preßgrat $\lambda_{max}$ | $\varphi_{h_{zul.}}$ | Geschwindigkeit | | Preßbarkeit | | |
|---|---|---|---|---|---|---|---|---|---|
| | | | | | Strang | Stempel | gut | mittel | schlecht |
| | | | | | $v_{str}$ in m/min | $v_{st}$ in m/s für $\lambda_{max}$ | | | |
| Al | Al 99,5 | 430 | 1000 | 6,9 | 50 − 100 | 1,6 | × | | |
| | AlMg 1 | 440 | 150 | 5,0 | 30 − 75 | 8,3 | × | | |
| | AlMgSi 1 | 460 | 250 | 5,5 | 5 − 30 | 2,0 | | × | |
| | AlCuMg 1 | 430 | 45 | 3,8 | 1,5 − 3 | 1,1 | | | × |
| Cu | E-Cu | 850 | 400 | 6,0 | 300 | 12,5 | | × | |
| | CuZn 10 (Ms 90) | 850 | 50 | 3,9 | 50 − 100 | 33 | | | × |
| | CuZn 28 (Ms 72) | 800 | 100 | 4,6 | 50 − 100 | 16,6 | | × | |
| | CuZn 37 (Ms 63) | 775 | 250 | 5,5 | 150 − 200 | 13,3 | | × | |
| | CuSn 8 | 800 | 80 | 4,4 | 30 | 6,2 | | | × |
| St | C 15 C 35 C 45 C 60 | 1200 | 90 | 4,5 | 360 | 66 | × | | |
| | 100 Cr 6 | 1200 | 50 | 3,9 | 360 | 120 | × | | |
| | 50 CrMo 4 | 1250 | 50 | 3,9 | 360 | 120 | × | | |
| Ti | TiA 15 Sn 2,5 | 950 | 100 | 4,6 | 360 | 60 | | | × |

## 12.7 Preßkraft

### 12.7.1 Vorwärts-Vollstrangpressen

$$F = F_{pr} + F_R$$

$$F = \frac{A_0 \cdot k_f \cdot \varphi_h}{\eta_F} + D_0 \cdot \pi \cdot l \cdot \mu_w \cdot k_f$$

$\eta_F = 0,4 - 0,6$     $\mu_w = 0,15 - 0,2$ bei guter Schmierung

## 12.7.2 Rückwärts-Vollstrangpressen

Hier entfällt die Reibungskraft im Rezipienten, weil sich der Block im Rezipienten nicht bewegt.

$$F = \frac{A_0 \cdot k_f \cdot \varphi_h}{\eta_F}$$

| | | |
|---|---|---|
| $F$ | in N | Gesamtpreßkraft |
| $F_{pr}$ | in N | Umformkraft |
| $F_R$ | in N | Reibungskraft im Rezipienten |
| $A_0$ | in mm² | Querschnittsfläche des Blockes |
| $D_0$ | in mm | Durchmesser des Blockes |
| $\varphi_h$ | – | Hauptformänderung |
| $\eta_F$ | – | Formänderungswirkungsgrad |
| $\mu_w$ | – | Reibungskoeffizient für die Wandreibung im Rezipienten |
| $k_f$ | in N/mm² | Formänderungsfestigkeit |

Die Formänderungsfestigkeit $k_f$ ist bei der Warmumformung abhängig von:

– der Umformtemperatur
– der Umformgeschwindigkeit.

Die $k_f$-Werte für die optimalen Umformtemperaturen können aus Tabelle 12.4 für eine Umformgeschwindigkeit von $\dot{\varphi} = 1\,\mathrm{s}^{-1}$ entnommen werden.
Den $k_f$-Wert unter Berücksichtigung der tatsächlichen Umformgeschwindigkeit kann man mit der nachfolgenden Gleichung berechnen:

$$k_f = k_{f_1} \left( \frac{\dot{\varphi}}{\dot{\varphi}_1} \right)^m .$$

Da $\dot{\varphi}_1 = 1\,\mathrm{s}^{-1}$ ist (Basiswert in Tab. 12.4), kann man die Gleichung vereinfacht schreiben:

$$k_f = k_{f_1} \cdot \dot{\varphi}^m$$

| | | |
|---|---|---|
| $k_f$ | in N/mm² | Formänderungsfestigkeit bei optimaler Umformtemperatur und der tatsächlichen Umformgeschwindigkeit |
| $\dot{\varphi}$ | in s⁻¹ | tatsächliche Umformgeschwindigkeit $\left( \dot{\varphi} = \frac{6 \cdot v_{st} \cdot \varphi_h}{D} \right)$ |
| $\dot{\varphi}_1$ | in s⁻¹ | Basisgeschwindigkeit $\dot{\varphi}_1 = 1\,\mathrm{s}^{-1}$ |
| $k_{f_1}$ | in N/mm² | Formänderungsfestigkeit bei optimaler Umformtemperatur und Basisgeschwindigkeit $\dot{\varphi}_1 = 1\,\mathrm{s}^{-1}$ |
| $m$ | – | Werkstoffexponent |

$k_{f_1}$ und $m$ können aus Tabelle 12.4 entnommen werden.

## 12.8 Arbeit

Die Umformarbeit kann auch für das Strangpressen mit der Siebelschen Grundgleichung bestimmt werden.

$$W = \frac{V \cdot \varphi_h \cdot k_f}{10^6 \cdot \eta_F}$$

$W$ in kN m       Umformarbeit
$V$ in mm$^3$      an der Umformung beteiligtes Volumen
$k_f$ in N/mm$^2$   Formänderungsfestigkeit
$10^6$            Umrechnungszahl von N mm in kN m

Das Kraft-Weg-Diagramm (Bild 12.7) zeigt den Kraftverlauf beim direkten Strangpressen. Die Gesamtarbeit (Fläche unter der Kurve), setzt sich aus den Anteilen für

$W_1$ das Stauchen des Preßblockes
$W_2$ die Herstellung des Fließzustandes
$W_3$ die eigentliche Umformung (Scher-, Reibungs- und Schiebungswiderstände in der Umformungszone)
$W_4$ die Reibung zwischen Preßblockmantelfläche und Rezipientenbohrung

zusammen.

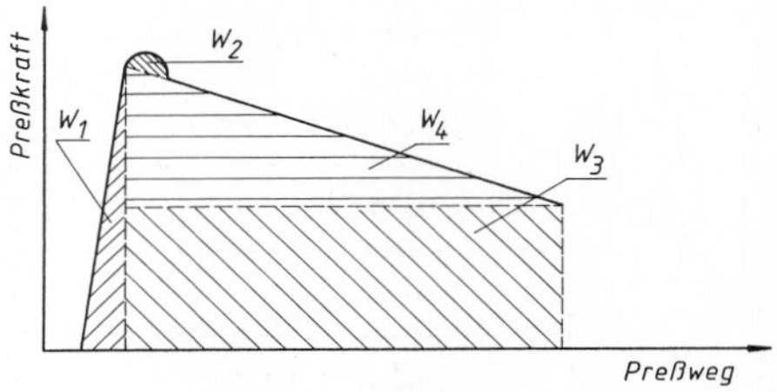

Bild 12.7 Kraft-Weg-Diagramm

Tabelle 12.4 Basiswerte $k_{f_1}$ für $\dot{\varphi}_1 = 1\,s^{-1}$ bei den angegebenen Umformtemperaturen und Werkstoffexponenten $m$ zur Berechnung von $k_f = f(\dot{\varphi})$

| Werkstoff | | $m$ | $k_{f_1}$ bei $\dot{\varphi}_1 = 1\,s^{-1}$ (N/mm²) | $T$ (°C) |
|---|---|---|---|---|
| St | C 15 | 0,154 | 99/ 84 | |
| | C 35 | 0,144 | 89/ 72 | |
| | C 45 | 0,163 | 90/ 70 | 1100/1200 |
| | C 60 | 0,167 | 85/ 68 | |
| | X 10 Cr 13 | 0,091 | 105/ 88 | |
| | X 5 CrNi 18 9 | 0,094 | 137/116 | 1100/1250 |
| | X 10 CrNiTi 18 9 | 0,176 | 100/ 74 | |
| Cu | E-Cu | 0,127 | 56 | 800 |
| | CuZn 28 | 0,212 | 51 | 800 |
| | CuZn 37 | 0,201 | 44 | 750 |
| | CuZn 40 Pb 2 | 0,218 | 35 | 650 |
| | CuZn 20 Al | 0,180 | 70 | 800 |
| | CuZn 28 Sn | 0,162 | 68 | 800 |
| | CuAl 5 | 0,163 | 102 | 800 |
| Al | Al 99,5 | 0,159 | 24 | 450 |
| | AlMn | 0,135 | 36 | 480 |
| | AlCuMg 1 | 0,122 | 72 | 450 |
| | AlCuMg 2 | 0,131 | 77 | 450 |
| | AlMgSi 1 | 0,108 | 48 | 450 |
| | AlMgMn | 0,194 | 70 | 480 |
| | AlMg 3 | 0,091 | 80 | 450 |
| | AlMg 5 | 0,110 | 102 | 450 |
| | AlZnMgCu 1,5 | 0,134 | 81 | 450 |

$k_f = k_{f_1}\left(\dfrac{\dot{\varphi}}{\dot{\varphi}_1}\right)^m$. Für $\dot{\varphi}_1 = 1\,s^{-1}$ wird $\boxed{k_f = k_{f_1} \cdot \dot{\varphi}^m}$

## 12.9 Werkzeuge

Strangpreßwerkzeuge sind mechanisch und thermisch hoch beanspruchte Werkzeuge. Bild 12.8 zeigt ein in seine Einzelteile aufgelöstes Werkzeug für das direkte Rohrstrangpressen und Bild 12.9 ein Werkzeug für das indirekte Strangpressen von Rohren über mitlaufenden Dorn.

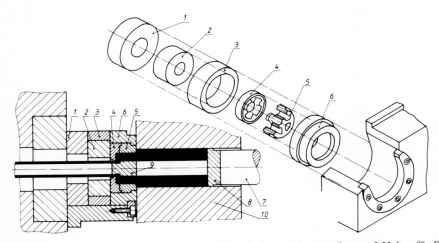

Bild 12.8 Direktes Strangpressen von Rohren. 1 Druckplatte, 2 Stützwerkzeug, 3 Halter für Stützwerkzeug, 4 Matrize, 5 Dornteil, 6 Werkzeughalter, 7 Preßstempel, 8 Preßscheibe, 9 Dorn, 10 Rezipient

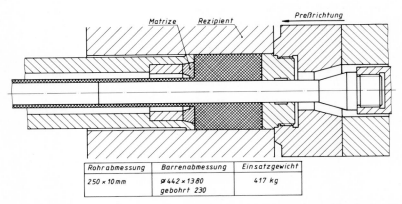

| Rohrabmessung | Barrenabmessung | Einsatzgewicht |
|---|---|---|
| 250 × 10 mm | ⌀ 442 × 1380 gebohrt 230 | 417 kg |

Bild 12.9  Werkzeug zum indirekten Strangpressen von Rohren über mitlaufenden Dorn

Der Rezipient (Teil 10 in Bild 12.8) ist armiert und besteht, wie Bild 12.10 zeigt, in der Regel aus 3 Teilen.
Neben der richtigen Dimensionierung der Werkzeugelemente ist beim Strangpressen auf eine optimale Schmierung zu achten. Als Schmiermittel werden überwiegend Glas, Graphit, Öl und $MoS_2$ eingesetzt.
Die nachfolgende Tabelle 12.5 zeigt Werkzeugwerkstoffe für Strangpreßwerkzeuge.

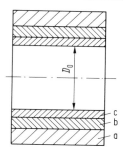

Bild 12.10 Einzelteile des Rezipienten (Teil 10 in Bild 12.8). a) Mantel, b) Zwischenbüchse, c) Innenbüchse

Tabelle 12.5 Werkzeugwerkstoffe für Strangpreßwerkzeuge (Bilder 12.8 und 12.10)

| Werkzeugteile | Al-Legierungen | | Cu-Legierungen | | Stahl- und Stahllegierungen | |
|---|---|---|---|---|---|---|
| | Werk-stoff | Einbau-härte (HRC) | Werk-stoff | Einbau-härte (HRC) | Werk-stoff | Einbau-härte (HRC) |
| Rezipient (Bild 12.10) Innenbüchse c Zwischenbüchse b Mantel a | 1.2343 1.2323 1.2312 | 40 − 45 32 − 40 30 − 32 | 1.2367 1.2323 1.2323 | 40 − 45 32 − 40 30 − 32 | 1.2344 1.2323 1.2343 | 40 − 45 32 − 40 30 − 32 |
| Stempelkopf 7 | 1.2344 | 45 − 52 | 1.2365 | 45 − 52 | 1.2365 | 45 − 52 |
| Preßscheibe 8 | 1.2343 | 42 − 48 | 1.2344 | 42 − 48 | 1.2365 | 42 − 48 |
| Matrize 4 | 1.2343 | 42 − 48 | 1.2367 | 42 − 48 | 1.2344 | 42 − 48 |
| Matrizenhalter 3 | 1.2714 | 40 − 45 | 1.2714 | 40 − 45 | 1.2714 | 40 − 45 |

## 12.10 Strangpreßmaschinen

Bei den Strangpreßmaschinen unterscheidet man zwischen

Strang- und Rohrpressen.

Mit einer Strangpresse (Bild 12.11) werden überwiegend Vollprofile, wie z. B. Stangen, Bänder und Drähte, hergestellt.

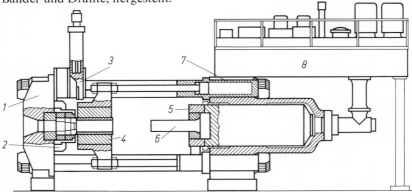

Bild 12.11 Schematische Darstellung einer Vorwärtsstrangpresse für Vollprofile, Stangen, Bänder und Drähte. 1 Gegenholm, 2 Werkzeugschieber oder Werkzeugdrehkopf, 3 Schere, 4 Blockaufnehmer, 5 Laufholm, 6 Stempel, 7 Zylinderholm, 8 Ölbehälter mit Antrieb und Steuerung. (Werkfoto der Firma SMS Hasenclever Maschinenfabrik, Düsseldorf)

Die Rohrstrangpressen (Bild 12.12) werden bevorzugt zur Erzeugung von Rohren und Hohlprofilen eingesetzt.

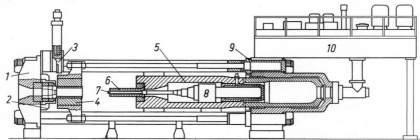

Bild 12.12 Schematische Darstellung einer Vorwärts-, Strang- und Rohrpresse. 1 Gegenholm, 2 Werkzeugschieber oder Werkzeugdrehkopf, 3 Schere, 4 Blockaufnehmer, 5 Laufholm, 6 Stempel, 7 Dorn, 8 Locher, 9 Zylinderholm, 10 Ölbehälter mit Antrieb und Steuerung. (Werkfoto der Firma SMS Hasenclever Maschinenfabrik, Düsseldorf)

Die Rohrstrangpresse hat, im Gegensatz zur Strangpresse, einen unabhängig vom Stempel bewegbaren Dorn. Dadurch können auf dieser Maschine sowohl Hohlblöcke als auch Vollblöcke zu Rohren oder Hohlprofilen umgeformt werden. Für Hohlblöcke genügt ein Dornvorschieber (geringe Kraft), für Vollblöcke braucht man einen Locher (Teil 8 im Bild 12.12) mit großer Kraft, der den Block locht.
Der Antrieb der Strangpressen ist öl- oder wasserhydraulisch.

Kleine bis mittlere Pressen werden überwiegend ölhydraulisch angetrieben. Bei großen Anlagen mit hohen Preßgeschwindigkeiten bevorzugt man den Wasserspeicherantrieb. Hier verwendet man als Druckflüssigkeit mit Ölanteilen aufbereitetes Wasser.

Die Baugrößen von Vorwärtsstrangpressen zeigt die folgende Tabelle.

Tabelle 12.6 Baugrößen der Vorwärtsstrangpressen (Richtwerte von Firma SMS Hasenclever, Düsseldorf)

| Preßkraft in kN | Blockabmessung | |
|---|---|---|
| | Durchmesser $D_0$ in mm | Länge $L_{max}$ in mm |
| 5 000 | 80 – 140 | 375 |
| 8 000 | 100 – 180 | 475 |
| 16 000 | 140 – 250 | 670 |
| 25 000 | 180 – 315 | 850 |
| 40 000 | 224 – 400 | 1060 |
| 63 000 | 280 – 500 | 1330 |
| 100 000 | 355 – 630 | 1680 |
| 125 000 | 400 – 710 | 1870 |

(10 kN = 1 t)

## 12.11 Beispiel

Es sind Rundstangen mit einem Durchmesser $d = 15$ mm, aus AlMgSil herzustellen.

Gegeben:

Preßstempelgeschwindigkeit: 2 mm/s $= v_{st}$
Dichte von AlMgSil: $\varrho = 2{,}7$ kg/dm³
Blockabmessung: $D_0 = 180$ mm $\varnothing$, $L = 475$ mm lang
Umformtemperatur: 450 °C (Tab. 12.4).

Gesucht: Preßkraft.

*Lösung:*

1. Hauptformänderung

$$\varphi_h = \ln \frac{A_0}{A_1} = \ln \frac{180^2\,\pi/4\ \text{mm}^2}{15^2\,\pi/4\ \text{mm}^2} = \underline{\underline{4{,}96}}$$

$$\varphi_{h_{zul}} = 5{,}5 \quad \text{Tab. 12.3}$$

weil $\varphi_h < \varphi_{h_{zul}}$ kann die Strangabmessung in einer Preßoperation erzeugt werden.

2. Austrittsgeschwindigkeit des Preßstranges

$$v_{str} = \frac{v_{st} \cdot 60 \cdot A_0}{10^3 \cdot A_1} = \frac{2 \text{ mm} \cdot 60 \text{ s} \cdot 1 \text{ m} \cdot 180^2 \cdot \pi/4 \text{ mm}^2}{\text{s} \cdot \text{min} \cdot 10^3 \text{ mm} \cdot 15^2 \pi/4 \text{ mm}^2}$$

$$v_{str} = \underline{\underline{17{,}28 \text{ m/min}}} \ .$$

3. Umformgeschwindigkeit $\dot{\varphi}$

$$\dot{\varphi} = \frac{6 \cdot v_{st} \cdot \varphi_h}{D} \qquad D \sim D_0 \ .$$

$$\dot{\varphi} = \frac{6 \cdot 2 \text{ mm} \cdot 4{,}96}{\text{s} \cdot 180 \text{ mm}} = \underline{\underline{0{,}33 \text{ s}^{-1}}} \ .$$

4. Formänderungsfestigkeit $k_f$

$k_{f_1} = 48 \text{ N/mm}^2$   für   $T = 450\,°\text{C}$   und   $\dot{\varphi} = 1 \text{ s}^{-1}$,   Tab. 12.4

$k_f = k_{f_1} \cdot \dot{\varphi}^m$,   $m = 0{,}108$ aus Tab. 12.4

$k_f = 48 \cdot 0{,}33^{0{,}108} = 48 \cdot 0{,}887 = 42{,}57 \text{ N/mm}^2.$

5. Preßkraft für das Voll-Vorwärtsstrangpressen

$$F = \frac{A_0 \cdot k_f \cdot \varphi_h}{\eta_F} + D_0 \cdot \pi \cdot l \cdot \mu_w \cdot k_f$$

$\eta_F = 0{,}5$;   $\mu_w = 0{,}15$ gewählt.

$$F = \frac{180^2 \, \pi/4 \text{ mm}^2 \cdot 42{,}6 \text{ N} \cdot 4{,}96}{0{,}5 \cdot \text{mm}^2} + 180 \text{ mm} \cdot \pi \cdot 475 \text{ mm} \cdot 0{,}15 \cdot 42{,}6 \text{ N/mm}^2$$

$$= 10\,753\,655 \text{ N} + 1\,716\,393 \text{ N}$$

$$F = \underline{\underline{12\,470 \text{ kN}}} \ .$$

## 12.12 Testfragen zu Kapitel 12:

1. Nach welchen Kriterien unterscheidet man die Strangpreßverfahren?
2. Nennen Sie die wichtigsten Strangpreßverfahren und die typischen Einsatzgebiete?
3. Was sind die Vor- und Nachteile des Strangpreßverfahrens?
4. Von welchen Größen ist $k_f$ beim Strangpressen vor allem abhängig?
5. Wie unterscheidet man die Strangpreßmaschinen?

# 13. Gesenkschmieden

## 13.1 Definition

Gesenkschmieden ist ein Warm-Massivumformverfahren. Nach DIN 8583 gehört es zu den Druckumformverfahren mit gegeneinander bewegten Formwerkzeugen, wobei der Werkstoff in eine bestimmte Richtung gedrängt wird und die Form der im Gesenk vorhandenen Gravuren annimmt (siehe Tabelle 13.1, Seite 114).

## 13.3 Ausgangsrohling

### 13.3.1 Art des Materials

Tabelle 13.2 Zuordnung des Ausgangsmaterials zu den Schmiedeverfahren

| Verfahren | Art des Materials |
|---|---|
| Schmieden von der Stange | Stangenmaterial bis ca. 40 $\varnothing$ |
| Schmieden vom Stück | Stangenabschnitte aus Knüppeln mit rundem oder quadratischem Querschnitt |
| Schmieden vom Spaltstück | gewalzte Bleche |

### 13.3.2 Materialeinsatzmasse $m_A$

$$m_A = m_E + m_G + m_Z$$

$m_A$ in kg  Materialeinsatzmasse
$m_E$ in kg  Masse des fertigen Schmiedestückes
$m_G$ in kg  Gratmasse
$m_Z$ in kg  Zunder- und Abbrandmasse.

Die Materialeinsatzmasse ist abhängig von der Werkstückform und der Werkstückmasse.
Damit man aber nicht für jedes neue Werkstück Zunder-, Abbrand- und Gratmasse bestimmen muß, hat man Richtwerte erstellt. In diesen Richtwerten gibt ein Massenverhältnisfaktor $W$ an, wieviel mal größer die Einsatzmasse $m_A$ sein muß, als die Masse des Fertigteiles. Da aber die Gestaltung des Grates sehr von der Form des Schmiedeteiles abhängig ist, berücksichtigt dieser Faktor $W$ nicht nur die Fertigmasse, sondern auch die Form des Schmiedeteiles. Bestimmte charakteristische Formen, die in der Fertigung die gleiche Problematik haben, hat man in Formengruppen zusammengefaßt. Die nachfolgende Tabelle 13.3 zeigt einen kleinen Ausschnitt aus dieser Formenordnung.

## 13.2 Unterteilung und Anwendung des Verfahrens

Tabelle 13.1

| Prinzipbild | Verfahren | Beschreibung | Vorteile | Nachteile | Einsatzgebiete |
|---|---|---|---|---|---|
| Schmieden von der Stange. a) Schmieden, b) Abtrennen, c) Abgraten | Schmieden von der Stange | Walzstange ca. 2 m lang, wird an einem Ende erwärmt und im Gesenk geschmiedet. Nach dem Schmieden wird das Werkstück durch einen letzten Hammerschlag von der Stange getrennt. | Bequeme Handhabung, kein kraftaufwendiges Halten mit der Schmiedezange. Zeitgewinn durch einfaches Einlegen in das Gesenk. | Größerer Werkstoffeinsatz, weil das Volumen nicht genau abgestimmt werden kann | Für längliche Werkstücke mit kleinerer Masse (2 bis 3 kg) |
| Herstellung einer Kurbelwelle. a) Rohling, b) Zwischenform, c) fertige Kurbelwelle | Schmieden vom Stück — Längsschmieden: | Ausgangsrohling ist hier ein abgesägter oder abgescherter Stangenabschnitt. — Wenn die Verformung in Richtung der Faser erfolgt. | Faserverlauf ideal folgt der äußeren Kontur. | Etwas größerer Materialeinsatz. | Gedrungene scheibenförmige Teile. |
| | Querschmieden: | Wenn die Verformung senkrecht zur Faser erfolgt. | Faserverlauf ideal folgt der äußeren Kontur. | Etwas größerer Materialeinsatz. | Teile mit ausgeprägter Längsachse z. B. Kurbelwellen. |
| Entstehung eines Zangenhebels. 1 Ausschneiden des Spaltstückes, 2 Stauchen, 3 Fertigschmieden | Schmieden vom Spaltstück | Die Ausgangsform wird aus einem Blechstreifen durch Flächenschluß fast verlustlos ausgeschnitten. Danach wird durch Stauchen oder Biegen eine Zwischenform erzeugt. Die Endform erhält das Werkstück im Gesenk. | Geringer Werkstoffverbrauch – genaues Rohlingsvolumen – deshalb geringe Gradbildung – kurze Schmiedezeiten, weil Werkstoffmassenverteilung gering. | Faserverlauf kann nicht der Form des Schmiedestückes optimal angepaßt werden. | Für Massenteile mit nicht zu hoher Festigkeitsbeanspruchung, wie z. B. Messer, Scheren, Zangen, Schraubenschlüssel. |

Aus dieser Formentabelle und den Fertigmassen der Gesenkschmiedestücke hat man Zahlentabellen für den Faktor $W$ zusammengestellt. Mit Hilfe dieser Tabellen 13.4 kann die Materialeinsatzmasse $m_A$ leicht bestimmt werden.

$$m_A = W \cdot m_E$$

Tabelle 13.3 Formenordnung (Auszug aus *Billigmann / Feldmann*, Stauchen und Pressen)

| Anwendungsbeispiele | Formen-gruppe | Erläuterung |
|---|---|---|
| | 1.1 | Kugelähnliche und würfelartige Teile, volle Naben mit kleinem Flansch, Zylinder und Teile ohne Nebenform-elemente |
| | 1.2 | Kugelähnliche und würfelartige Teile, Zylinder mit ein-seitigen Nebenformelementen |
| | 2.1 | Naben mit kleinem Flansch; Formgebung teils durch Steigen des Werkstoffes im Obergesenk, teils durch Steigen im Untergesenk |
| | 2.2 | Rotationssymmetrische Schmiedestücke mit gelochten Naben und Außenkränzen. Gelochte Nabe und der Außenkranz sind durch dünne Zonen miteinander verbunden |
| | 3.1 | Zweiarmige Hebel mit vollem Querschnitt und Verdickungen in der Mitte und an beiden Enden; Teile müssen vorgeschmiedet werden, z. B. Fußpedale und Kupplungshebel |
| | 3.2 | Sehr lange Schmiedestücke mit mehrmaligem großem Querschnittswechsel, an denen der Werkstoff stark steigen muß; Kurbelwellen mit angeschmiedeten Gegengewichten und mehr als 6 Kröpfungen. Gratanfall sehr hoch wegen mehrfachem Zwischenentgraten |

Tabelle 13.4 Massenverhältnisfaktor $W$ als $f$ ($m_E$ und Formengruppe)

| $m_E$ in kg | | 1,0 | 2,5 | 4,0 | 6,3 | 20 | 100 |
|---|---|---|---|---|---|---|---|
| $W$ | 1 | 1,1 | 1,08 | 1,07 | 1,06 | 1,05 | 1,03 |
| bei Formengruppe | 2 | 1,25 | 1,19 | 1,17 | 1,15 | 1,08 | 1,06 |
| | 3 | 1,5 | 1,46 | 1,41 | 1,35 | 1,20 | – |

## 13.4 Vorgänge im Gesenk

Die Vorgänge im Gesenk lassen sich in 3 Phasen (Bild 13.1) zerlegen:

1. Stauchen
2. Breiten
3. Steigen

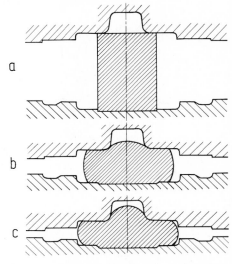

### Stauchen

Beim Stauchen wird die Höhe des Werkstückes ohne nennenswerte Gleitwege an den Gesenkwänden verringert.

### Breiten

Breiten liegt dann vor, wenn der Werkstoff überwiegend quer zur Bewegung des Werkzeuges fließt. Die Gleitwege, auf denen der Werkstoff die Gesenkwände berührt, sind relativ lang. Dadurch entsteht viel Reibung und es werden hohe Umformungskräfte benötigt.

Bild 13.1 Vorgänge im Gesenk. a) Stauchen, b) Breiten, c) Steigen

### Steigen

Das Steigen des Werkstoffes ist die letzte Umformphase im Gesenk. Dabei ist der Werkstofffluß der Arbeitsbewegung entgegengerichtet. Die ursprüngliche Höhe des Werkstückes wird örtlich vergrößert.

Damit es aber im Gesenk überhaupt zum Steigen kommt, muß der Fließwiderstand im Gratspalt höher sein, als der zum Steigen erforderliche im Werkzeug. Erst wenn die Gesenkform völlig ausgefüllt ist, darf der Werkstoff in den Gratspalt abfließen.

Dieser Fließwiderstand im Gratspalt ist abhängig von dem Verhältnis Gratbahnbreite zu Gratbahndicke ($b/s$).

### 13.4.1 Berechnung des Fließwiderstandes im Gratspalt

Der Fließwiderstand $p_{fl}$ ist nach Siebel für das Stauchen zwischen parallelen Platten:

$$p_{fl} = 2\,\mu \cdot k_f \cdot \frac{b}{s}$$

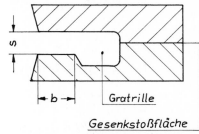

| | |
|---|---|
| $p_{fl}$ in N/mm² | Fließwiderstand |
| $b$ in mm | Gratbahnbreite |
| $s$ in mm | Gratdicke |
| $\mu$ — | Reibungswert |
| $k_f$ in N/mm² | Formänderungsfestigkeit. |

Bild 13.2 Ausbildung der Gratbahn

Durch Änderung des Gratbahnverhältnisses *b/s* kann der Innendruck im Gesenk so variiert werden, daß er den Erfordernissen des Werkstückes entspricht. Werkstücke bei denen der Werkstoff im Gesenk stark steigen muß, erfordern einen hohen Innendruck und damit ein großes Gratbahnverhältnis (z. B. *b/s* = 5 bis 10).

### 13.4.2 Berechnung des Gratspaltes

Die Gratbahnendicken lassen sich näherungsweise berechnen:

$$s = 0{,}015 \cdot \sqrt{A_s}$$

$s$    in mm    Gratdicke
$A_s$   in mm$^2$   Projektionsfläche des Schmiedestückes *ohne* Grat.

Tabelle 13.5   Gratbahnverhältnis $b/s = f$ ($A_s$ und der Art der Umformung)

| $A_s$ in mm$^2$ | $b/s$ für überwiegend | | |
|---|---|---|---|
| | Stauchen | Breiten | Steigen |
| bis 2000 | 8 | 10 | 13 |
| 2 001 – 5 000 | 7 | 8 | 10 |
| 5 001 – 10 000 | 5,5 | 6 | 7 |
| 10 001 – 25 000 | 4 | 4,5 | 5,5 |
| 26 000 – 70 000 | 3 | 3,5 | 4,5 |
| 71 000 – 150 000 | 2 | 2,5 | 3,5 |

## 13.5 Kraft- und Arbeitsberechnung

Eine genauere Kraft- und Arbeitsberechnung ist beim Gesenkschmieden nicht möglich, weil hier zu viele Einflußgrößen, wie z. B. die Umformtemperatur, interkristalline Vorgänge im Werkstoff, Formänderungsgeschwindigkeit, Form des Werkstückes, Art des Werkstoffes und die Art der Maschine auf der umgeformt wird, gleichzeitig auf den Umformvorgang einwirken.
Näherungsweise kann man die Kraft und Arbeit wie folgt berechnen:

*Berechnungsvorgang:*

*1. Umformgeschwindigkeit*

$$\dot{\varphi} = \frac{v}{h_0}$$

$\dot{\varphi}$   in s$^{-1}$   Umformgeschwindigkeit
$v$   in m/s   Bär- bzw. Stößelauftreffgeschwindigkeit
$h_0$   in m    Ausgangshöhe des Rohlings

$v$-Werte für die hier üblichen Preßmaschinen zeigt Tabelle 13.6.

Tabelle 13.6 Umformgeschwindigkeit $\dot{\varphi} = f$ ($v$ und Ausgangshöhe $h_0$ des Rohlings)

| Maschine | | Bär- bzw. Stößel-auftreffgeschwin-digkeit $v$ in m/s | $\dot{\varphi} = \dfrac{v}{h_0}$ (s$^{-1}$) für $h_0 =$ (mm) | | | | | | | | | | | | |
|---|---|---|---|---|---|---|---|---|---|---|---|---|---|---|---|---|
| | | $h_0 \rightarrow$ | 5 | 10 | 20 | 30 | 40 | 50 | 100 | 150 | 200 | 250 | 300 | 400 | 500 |
| Hammer | Fall- | 5,6 | 1120 | 560 | 280 | 187 | 140 | 112 | 56 | 37,3 | 28 | 22,4 | 18,6 | 14 | 11,2 |
| | Oberdruck- | 6 | 1200 | 600 | 300 | 200 | 150 | 120 | 60 | 40 | 30 | 24 | 20 | 15 | 12 |
| | Gegenschlag- | 12 | 2400 | 1200 | 600 | 400 | 300 | 240 | 120 | 80 | 60 | 48 | 40 | 30 | 24 |
| Spindelpr. | | 1,0 | 200 | 100 | 50 | 33,3 | 25 | 20 | 10 | 6,7 | 5,0 | 4,0 | 3,3 | 2,5 | 2,0 |
| Hydraul. Pressen | | 0,25 | 50 | 25 | 12,5 | 8,3 | 6,2 | 5 | 2,5 | 1,7 | 1,25 | 1,0 | 0,83 | 0,6 | 0,5 |
| Kurbelpr. bei $\alpha = 30°$ | | 0,6 | 120 | 60 | 30 | 20 | 15 | 12 | 6,0 | 4,0 | 3,0 | 2,4 | 2,0 | 1,5 | 1,2 |

*2. Formänderungsfestigkeit*

$$k_f = k_{f_1} \cdot \dot{\varphi}^m$$

| | |
|---|---|
| $m$ — | Werkstoffexponent |
| $k_f$ in N/mm$^2$ | Formänderungsfestigkeit bei der Umformgeschwindigkeit $\dot{\varphi}$ und der Umformtemperatur $T$ |
| $k_{f_1}$ in N/mm$^2$ | Formänderungsfestigkeit für $\dot{\varphi} = 1$ (s$^{-1}$) bei der Umformtemperatur $T$ |
| | ($k_{f_1}$ aus Tabelle 12.4, Seite 107) |
| $\dot{\varphi}$ in s$^{-1}$ | Umformgeschwindigkeit |
| | (für $\dot{\varphi}$ von 1 bis 300 s$^{-1}$ kann $k_f$ auch aus Tabelle 13.7 entnommen werden.) |

*3. Formänderungswiderstand am Ende der Umformung*

$$k_{we} = y \cdot k_f$$

| | |
|---|---|
| $k_{we}$ in N/mm$^2$ | Formänderungswiderstand am Ende der Umformung |
| $y$ — | Formfaktor (berücksichtigt die Werkstückform) |
| | $y$ aus Tabelle 13.8 entnehmen! |

*4. Maximale Preßkraft*

$$F = A_d \cdot k_{we}$$

| | |
|---|---|
| $F$ in N | max. Preßkraft |
| $A_d$ in mm$^2$ | Projektionsfläche des Schmiedeteiles *einschließlich* Gratbahn. |

*5. Mittlere Hauptformänderung*

Weil am Schmiedeteil die Höhe $h_1$ nicht genau definiert werden kann, arbeitet man hier mit der mittleren Endhöhe $h_{1_m}$ die man aus dem Volumen und der Projektionsfläche des Schmiedestückes (Bild 13.3) bestimmt.

$$\varphi_h = \ln \frac{h_1}{h_0}, \qquad h_{1_m} = \frac{V}{A_d}$$

$$\varphi_{h_m} = \ln \frac{V}{A_d \cdot h_0}$$

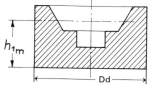

Bild 13.3 Definition der mittleren Endhöhe

| | |
|---|---|
| $h_1$ in mm | Höhe nach der Umformung |
| $h_0$ in mm | Rohlingshöhe |
| $V$ in mm$^3$ | Volumen des Gesenkschmiedestückes |
| $\varphi_{h_m}$ — | mittlere Hauptformänderung |

Tabelle 13.7 Formänderungsfestigkeit in Abhängigkeit von der Umformungsgeschwindigkeit für die Umformungstemperatur $T$ = constant

| Werkstoff | $T$ ($°C$) | $k_f = f(\dot\varphi)$ für $T$ = const. $k_f$ in N/mm² | | | | | | | | |
|---|---|---|---|---|---|---|---|---|---|---|
| | | $\dot\varphi = 1$ (s⁻¹) | $\dot\varphi = 2$ (s⁻¹) | $\dot\varphi = 4$ (s⁻¹) | $\dot\varphi = 6$ (s⁻¹) | $\dot\varphi = 10$ (s⁻¹) | $\dot\varphi = 20$ (s⁻¹) | $\dot\varphi = 30$ (s⁻¹) | $\dot\varphi = 40$ (s⁻¹) | $\dot\varphi = 50$ (s⁻¹) |
| C 15 | 1200 | 84 | 93 | 104 | 110 | 120 | 133 | 141 | 145 | 153 |
| C 35 | 1200 | 72 | 80 | 88 | 93 | 100 | 111 | 118 | 122 | 126 |
| C 45 | 1200 | 70 | 78 | 88 | 94 | 102 | 114 | 122 | 128 | 132 |
| C 60 | 1200 | 68 | 76 | 86 | 92 | 100 | 112 | 120 | 126 | 131 |
| X 10 Cr 13 | 1250 | 88 | 94 | 100 | 104 | 109 | 116 | 120 | 123 | 126 |
| X 5 CrNi 18 9 | 1250 | 116 | 124 | 132 | 137 | 144 | 154 | 160 | 164 | 168 |
| X 10 CrNiTi 18 9 | 1250 | 74 | 84 | 94 | 101 | 111 | 125 | 135 | 142 | 147 |
| E – Cu | 800 | 56 | 61 | 67 | 70 | 75 | 82 | 86 | 89 | 92 |
| CuZn 28 | 800 | 51 | 59 | 68 | 75 | 83 | 96 | 105 | 111 | 117 |
| CuZn 37 | 750 | 44 | 51 | 58 | 63 | 70 | 80 | 87 | 92 | 97 |
| CuZn 40 Pb 2 | 650 | 35 | 41 | 47 | 51 | 58 | 67 | 73 | 78 | 82 |
| CuZn 20 Al | 800 | 70 | 79 | 90 | 97 | 106 | 120 | 129 | 136 | 142 |
| CuZn 28 Sn | 800 | 68 | 76 | 85 | 91 | 99 | 110 | 118 | 124 | 128 |
| CuAl 5 | 800 | 102 | 114 | 128 | 137 | 148 | 166 | 178 | 186 | 193 |
| Al 99,5 | 450 | 24 | 27 | 30 | 32 | 35 | 39 | 41 | 43 | 45 |
| AlMn | 480 | 36 | 40 | 44 | 46 | 49 | 54 | 57 | 59 | 61 |
| AlCuMg 1 | 450 | 72 | 78 | 85 | 90 | 95 | 104 | 109 | 113 | 116 |
| AlCuMg 2 | 450 | 77 | 84 | 92 | 97 | 104 | 114 | 120 | 125 | 129 |
| AlMgSi 1 | 450 | 48 | 52 | 56 | 58 | 62 | 66 | 69 | 71 | 73 |
| AlMgMn | 480 | 70 | 80 | 92 | 99 | 109 | 125 | 135 | 143 | 150 |
| AlMg 3 | 450 | 80 | 85 | 91 | 94 | 99 | 105 | 109 | 112 | 114 |
| AlMg 5 | 450 | 102 | 110 | 119 | 124 | 131 | 142 | 148 | 153 | 157 |
| AlZnMgCu 1,5 | 450 | 81 | 89 | 98 | 103 | 110 | 121 | 128 | 133 | 137 |

| $\dot{\varphi} = 70$ (s$^{-1}$) | $\dot{\varphi} = 100$ (s$^{-1}$) | $\dot{\varphi} = 150$ (s$^{-1}$) | $\dot{\varphi} = 200$ (s$^{-1}$) | $\dot{\varphi} = 250$ (s$^{-1}$) | $\dot{\varphi} = 300$ (s$^{-1}$) |
|---|---|---|---|---|---|
| 161 | 170 | 181 | 189 | 196 | 201 |
| 133 | 140 | 148 | 154 | 159 | 164 |
| 140 | 148 | 158 | 166 | 172 | 177 |
| 138 | 147 | 157 | 164 | 171 | 176 |
| 130 | 134 | 139 | 143 | 145 | 148 |
| 173 | 179 | 186 | 191 | 195 | 198 |
| 156 | 166 | 179 | 188 | 196 | 202 |
| 96 | 101 | 106 | 110 | 113 | 116 |
| 126 | 135 | 148 | 157 | 164 | 171 |
| 103 | 111 | 120 | 128 | 133 | 138 |
| 88 | 96 | 104 | 111 | 117 | 121 |
| 150 | 160 | 172 | 182 | 189 | 195 |
| 135 | 143 | 153 | 160 | 166 | 171 |
| 204 | 216 | 231 | 242 | 251 | 258 |
| 47 | 50 | 53 | 56 | 58 | 59 |
| 64 | 67 | 71 | 74 | 76 | 78 |
| 121 | 126 | 133 | 137 | 141 | 144 |
| 134 | 141 | 148 | 154 | 159 | 163 |
| 76 | 79 | 82 | 85 | 87 | 89 |
| 160 | 171 | 185 | 196 | 204 | 212 |
| 118 | 122 | 126 | 130 | 132 | 134 |
| 163 | 169 | 177 | 183 | 187 | 191 |
| 143 | 150 | 159 | 165 | 170 | 174 |

*6. Formänderungsarbeit*

$$W = \frac{V \cdot \varphi_{h_m} \cdot k_f}{\eta_F}$$

| | | |
|---|---|---|
| $W$ | in Nmm | Formänderungsarbeit |
| $k_f$ | in N/mm$^2$ | mittlere Formänderungsfestigkeit |
| $\eta_F$ | – | Formänderungswirkungsgrad |
| $V$ | in mm$^3$ | Volumen des Schmiedestückes |
| $\varphi_{h_m}$ | – | Formänderungsgrad aus mittlerer Endhöhe $h_m$. |

Tabelle 13.8 Formfaktor $y$, Formänderungswirkungsgrad $\eta_F$, und Gratbahnverhältnis $b/s$ in Abhängigkeit von der Form des Gesenkschmiedeteiles.

| Form | Werkstück | $y$ | $\eta_F$ | $b/s$ |
|---|---|---|---|---|
| 1 | Stauchen im Gesenk ohne Gratbildung | 4 | 0,5 | 3 |
| 2 | Stauchen im Gesenk mit leichter Gratbildung | 5,5 | 0,45 | 4 |
| 3 | Gesenkschmieden einfacher Teile mit Gratbildung | 7,5 | 0,4 | 6–8 |
| 4 | Gesenkschmieden schwieriger Teile mit Grat | 9 | 0,35 | 9–12 |

$$k_{we} = y \cdot k_f$$

## 13.6 Werkzeuge

Gesenkschmiedewerkzeuge unterliegen hohen mechanischen und thermischen Beanspruchungen.

Mechanisch: durch die Schmiedekraft (Schlagbeanspruchung) bis $p = 2000$ N/mm$^2$.
Folge: Schubrisse an der Gravuroberfläche.

Thermisch:  durch die Berührung mit den auf Schmiedetemperatur erwärmten Rohlingen.
Dadurch entstehen in den Gesenkwerkzeugen Temperaturschwankun-
gen bis 200 °C, die extreme Wärmewechselspannungen zur Folge haben.
Dies kann zu netzförmig verteilten Oberflächenrissen an den Gesenken
führen.

Weil die Berührungszeiten zwischen Gesenk und Werkstück von der zum Gesenkschmieden eingesetzten Maschine abhängig sind, unterscheidet man zwischen:

Hammergesenken: mechanisch besonders hoch beansprucht.

Pressengesenken: thermisch besonders hoch beansprucht, weil Berührungszeit länger.

Die Elemente eines Gesenkes zeigt Bild 13.4, und einige typische Werkstoffe mit den
zugeordneten Einbaufestigkeiten zeigt Tabelle 13.9.

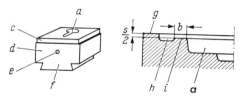

Bild 13.4 Elemente des Gesenkes. a) Gravur, c) Bezugsflächen, d) Körper, e) Transportöffnung,
f) Spannelement, g) Aufschlagfläche, h) Gratrille, i) Gratbahn

Tabelle 13.9 Gesenkwerkstoffe für Hammer-, Pressen- und Stauchmaschinengesenke

| Werkzeug | Hammer | | Presse | | Waagerechte Schmiedemaschinen | | |
|---|---|---|---|---|---|---|---|
| | Werkstoff | Einbaufestigkeit $N/mm^2$ | Werkstoff | Einbaufestigkeit $N/mm^2$ | Werkzeug | Werkstoff | Einbaufestigkeit $N/mm^2$ |
| Vollgesenk | 1.2713 1.2714 | 1200−1360 1200−1800 | 1.2713 1.2714 1.2343 1.2344 | 1200−1350 1200−1800 1300−1700 1300−1700 | Matrize | 1.2344 1.2365 1.2367 1.2889 | 1300−1800 1300−1800 1300−1800 1500−1900 |
| | | | 1.2365 1.2367 | 1300−1700 1300−1700 | Dorn | 1.2365 1.2367 | 1500−1800 1500−1800 |
| Muttergesenk | 1.2713 | 1020−1360 | 1.2713 | 1000−1200 | | 1.2889 | 1500−1900 |
| Gesenkeinsatz | 1.2714 1.2344 | 1300−1800 1300−1800 | 1.2343 1.2344 1.2367 1.2606 | 1300−1800 1300−1800 1300−1800 1300−1800 | Matrize        Dorn | | |
| Gravureinsatz | 1.2365 1.2889 | 1500−1800 1500−1800 | 1.2365 1.2889 | 1500−1800 1500−1800 | | | |

Tabelle 13.10  Bauformen der Gesenke

| Unterscheidungsmerkmal: Gratspalt | |
|---|---|
|  1 Obergesenk, 2 Untergesenk, 3 Auswerfer | *Gesenk mit Gratspalt (offenes Gesenk)*<br><br>Bei diesem Gesenk kann das überschüssige Volumen in den Gratspalt abfließen. |
| | Die Anzahl der Gravuren ist beliebig.<br>Hat es nur eine Gravur für ein Werkstück, dann ist es ein<br><br>*Einfachgesenk* |
| | Hat es mehrere Gravuren, für 2 oder mehr Werkstücke, z. B. 1 Gravur zum vorformen und 1 Gravur zum fertigformen, dann ist es ein<br><br>*Mehrfachgesenk* |
|  1 Preßstempel, 2 Werkstück | *Gesenk ohne Gratspalt (geschlossenes Gesenk)*<br><br>Hier muß das Einsatzvolumen des Rohlings genau dem Volumen des Fertigteiles entsprechen, weil überschüssiger Werkstoff nicht abfließen kann<br>Anwendung: für Genauschmiedeteile |
| Unterscheidungsmerkmal: Werkstoff des Gesenkes | |
| | *Vollgesenk*<br><br>Gesenkunterteil und Gesenkoberteil sind jeweils aus einem Stück, aus hochwertigem Gesenkstahl |
| a)<br>1 Muttergesenk, 2 Gesenkeinsatz<br><br> b1)<br><br> b2) | *Gesenk mit Gesenkeinsätzen*<br><br>Muttergesenk (Gesenkhalter) und Gesenkeinsatz sind aus unterschiedlichen Werkstoffen. Nur der Gesenkeinsatz ist aus teurem Gesenkstahl. Hier unterscheidet man nach der Art, wie der Gesenkeinsatz befestigt ist in:<br><br>a) *Kraftschlüssige Einsätze*<br><br>Einsatz eingepreßt (Fugenpressung $p \sim 50-70 \text{ N/mm}^2$).<br>Übermaß ca. 1‰ vom Durchmesser<br><br>b) *Formschlüssige Einsätze*<br><br>b 1 − mit Schraubenbefestigung<br>b 2 − mit Keilbefestigung |

### 13.6.1 Gesenkführung

Ober- und Untergesenk müssen, wenn das Schmiedestück keine Versetzung haben soll, genau zueinander geführt sein.

Flach-, Rund- und Bolzenführungen sind am gebräuchlichsten.

Weil die Bolzenführung billig herstellbar und bei eingetretenem Verschleiß die Führungselemente (Bolzen und Buchse) leicht austauschbar sind, wird sie (Bild 13.5) bevorzugt eingesetzt.

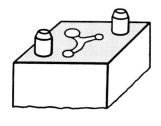 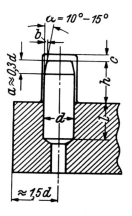

Bild 13.5  Bolzenführung

### 13.6.2 Blockabmessung der Gesenke

Die Blockabmessung wird in Abhängigkeit von der Gravurtiefe gewählt.

Tabelle 13.11  Mindestblockabmessungen

| Gravurtiefe $h$ in mm | Mindestdicke $a$ in mm | Mindest-Gesenk-blockhöhe $H$ in mm |
|---|---|---|
| 10 | 20 | 100 |
| 25 | 40 | 160 |
| 40 | 56 | 200 |
| 63 | 80 | 250 |
| 100 | 110 | 315 |

## 13.7 Gestaltung von Gesenkschmiedeteilen

In DIN 7523 T1–T3 werden allgemeine Gestaltungsregeln für Gesenkschmiedestücke gegeben. Den Inhalt dieser Regeln könnte man wie folgt zusammenfassen:

- Konstruiere möglichst einfache Formen und beachte bei der Gestaltung auch die Werkstofffragen!
- Vermeide schroffe Querschnittsübergänge und scharfe Kanten!
- Beachte bei der Formgebung die Spannmöglichkeiten für die mechanische Bearbeitung!
- Überlege, ob schwierige Formen nicht durch andere Arbeitsverfahren günstiger hergestellt werden können!

Nach diesen Regeln sind bei der Gestaltung der Schmiedestücke besonders zu beachten:

### 13.7.1 Seitenschrägen (Bild 13.6)

An den Innenflächen, die von einem in das Werkstück eindringenden Dorn erzeugt werden, besteht die Gefahr des Aufschrumpfens auf den Dorn. Deshalb sollten die Innenflächen eine Neigung (Bild 13.6) von

$$\alpha \cong 6°$$

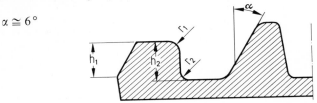

Bild 13.6 Rundungshalbmesser von Kanten und Hohlkehlen und Winkel an Seitenschrägen

haben. Da für das Lösen der Außenkontur meist ein Auswerfer zur Verfügung steht, reicht hier eine Neigung von $\alpha = 1 - 3°$.

### 13.7.2 Rundungen von Kanten und Hohlkehlen

Scharfe Kanten erhöhen an den Werkzeugen die Kerbrißgefahr und verkürzen die Lebensdauer der Werkzeuge. Deshalb ist darauf zu achten, daß die Rundungshalbmesser ein Mindestmaß haben. Die Größe der Rundungshalbmesser $r_1$ und $r_2$ läßt sich näherungsweise in Abhängigkeit von den Steghöhen $h_1$ und $h_2$ bestimmen.

$$r = \frac{1}{10} \cdot h \qquad \text{für } h_1 \text{ und } h_2 \quad \text{bis} \quad 100 \text{ mm}$$

$$r = \frac{1}{20} \cdot h \qquad \text{für } h_1 \text{ und } h_2 \quad \text{von } 120 - 250 \text{ mm}$$

## 13.8 Erreichbare Genauigkeiten

Die beim Gesenkschmieden normal erreichbaren Genauigkeiten liegen nach DIN 7526 zwischen IT 12 und IT 16. In Ausnahmefällen (sogenanntes Genauschmieden), können für bestimmte Maße an einem Schmiedestück auch Toleranzen bis IT 8 erreicht werden.

## 13.9 Beispiel

Es sollen Riemenscheiben nach Bild 13.7 aus Werkstoff C 45 hergestellt werden. Als Umformmaschine steht eine Kurbelpresse mit einer mittleren Stößelgeschwindigkeit $v = 600$ mm/s im Arbeitsbereich zur Verfügung.

Zu bestimmen sind:

1. Materialeinsatzmasse
2. Gratdicke und Gratbahnbreite
3. Umformkraft
4. Umformarbeit

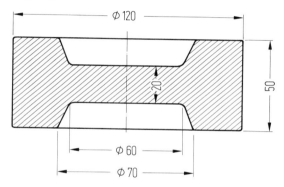

Bild 13.7 Riemenscheibe

*Lösung:*

1. Materialeinsatzmasse $m_A$

1.1. Masse des fertigen Schmiedestückes

$$m_E = (D^2 \cdot h_1 - d_m^2 \cdot h_2) \frac{\pi}{4} \cdot \varrho =$$
$$= [(1,2 \text{ dm})^2 \cdot 0,5 \text{ dm} - (0,65 \text{ dm})^2 \cdot 0,3 \text{ dm}] \frac{\pi}{4} \cdot 7,85 \text{ kg/dm}^3 = 3,63 \text{ kg}$$

1.2. Wahl des Gewichtsfaktors $W = f$ (Formengruppe 2 und $m_E$) aus Tabelle 13.4, Seite 115

$W = 1,18$ gewählt

1.3. Einsatzmasse $m_A$

$m_A = W \cdot m_E = 1,18 \cdot 3,63 \text{ kg} = 4,28 \text{ kg}$

1.4. Volumen des Rohlings

$$V = \frac{m}{\varrho} = \frac{4,28 \text{ kg}}{7,85 \text{ kg/dm}^3} = 0,545223 \text{ dm}^3 = 545\,223 \text{ mm}^3$$

1.5.  Rohlingsabmessung
Ausgangsdurchmesser $D_0 = 110$ mm gewählt

$$h_0 = \frac{V}{A_0} = \frac{545\,223\ \text{mm}^3}{\dfrac{(110\ \text{mm})^2\ \pi}{4}} = 57{,}40\ \text{mm}$$

$$h_0 = 60\ \text{mm gewählt}$$

2.  Gratdicke $s$

$$A_\text{s} = 120^2 \cdot \pi/4 = 11\,309\ \text{mm}^2$$

$$s = 0{,}015 \cdot \sqrt{A_\text{s}} = 0{,}015 \cdot \sqrt{11\,309} = 1{,}59\ \text{mm}$$

$$s = 1{,}6\ \text{mm gewählt!}$$

Das Werkstück entspricht der Form 2 (Tab. 13.8, Stauchteil mit leichter Gratbildung). Es wird deshalb ein Gratbahnverhältnis $b/s = 4$ angenommen (Tab. 13.5). Daraus folgt:

$$b = 4 \cdot s = 4 \cdot 1{,}6\ \text{mm} = 6{,}4\ \text{mm} \qquad b = 6{,}0\ \text{mm gewählt!}$$

Aus der Gratbahnbreite und dem Durchmesser des Fertigteiles läßt sich nun der Projektionsdurchmesser $D_\text{d}$ und die Projektionsfläche des Schmiedestückes einschließlich Gratbahn $A_\text{d}$ bestimmen.

Projektionsdurchmesser:

$$D_\text{d} = D + 2 \cdot b = 120\ \text{mm} + 2 \cdot 6\ \text{mm} = 132\ \text{mm}$$

Projektionsfläche $A_\text{d}$:

$$A_\text{d} = D_\text{d}^2\,\frac{\pi}{4} = \frac{(132\ \text{mm})^2\ \pi}{4} = 13\,678\ \text{mm}^2$$

3.  Umformkraft und Umformarbeit

3.1  Umformgeschwindigkeit $\dot{\varphi}$

$$\dot{\varphi} = \frac{v}{h_0} = \frac{600\ \text{mm/s}}{60\ \text{mm}} = 10\ \text{s}^{-1}$$

3.2.  Formänderungsfestigkeit

$$k_\text{f} = k_{\text{f}_1} \cdot \varphi^m = 70\ \text{N/mm}^2 \cdot 10^{0{,}163} = 102\ \text{N/mm}^2$$

aus Tabelle 12.4:

$$m = 0{,}163 \qquad k_{\text{f}_1} = 70\ \text{N/mm}^2\ \text{für}\ T = 1200\ ^\circ\text{C}$$

oder aus Tabelle 13.7 den $k_\text{f}$-Wert für $\dot{\varphi} = 10\ \text{s}^{-1}$.

3.3. Formänderungswiderstand am Ende der Formänderung

$$k_{we} = y \cdot k_f = 5{,}5 \cdot 102 \ \text{N/mm}^2 = 561 \ \text{N/mm}^2 \qquad y = 5{,}5 \ \text{aus Tabelle } 13.8 - \text{Form } 2$$

3.4. Umformkraft

$$F = A_d \cdot k_{we} = 13\,678 \ \text{mm}^2 \cdot 561 \ \text{N/mm}^2 = 7\,673\,358 \ \text{N} = 7673 \ \text{kN}$$

3.5. Mittlere Hauptformänderung

$$\varphi_{h_m} = \ln \frac{V_E}{A_d \cdot h_0} = \ln \frac{110^2 \cdot \pi \cdot \text{mm}^2 \cdot 60 \ \text{mm}}{4 \cdot 13\,678 \ \text{mm}^2 \cdot 60 \ \text{mm}} = 0{,}364$$

$V_E$ in $\text{mm}^3$ eingesetztes Volumen mit $h_0 = 60$ mm

3.6. Formänderungsarbeit

$$W = \frac{V_E \cdot \varphi_{h_m} \cdot k_f}{\eta_F} = \frac{570\,199 \ \text{mm}^3 \cdot 0{,}364 \cdot 102 \ \text{N/mm}^2}{0{,}45 \cdot 10^6} = 52{,}9 \ \text{kN\,m}$$

$\eta_F = 0{,}45$ aus Tabelle 13.8
$10^6 -$ Umrechnungsfaktor in kN m

# 13.10  Testfragen zu Kapitel 13:

1. Wie unterscheidet man die Gesenkschmiedeverfahren?
2. Mit welchem Hilfsfaktor kann man die erforderlichen Einsatzmassen bestimmen?
3. Welche Bedeutung hat die Gratbahn am Schmiedegesenk und was kann man damit steuern?
4. Von welchen Größen ist die Formänderungsfestigkeit beim Gesenkschmieden abhängig?
5. Welche Überlegungen ergeben sich daraus für den Einsatz der Maschinen?
6. Nach welchen Kriterien unterscheidet man die Bauformen der Schmiedegesenke?

Tabelle 13.12  $k_{f_1} = f(T)$ für $\dot{\varphi}_1 = 1\,\mathrm{s}^{-1}$ (12.4)

| Werkstoff | | $m$ | $k_{f_1}$ bei $\dot{\varphi}_1 = 1\,\mathrm{s}^{-1}$ (N/mm²) | $T$ (°C) |
|---|---|---|---|---|
| St | C 15 | 0,154 | 99/ 84 | 1100/1200 |
| | C 35 | 0,144 | 89/ 72 | |
| | C 45 | 0,163 | 90/ 70 | |
| | C 60 | 0,167 | 85/ 68 | |
| | X 10 Cr 13 | 0,091 | 105/ 88 | 1100/1250 |
| | X 5 CrNi 18 9 | 0,094 | 137/116 | |
| | X 10 CrNiTi 18 9 | 0,176 | 100/ 74 | |
| Cu | E-Cu | 0,127 | 56 | 800 |
| | CuZn 28 | 0,212 | 51 | 800 |
| | CuZn 37 | 0,201 | 44 | 750 |
| | CuZn 40 Pb 2 | 0,218 | 35 | 650 |
| | CuZn 20 Al | 0,180 | 70 | 800 |
| | CuZn 28 Sn | 0,162 | 68 | 800 |
| | CuAl 5 | 0,163 | 102 | 800 |
| Al | Al 99,5 | 0,159 | 24 | 450 |
| | AlMn | 0,135 | 36 | 480 |
| | AlCuMg 1 | 0,122 | 72 | 450 |
| | AlCuMg 2 | 0,131 | 77 | 450 |
| | AlMgSi 1 | 0,108 | 48 | 450 |
| | AlMgMn | 0,194 | 70 | 480 |
| | AlMg 3 | 0,091 | 80 | 450 |
| | AlMg 5 | 0,110 | 102 | 450 |
| | AlZnMgCu 1,5 | 0,134 | 81 | 450 |

$$k_f = k_{f_1}\left(\frac{\dot{\varphi}}{\dot{\varphi}_1}\right)^m. \quad \text{Für } \dot{\varphi}_1 = 1\,\mathrm{s}^{-1} \text{ wird} \quad \boxed{k_f = k_{f_1} \cdot \dot{\varphi}^m}$$

# 14. Tiefziehen

## 14.1 Definition

Tiefziehen ist ein Umformen von ebenen Zuschnitten (aus Blech) zu Hohlkörpern. Es gehört zu den Verfahren mit Zugdruckumformung.

Die Umformung erfolgt unter Verwendung von:

Ziehring, Ziehstempel und Niederhalter (Bild 14.1).

Dabei wird der Werkstoff durch den Ziehstempel in den von Stempel und Ziehring gebildeten Ziehspalt hineingezogen und zu einem Napf umgeformt.

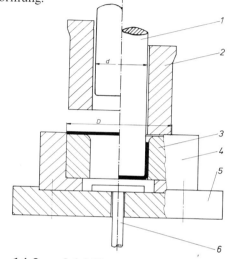

Bild 14.1 Werkzeug- und Werkstückanordnung beim Ziehvorgang. 1 Ziehstempel, 2 Niederhalter, 3 Ziehring, 4 Aufnahmekörper, 5 Grundplatte, 6 Auswerfer

## 14.2 Anwendung des Verfahrens (Bilder 14.2 und 14.3)

Das Verfahren dient zur Herstellung von Hohlkörpern aller Formen, bei denen die Wanddicke gleich der Bodendicke ist.

Bild 14.2 Tiefziehteile für den Haushalt

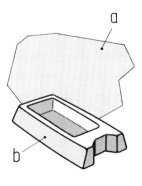

Bild 14.3 Tiefgezogene Ölwanne. a) Zuschnitt, b) Fertigteil

## 14.3 Umformvorgang und Spannungsverteilung

### 14.3.1 Die einzelnen Phasen des Ziehvorganges

a) Ronde auf Ziehring zentrisch auflegen (Bild 14.1).
b) Faltenhalter drückt Ronde fest auf Ziehring.
c) Ziehstempel zieht Ronde über Ziehkante durch die Öffnung des Ziehringes. Dabei wird der äußere Durchmesser der Ronde immer mehr verkleinert, bis die Ronde vollständig zum Napf umgeformt ist.
d) Soll am Ziehteil ein Blechflansch verbleiben, so ist der Tiefzug zu begrenzen.

### 14.3.2 Entstehung der charakteristischen Dreiecke

Formt man einen Hohlkörper in eine Ronde zurück, dann stellt man fest, daß

a) der Boden des Napfes mit seinem Radius $r_N$ unverändert erhalten bleibt.
b) der Mantel des Hohlteiles aus einer Vielzahl von Rechtecken der Breite $b$ und der Länge $(r_a - r_N)$ gebildet wird.
c) zwischen den Rechtecken Dreiecksflächen – die sog. »charakteristischen Dreiecke« – stehenbleiben (Bild 14.4).

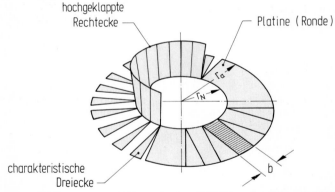

Bild 14.4 Hochgeklappte Rechtecke bilden den Mantel des Ziehteiles. Charakteristische Dreiecke zwischen den Rechtecken

### 14.3.3 Folge der charakteristischen Dreiecke

a) Überschüssiger Werkstoff geht nicht verloren, würde aber ohne Niederhalter zu Faltenbildung führen.
b) Der Niederhalter verhindert also die Faltenbildung.
c) Da der Werkstoff nicht ausweichen kann, wird das Blech
zwischen Faltenhalter und Ziehring gestaucht,
zwischen Ziehring und Stempel wieder gestreckt,
was zur Verlängerung des Ziehteiles führt.
d) Die Niederhalterkraft muß außer der eigentlichen Ziehkraft zusätzlich aufgebracht werden; dadurch Erhöhung der Ziehkraft.

e) Die Ziehkraft wird vom Materialquerschnitt des Ziehteils übertragen, und zwar
   zunächst in Bodennähe,
   später − mit fortlaufendem Ziehvorgang − vom zylindrischen Teil in Bodennähe.
f) Dadurch erfolgt eine Schwächung des Materialquerschnittes in Bodennähe.

### 14.3.4 Spannungsverteilung (Bild 14.5)

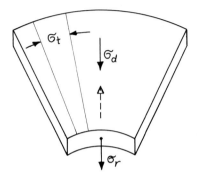

Tangentiale Stauchung $\sigma_t$
entsteht durch das Wandern des Werkstoffes zu immer kleineren Durchmes-
sern.

Radiale Zugspannung $\sigma_r$
entsteht durch die Zugkraft beim Ein-
ziehen der Ronde in den Ziehspalt.

Druckspannung $\sigma_d$
entsteht durch die Faltenhalterkraft −
der Werkstoff wird auf Druck beansprucht.

Biegespannung $\sigma_b$
entsteht durch das Biegen über die
Ziehkante.

Bild 14.5 Spannungszustand der
Ronde beim Tiefzug

## 14.4 Ausgangsrohling

Ausgangsrohling ist eine Blechplatine oder Ronde. Die Größe und Gestalt der Platine
sind wichtig für

den Werkstoffbedarf (richtiger Zuschnitt vermindert Abfall beim Beschneiden);
die Gestaltung des Ziehwerkzeugs und die Wirtschaftlichkeit des Verfahrens.

Bei der Zuschnittsermittlung wird angenommen, daß die Materialdicke während des
Zuges konstant bleibt.

### 14.4.1 Zuschnittsermittlung für zylindrische Teile mit kleinen Radien ($r < 10$ mm)

Napf ohne Flansch (Bild 14.6)

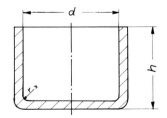

$$\frac{D^2 \cdot \pi}{4} = \frac{d^2 \cdot \pi}{4} + d\pi h$$

$$\boxed{D = \sqrt{d^2 + 4\,dh}}$$

$D$ in mm   Rondendurchmesser
$d$ in mm ⎫
$h$ in mm ⎭ siehe Bild 14.6

Bild 14.6 Napf mit kleinen Boden-
radien ($r < 10$ mm)

Napf mit Flansch (Bild 14.7)

$$\frac{D^2\,\pi}{4} = \frac{d_1^2\,\pi}{4} + d_1\,\pi\,h + (d_2^2 - d_1^2)\,\frac{\pi}{4}$$

$$\frac{D^2\,\pi}{4} = \frac{\pi}{4}\,(d_1^2 + 4\,d_1 h + d_2^2 - d_1^2)$$

$$\boxed{D = \sqrt{d_2^2 + 4\,d_1 h}}$$

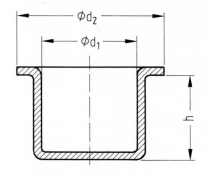

Bild 14.7  Napf mit Flansch

## 14.4.2  Zuschnittsermittlung für rotationssymmetrische Teile mit großen Radien (r > 10 mm)

Bodenradien > 10 mm müssen bei der Zuschnittsermittlung besonders berücksichtigt werden. Dies geschieht durch Anwendung der »Guldinschen Regel«:
»Die Oberfläche eines Umdrehungskörpers, die durch Drehung einer Linie um ihre Achse entstanden ist, ist gleich der erzeugenden Linie, multipliziert mit dem Weg, den der Linienschwerpunkt mit dem Abstand $r_s$ von der Drehachse beschreibt.«

$$\boxed{O = 2\,r_s \cdot \pi \cdot l}$$

$O$ in mm$^2$  Oberfläche des Rotationskörpers
$r_s$ in mm  Schwerpunktsradius
$l$ in mm  Länge der sich drehenden Kurve
$D$ in mm  Rondendurchmesser

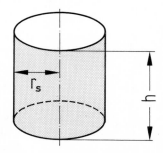

Bild 14.8  Oberfläche eines Umdrehungskörpers

Dieser Oberfläche muß die Rondenfläche entsprechen (Bild 14.9)

$$\frac{D^2\,\pi}{4} = 2\,\pi\,r_s \cdot l$$

$$\frac{D^2\,\pi}{4} = 4 \cdot 2 \cdot \frac{\pi}{4} \cdot r_s \cdot l$$

$$\boxed{D = \sqrt{8 \cdot r_s \cdot l}}$$

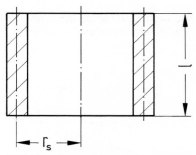

Bild 14.9  Größe des Schwerpunktradius bei einem Rotationskörper

Für beliebige Körper, die nicht nur eine Begrenzungslinie und damit auch nicht nur einen Schwerpunktsradius haben, gilt dann (Bild 14.10)

$$D = \sqrt{8 \cdot \sum (r_s \cdot l)}$$

*Beispiel:*

1.  $l_1 = \dfrac{d - 2r}{2}$ $\qquad r_{s1} = \dfrac{d - 2r}{4}$

2.  $l_2 = \dfrac{2r\pi}{4} = \dfrac{r\pi}{2}$ $\qquad r_{s2} = 0{,}64\,r + \dfrac{d - 2r}{2}$

3.  $l_3 \cong h - r$ $\qquad r_{s3} = \dfrac{d}{2}$

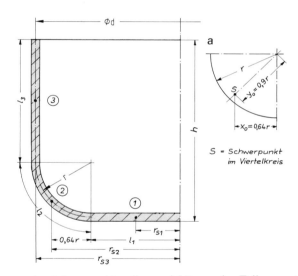

Bild 14.10 Bestimmung der Schwerpunktsradien und Längen der Teilsegmente an einem Rotationskörper mit großen Radien ($r > 10$ mm). a) Schwerpunktslage; beim Viertelkreis

$$D = \sqrt{8\,(l_1 \cdot r_{s1} + l_2 \cdot r_{s2} + l_3 \cdot r_{s3})}$$

$$= \sqrt{8\left[\left(\dfrac{d-2r}{2}\right)\left(\dfrac{d-2r}{4}\right) + \dfrac{r\pi}{2}\left(0{,}64\,r + \dfrac{d-2r}{2}\right) + (h-r)\,\dfrac{d}{2}\right]}$$

$$D = \sqrt{(d-2r)^2 + 4\,[1{,}57\,r\,(d-2r) + 2\,r^2 + d\,(h-r)]}$$

Tabelle 14.1 Berechnungsformeln für die Berechnung der Rondendurchmesser für verschiedene Gefäßformen

|  |  |
|---|---|
| (zylindrisches Gefäß mit $d$, $h$) | $\sqrt{d^2 + 4\,d\,h}$ |
| (Gefäß mit Flansch $d_2$, $d_1$, $h$) | $\sqrt{d_2^2 + 4\,d_1\,h}$ |
| (abgestuftes Gefäß $d_3$, $d_2$, $d_1$, $h_1$) | $\sqrt{d_3^2 + 4\,(d_1\,h_1 + d_2\,h_2)}$ |
| (konisches Gefäß $d_2$, $d_1$, $h$, $f$) | $\sqrt{d_1^2 + 4\,d_1\,h + 2f\cdot(d_1 + d_2)}$ |
| (abgestuftes konisches Gefäß $d_3$, $d_2$, $d_1$, $h_1$, $h_2$, $f$) | $\sqrt{d_2^2 + 4\,(d_1\,h_1 + d_2\,h_2) + 2f\,(d_2 + d_3)}$ |
| (Halbkugel $d$) | $\sqrt{2\,d^2} = 1{,}4\,d$ |
| (Halbkugel mit Flansch $d_2$, $d_1$) | $\sqrt{d_1^2 + d_2^2}$ |
| (Halbkugel mit konischem Rand $d_2$, $d_1$, $f$) | $1{,}4\sqrt{d_1^2 + f\,(d_1 + d_2)}$ |
| (Halbkugel mit zylindrischem Rand $d$, $h$) | $1{,}4\sqrt{d^2 + 2\,d\,h}$ |

Tabelle 14.1  (Fortsetzung)

| | |
|---|---|
| | $\sqrt{d_1^2 + d_2^2 + 4\,d_1\,h}$ |
| | $1{,}4\,\sqrt{d_1^2 + 2\,d_1\,h + f\cdot(d_1 + d_2)}$ |
| | $\sqrt{d^2 + 4\,h^2}$ |
| | $\sqrt{d_2^2 + 4\,h^2}$ |
| | $\sqrt{d_2^2 + 4\,(h_1^2 + d_1\,h_2)}$ |
| | $\sqrt{d^2 + 4\,(h_1^2 + d\,h_2)}$ |
| | $\sqrt{d_1^2 + 4\,h^2 + 2\,f\cdot(d_1 + d_2)}$ |
| | $\sqrt{d_1^2 + 4\,[h_1^2 + d_1\,h_2 + \frac{1}{2}\cdot(d_1 + d_2)]}$ |
| | $\sqrt{d_1^2 + 2\,s\,(d_1 + d_2)}$ |

### 14.4.3  Zuschnittsermittlung für rechteckige Ziehteile nach AWF 5791

Die Zuschnittsermittlung rechteckiger Ziehteile beruht auf der Zerlegung des Hohlteiles in flächengleiche Elemente:

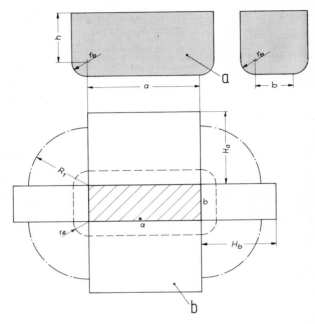

Bild 14.11  Zerlegung eines rechteckigen Hohlteiles a), in flächengleiche Elemente b)

1. Zeichne den Napfboden ohne Radius. Dabei ergibt sich ein Rechteck mit den Seiten $a$ und $b$ (Bild 14.11).
2. Lege die Seitenwände einschließlich Radius $r_b$ um (Radius abwickeln) und trage sie an die zugeordneten Seiten des Rechtecks $a - b$ an.
3. Das so entstandene Kreuz hat das Grundrechteck $a - b$ um das Maß $H_a$ auf Seite $a$ und $H_b$ auf Seite $b$ verlängert.
4. In die einspringenden Ecken des Kreuzes wird ein Viertelkreis mit dem Radius $R_1$ geschlagen.
5. Die scharfen eckenförmigen Übergänge werden durch Kreisbögen oder andere Kurven so ausgeglichen, daß die Fläche des Grundkörpers erhalten bleibt.
   Die Ausgleichradien $R_a$ und $R_b$ setzt man mit ca. $a/4$ bzw. $b/4$ an (Bild 14.12).
   Wenn $a = b$, wird der Zuschnitt ein Kreis.
6. Der Angleich kann bei einfachen Formen auch durch eine Gerade erfolgen (dies ergibt ein 8-Eck). Dieses Verfahren ist jedoch ungenauer.

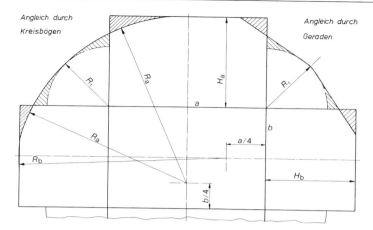

Bild 14.12 Angleichung des konstruierten Zuschnittes durch Kreisbögen oder Gerade

*14.4.3.1 Berechnung der Konstruktionswerte $R_1$, $H_a$, $H_b$ bei gegebenem h, a, b, r*

*Fall 1: Eckenradius = Bodenradius*

$$r_e = r_b = r$$

Konstruktionsradius $R$:

$$R = 1,42 \sqrt{r \cdot h + r^2}$$

Korrekturfaktor $x$:

$$x = 0,074 \left( \frac{R}{2r} \right)^2 + 0,982$$

Korrigierter Konstruktionsradius $R_1$:

$$R_1 = x \cdot R$$

Abwicklungslänge $H_a$:

$$H_a = 1,57\, r + h - 0,785\, (x^2 - 1)\, \frac{R^2}{a}$$

Abwicklungslänge $H_b$:

$$H_b = 1,57\, r + h - 0,785\, (x^2 - 1)\, \frac{R^2}{b}$$

$$a = L - 2r_e$$
$$b = B - 2r_e$$
$$h = H - r_b$$
$$r_e = r_b$$

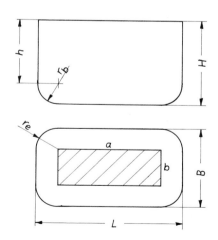

Bild 14.13 Rechteckiges Hohlteil mit unterschiedlichen Boden- und Eckenradien

*Fall 2: Eckenradius ungleich Bodenradius*

$$r_e \neq r_b$$

Konstruktionsradius $R$:

$$R = \sqrt{1{,}012\, r_e^2 + 2\, r_e\, (h + 0{,}506\, r_b)}$$

Korrekturfaktor $x$:

$$x = 0{,}074 \left(\frac{R}{2\, r_e}\right)^2 + 0{,}982$$

Korrigierter Konstruktionsradius $R_1$:

$$R_1 = x \cdot R$$

Abwicklungslänge $H_a$:

$$H_a = 0{,}57\, r_b + h + r_e - 0{,}785\, (x^2 - 1)\, \frac{R^2}{a}$$

Abwicklungslänge $H_b$:

$$H_b = 0{,}57\, r_b + h + r_e - 0{,}785\, (x^2 - 1)\, \frac{R^2}{b}$$

*14.4.4 Zuschnittsermittlung für ovale und verschieden gerundete zylindrische Ziehteile*

In der Regel geht man hier vom zylindrischen Zuschnitt aus, so weit das Verhältnis der Halbachsen der Ellipse

$$\frac{a}{b} \leqq 1{,}3$$

## 14.5 Zulässige Formänderung

Die Grenzen der zulässigen Formänderung sind beim Tiefziehen durch das Ziehverhältnis gegeben. Mit Hilfe des Ziehverhältnisses wird

a) bestimmt, wieviele Ziehoperationen zur Herstellung eines Ziehteiles notwendig sind;
b) die Ziehfähigkeit von Tiefziehblechen beurteilt;
c) der Korrekturfaktor $n = f$ (Ziehverhältnis) zur Berechnung der Ziehkraft bestimmt.

Man unterscheidet:

### 14.5.1 Kleinstes Ziehverhältnis *m*

$$m = \frac{d}{D} = \frac{\text{Stempeldurchmesser}}{\text{Rondendurchmesser}}$$

Das zulässige kleinste Ziehverhältnis $m$ ist der Grenzwert, den das Verhältnis von Stempeldurchmesser zu Rondendurchmesser haben darf. Das tatsächliche Ziehverhältnis $m_{tats}$ darf gleich oder größer, aber nicht kleiner sein als $m_{zul}$.

$$m_{tats} \geqq m_{zul}$$

### 14.5.2 Größtes Ziehverhältnis $\beta$

$\beta$ ist der reziproke Wert von $m$.

$$\beta = \frac{D}{d} = \frac{\text{Rondendurchmesser}}{\text{Stempeldurchmesser}}$$

*14.5.2.1 Größtes zul. Ziehverhältnis im Anschlag (1. Zug)*

$$\beta_{0\,zul} = \frac{D}{d}$$

Tabelle 14.2 Mittlere Werte für $\beta_{0\,zul}$, z. B. für WUSt 1403, USt 1303, Ms 63, Al 99,5

| $d/s$ | 30 | 50 | 100 | 150 | 200 | 250 | 300 | 350 | 400 | 450 | 500 | 600 |
|---|---|---|---|---|---|---|---|---|---|---|---|---|
| $\beta_{0\,zul}$ | 2,1 | 2,05 | 2,0 | 1,95 | 1,9 | 1,85 | 1,8 | 1,75 | 1,7 | 1,65 | 1,60 | 1,5 |

Das tatsächliche Ziehverhältnis $\beta_{tats}$ darf gleich oder kleiner, aber nicht größer sein, als das zulässige Ziehverhältnis $\beta_{0\,zul}$.
Das zulässige Ziehverhältnis $\beta$ für den 1. Zug läßt sich auch rechnerisch bestimmen:
Für gut ziehfähige Werkstoffe, z. B. St 1403, Ms 63

$$\beta_{0\,zul} = 2,15 - \frac{d}{1000 \cdot s}$$

Für weniger gut ziehfähige Werkstoffe, z. B. St 1203

$$\beta_{0\,zul} = 2,0 - \frac{1,1 \cdot d}{1000 \cdot s}$$

$d$ in mm   Stempeldurchmesser
$s$ in mm   Blechdicke

*14.5.2.2 Zulässiges Ziehverhältnis im Weiterschlag (2. Zug, 3. Zug)*

Für Tiefziehbleche wie St 1203; St 1303 liegt das zulässige Ziehverhältnis im Mittel bei

$$\beta_1 = 1,2 \text{ bis } 1,3$$

Dabei ist beim 2. Zug der höhere und beim 3. Zug der kleinere Wert anzunehmen.

$$\text{z. B.} \quad \begin{aligned} \text{beim 2. Zug} \quad & \beta_1 = 1{,}3 \\ \text{beim 3. Zug} \quad & \beta_1 = 1{,}2 \end{aligned} \Big\} \quad \text{ohne Zwischenglühung}$$

Wird nach dem 1. Zug zwischengeglüht, dann erhöhen sich die Werte um ca. 20%. Dann kann man für den 2. Zug

$$\beta_1 = 1{,}6$$

annehmen.

## 14.6 Zugabstufung

### 14.6.1 Zugabstufung für zylindrische Teile

1. Zug $\qquad d_1 = \dfrac{D}{\beta_0}$

2. Zug $\qquad d_2 = \dfrac{d_1}{\beta_1}$

3. Zug $\qquad d_3 = \dfrac{d_2}{\beta_1}$

n. Zug $\qquad \boxed{d_n = \dfrac{d_{n-1}}{\beta_1}}$

Mit der Näherungsgleichung von Hilbert kann man für zylindrische Näpfe (Bild 14.14) die erforderliche Anzahl der Züge $n$, überschlägig berechnen.

$$\boxed{n \cong \frac{h_n}{d_n} = \frac{D^2 - d_n^2}{4 \cdot d_n^2}}$$

$n$ — Anzahl der erforderlichen Züge

$h_n$ in mm Napfhöhe nach dem $n$-ten Zug

$d_n$ in mm Napfdurchmesser nach dem $n$-ten Zug

$D$ in mm Rondendurchmesser

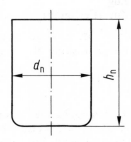

Bild 14.14 Zylindrischer Napf

## 14.6.2 Zugabstufung für ovale Teile und Teile mit elliptischer Grundfläche

Für $\dfrac{a}{b} \leqq 1{,}3$ erfolgt die Zugabstufung wie bei runden Teilen, ausgehend von einer Ronde.

$$\beta = \frac{D}{d_0} = \frac{\text{Rondendurchmesser}}{\text{kl. Durchm. der Ellipse}}$$

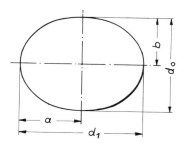

Bild 14.15 Ziehteil mit elliptischer Bodenform

Maßgebend im Ziehverhältnis ist der kleinere Durchmesser der Ellipse.

Für $\dfrac{a}{b} > 1{,}3$ erfolgt die Zugabstufung wie bei rechteckigen Ziehteilen.

## 14.6.3 Zugabstufung für rechteckige Teile

Sie ist abhängig vom Konstruktionsradius $R_1$ (siehe Abschnitt 14.4.3.1) und von der Werkstoffkonstanten $q$. Für Tiefziehblech St 12 bis St 14:

$$q \approx 0{,}3$$

| | |
|---|---|
| 1. Zug (Anschlag) | $r_1 = 1{,}2 \cdot q \cdot R_1$ |
| 2. Zug | $r_2 = 0{,}6 \cdot r_1$ |
| 3. Zug (Fertigteil) | $r_3 = 0{,}6 \cdot r_2$ |

Falls weitere Züge erforderlich sind, dann gilt allgemein:

| | |
|---|---|
| $n$-ter Zug | $r_n = 0{,}6 \cdot r_{n-1}$ |

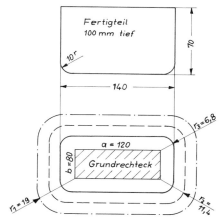

Bild 14.16 Zugabstufung bei einem rechteckigen Ziehteil

D.h., man geht wie bei der Zuschnittsermittlung von einem Grundrechteck des Napfbodens aus und bestimmt die zulässigen Eckenradien.
Es sind so viele Züge erforderlich, wie zur Erzeugung des Endeckenradius notwendig sind.

*Beispiel:*

Bestimme die Abstufung für ein rechteckiges Ziehteil.

$$\text{Blechdicke } s = 1 \text{ mm}$$
$$r_e = r_b = 10 \text{ mm}$$
$$q = 0,34$$
$$R_1 = 46,8 \text{ mm}$$

1. Zug:  $r_1 = 1,2\, q \cdot R_1 = 1,2 \cdot 0,34 \cdot 46,8 \text{ mm} = 19 \text{ mm}$
2. Zug:  $r_2 = 0,6 \cdot r_1 = 0,6 \cdot 19 \text{ mm} = 11,4 \text{ mm}$
3. Zug:  $r_3 = 0,6 \cdot r_2 = 0,6 \cdot 11,4 \text{ mm} = 6,84 \text{ mm}$
$r_3 = 6,84 \text{ mm} < 10 \text{ mm}$  (< als Radius des Fertigteils),

also kann das Fertigteil mit 3 Zügen hergestellt werden.

## 14.7  Berechnung der Ziehkraft

### 14.7.1  Ziehkraft für zylindrische Teile im ersten Zug

$$F_Z = U \cdot s \cdot R_m \cdot n = d \cdot \pi \cdot s \cdot R_m \cdot n$$

$F_Z$  in N         Ziehkraft
$U$   in mm        Umfang des Ziehstempels
$d$   in mm        Stempeldurchmesser
$s$   in mm        Blechdicke
$R_m$ in N/mm$^2$  Zugfestigkeit
$n$               Korrekturfaktor

Der Korrekturfaktor $n$ berücksichtigt das Verhältnis von Ziehspannung zu Zugfestigkeit. Er ist vor allem abhängig vom tatsächlichen Ziehverhältnis, das sich aus der Abmessung des Ziehteiles ergibt.

Tabelle 14.3  Korrekturfaktor $n = f(\beta_{tat})$

| $n$ | 0,2 | 0,3 | 0,5 | 0,7 | 0,9 | 1,1 | 1,3 |
|-----|-----|-----|-----|-----|-----|-----|-----|
| $\beta_{tat} = \dfrac{D}{d}$ | 1,1 | 1,2 | 1,4 | 1,6 | 1,8 | 2,0 | 2,2 |

Tabelle 14.4  Maximale Zugfestigkeiten $R_m$ einiger Tiefziehbleche

| Werkstoff | St 1303 | St 1404 | CuZn 28 (Ms 72) | Al 99,5 (F 10) |
|-----------|---------|---------|-----------------|----------------|
| $R_{m_{max}}$ in N/mm$^2$ | 400 | 380 | 300 Tiefziehgüte | 100 halbhart |

### 14.7.2 Ziehkraft für zylindrische Teile im Weiterschlag (2. Zug)

$$F_{Zw} = \frac{F_Z}{2} + d_1 \cdot \pi \cdot s \cdot R_m \cdot n$$

$d_1$ Stempeldurchmesser beim 2. Zug.

### 14.7.3 Ziehkraft für rechteckige Teile

$$F_Z = \left(2 \cdot r_e \cdot \pi + \frac{4(a+b)}{2}\right) \cdot R_m \cdot s \cdot n$$

$r_e$ in mm Eckenradius (siehe Bild 14.11)
$a$  in mm Länge des Napfes ohne Bodenradius $r_b$ (Bild 14.11)
$b$  in mm Breite des Napfes ohne Bodenradius $r_b$.

## 14.8 Niederhalterkraft

### 14.8.1 Niederhalterdruck

$$p = \left[(\beta_{tat} - 1)^2 + \frac{d}{200 \cdot s}\right] \cdot \frac{R_m}{400}$$

$p$  in N/mm² Niederhalterdruck
$d$  in mm Stempeldurchmesser
$D$  in mm Rondendurchmesser
$s$  in mm Blechdicke
$R_m$ in N/mm² Zugfestigkeit
$\beta_{tat}$ — tatsächliches Ziehverhältnis (1. Zug).

### 14.8.2 Niederhalterfläche

$$A_N = (D^2 - d_w^2) \cdot \frac{\pi}{4}$$

$$d_w = d + 2 \cdot w + 2 \cdot r_M \qquad \text{(siehe Bild 14.17)}$$

$A_N$ in mm² Niederhalterfläche
$d_w$ in mm wirksamer Durchmesser des Niederhalters
$w$  in mm Ziehspalt
$r_M$ in mm Ziehkantenradius.

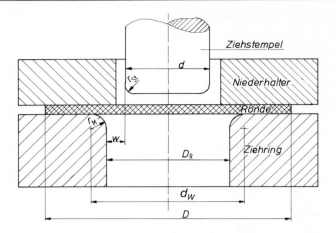

Bild 14.17  Anordnung von Ziehstempel, Niederhalter und Ziehring

### 14.8.3  Niederhalterkraft

$$F_N = p \cdot A_N$$

$F_N$  in N  Niederhalterkraft.

## 14.9  Zieharbeit

### 14.9.1  Bei doppelt wirkenden Pressen:

$$W = F_Z \cdot x \cdot h \quad .$$

Eine doppelt wirkende Presse hat praktisch 2 Stößel (Bild 14.18). Der äußere Stößel wird für den Niederhalter und der innere Stößel für den eigentlichen Ziehvorgang benötigt. Beide Stößel sind getrennt voneinander steuerbar. Der normale Tiefzug erfordert eine solche doppelt wirkende Presse: oder anders ausgedrückt: Eine Ziehpresse ist immer eine doppelt wirkende Maschine.

Bild 14.18 Prinzip des Tiefziehvorganges bei einer doppeltwirkenden Presse. a) Ziehstößel, b) Niederhalter, c) Ziehring, d) Auswerfer

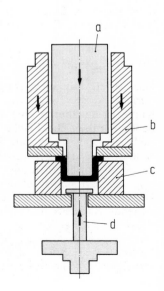

### 14.9.2 Bei einfach wirkenden Pressen:

$$W = (F_Z \cdot x + F_N) \cdot h$$

$W$ in N mm    Zieharbeit
$F_Z$ in N    Ziehkraft
$F_N$ in N    Niederhalterkraft
$h$   in mm    Napfhöhe = Ziehweg
$x$    —    Verfahrensfaktor
        ($x = 0,63$).

Eine einfach wirkende Presse hat nur einen Stößel und einen Auswerfer. Dieser Auswerfer kann für die Betätigung des Niederhalters eingesetzt werden, wenn man das Ziehwerkzeug um 180° dreht. Dann ist der Ziehring am Stößel befestigt und der Ziehstempel steht fest auf dem Pressentisch.
Der Niederhalter wird über Zwischenbolzen vom Auswerfer betätigt. Da die Niederhalterkraft variabel sein muß, kann man eine solche Maschine nur dann auch für das Tiefziehen einsetzen, wenn die Auswerferkraft verstellbar ist. Eine solche Einrichtung bezeichnet man, wenn sie speziell für das Tiefziehen eingebaut wurde, als Ziehkissen.
Da der Stößel, bei einer solchen Werkzeuganordnung nicht nur die Ziehkraft $F_Z$, sondern zusätzlich noch die Niederhalterkraft $F_N$ überwinden muß, addieren sich bei der Arbeitsberechnung die beiden Kräfte.

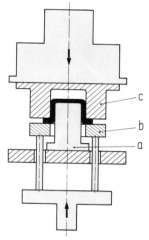

Bild 14.19 Prinzip des Tiefziehvorganges bei einer einfachwirkenden Presse. a) Ziehstempel, b) Niederhalter, c) Ziehring

Arbeitsdiagramm (Kraft-Weg-Diagramm):

Das Arbeitsdiagramm zeigt den Kraft-Weg-Verlauf beim Tiefziehen. Die Kraft-Weg-Kurve ist annähernd eine auf dem Kopf stehende Parabel. Die Fläche unter der Parabel stellt die Zieharbeit dar. Zur rechnerischen Bestimmung der Zieharbeit aus Kraft und Ziehweg benötigt man die mittlere Ersatzkraft $F_m$, die man sich über den ganzen Weg als konstant vorstellt. Dieses aus $F_m$ und $s$ entstehende Rechteck muß der Fläche unter der Parabel flächengleich sein.
Das Verhältnis $F_m/F_{max}$ bezeichnet man als Verfahrensfaktor, weil es den Kraftverlauf des jeweiligen Arbeitsverfahrens kennzeichnet.

$x = 0,63$

$F_m = F_{max} \cdot x$

$x = \dfrac{F_m}{F_{max}}.$

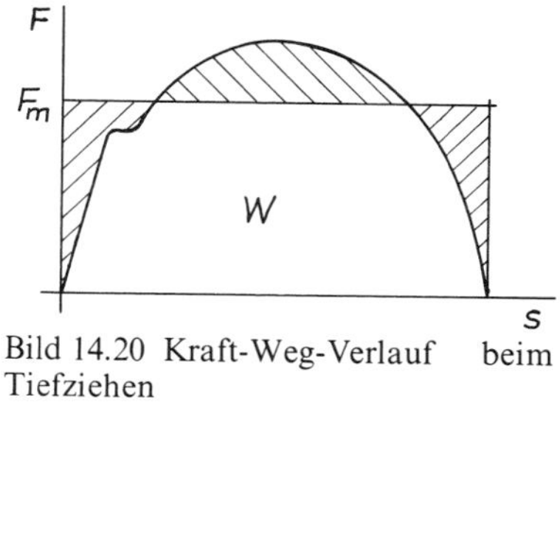

Bild 14.20 Kraft-Weg-Verlauf beim Tiefziehen

## 14.10  Ziehwerkzeuge (Bild 14.17)

### 14.10.1  Ziehspalt *w*

Der Ziehspalt *w* ist die halbe Differenz zwischen Ziehringdurchmesser und Stempeldurchmesser.

$$w = s \sqrt{\frac{D}{d}}$$

*w*  in mm  Ziehspalt
*D*  in mm  Rondendurchmesser
*d*  in mm  Stempeldurchmesser
*s*          Blechdicke

Für genauere Berechnungen gilt (nach *Oehler*):

$$w = s + k \cdot \sqrt{s}$$

Tabelle 14.5  Werkstoffaktor *k* zur Bestimmung des Ziehspaltes *w*

| Werkstoff | Stahl | hochwarmfeste Legierungen | Aluminium | sonst. NE-Metalle |
|---|---|---|---|---|
| $k$ in $\sqrt{\text{mm}}$ | 0,07 | 0,2 | 0,02 | 0,04 |

### 14.10.2  Stempelradius $r_{st}$ für zylindrische Teile

$$r_{st} = (4 \ldots 5) \cdot s$$

Er ist durch das Ziehteil gegeben.

### 14.10.3 Ziehkantenrundung $r_M$

für zylindrische Teile:

Zu kleine Radien beanspruchen das Blech zusätzlich auf Dehnung.
Zu große Radien führen zur Faltenbildung am Ende des Zuges, weil dann der Faltenhalter nicht mehr wirksam ist.

$$r_M = \frac{0,035}{\sqrt{mm}} \, [50 \text{ mm} + (D - d)] \cdot \sqrt{s}$$

$r_M$ in mm  Ziehkantenradius
$D$ in mm  Rondendurchmesser
$d$ in mm  Fertigteildurchmesser = Stempeldurchmesser
$s$ in mm  Blechdicke

$r_M$ ist also abhängig von:

der Blechdicke $s$
dem Rondendurchmesser $D$
dem Fertigteildurchmesser $d$ (= Stempeldurchmesser).

Bei geringen Ziehtiefen ist $r_M$ kleiner zu wählen, weil sonst die Druckfläche für den Faltenhalter zu klein wird.
Die Blechberührungsflächen bei Ziehringen sind sauber geschliffen und poliert auszuführen, um die Reibungskräfte zu verringern.

*für rechteckige Teile:*

a) für die Rechteckseite $a$: (siehe Bild 14.11, Seite 138)

$$r_a = \frac{0,035}{\sqrt{mm}} \, [50 \text{ mm} + 2 \, (H_a - r_e)] \cdot \sqrt{s}$$

b) für die Rechteckseite $b$:

$$r_b = \frac{0,035}{\sqrt{mm}} \, [50 \text{ mm} + 2 \, (H_b - r_e)] \cdot \sqrt{s}$$

c) Radien in den Ecken des rechteckigen Werkzeuges:

$$r_e \approx 1,5 \, r_a.$$

### 14.10.4 Konstruktive Ausführung der Ziehwerkzeuge

Die konstruktive Gestaltung eines Ziehwerkzeuges wird von zwei Faktoren bestimmt:

1. **von der Art des Tiefzuges.**
   Hier unterscheidet man Werkzeuge für den 1. Zug und Werkzeuge für den Weiterschlag (2. Zug; 3. Zug; 4. Zug).

Die wichtigsten Elemente eines Tiefziehwerkzeuges zeigen die Bilder 14.21 für den 1. Zug und 14.22 für den Weiterschlag (2. Zug, 3. Zug, usw.).

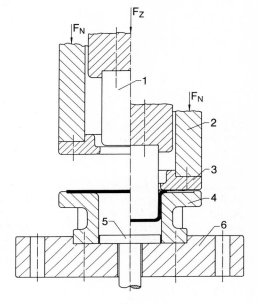

Bild 14.21 Tiefziehwerkzeug für den 1. Zug.
1 Ziehstempel, 2 Niederhalterstößel, 3 Niederhalter, 4 Ziehring, 5 Auswerfer, 6 Grundplatte

2. **von der zur Verfügung stehenden Presse (einfach- oder doppeltwirkende Pressen).**
   Soll ein Tiefzug auf einer einfachwirkenden Presse ausgeführt werden, dann muß der Ziehring am Stößel befestigt sein und der Niederhalter vom Ziehkissen betätigt werden.

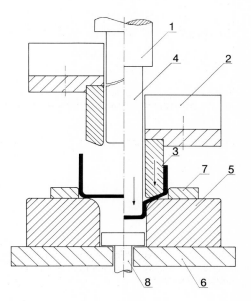

Bild 14.22 Tiefziehwerkzeug für den 2. Zug.
1 Ziehstößel, 2 Niederhalterstößel, 3 Niederhalter, 4 Ziehstempel, 5 Ziehring, 6 Grundplatte, 7 Zentrierring, 8 Auswerfer

Das Prinzip des Werkzeugaufbaues für
den 1. Zug zeigt Bild 14.19 und ein
Werkzeug für den 2. Zug Bild 14.23.

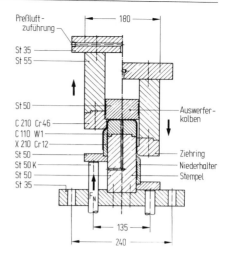

Bild 14.23 Ziehwerkzeug für den 2. Zug für
eine einfachwirkende Presse

An Stelle des klassischen 2. Zuges, kann man auch den Stülpzug anwenden. Beim
Stülpen wird der vorgeformte Napf (Bild 14.24) durch den Umstülpvorgang auf den
nächst kleineren Durchmesser gebracht. Dabei werden die Innenwände des vorge-
zogenen Napfes, nach dem Stülpen, zu Außenwänden.
Das Prinzip eines Stülpwerkzeuges zeigt Bild 14.25.

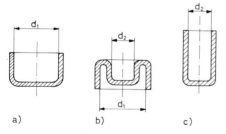

Bild 14.24 (oben). Gestülptes Werkstück,
a) vor-, b) während-, c) nach dem Stülpen

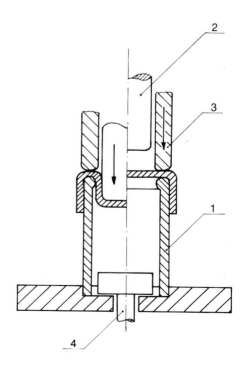

Bild 14.25 (rechts). Prinzip des Stülpwerkzeuges, 1 Ziehring, Ziehstempel, 3 Niederhalter, 4 Auswerfer

Tabelle 14.6  Ziehringabmessungen in mm nach DIN 323 gestuft

| Ronde $D$ | $d_1$ | $d_2$ | $d_3$ | $h_1$ | $h_2$ |
|---|---|---|---|---|---|
| 18,5 | 10 | 13 | 50 | 20 | 10 |
| 22 | 12,5 | 16 | 50 | 20 | 10 |
| 29 | 16 | 20 | 50 | 25 | 13 |
| 36 | 20 | 24 | 63 | 25 | 13 |
| 45,5 | 25 | 29 | 63 | 25 | 13 |
| 58 | 31,5 | 38 | 80 | 32 | 16 |
| 73 | 40 | 46 | 80 | 32 | 16 |
| 90 | 50 | 56 | 100 | 32 | 16 |
| 116 | 63 | 70 | 125 | 32 | 20 |
| 145 | 80 | 88 | 160 | 40 | 20 |
| 180 | 100 | 108 | 200 | 40 | 20 |
| 225 | 125 | 132 | 250 | 40 | 25 |
| 290 | 160 | 168 | 315 | 40 | 25 |
| 360 | 200 | 208 | 400 | 50 | 25 |
| 455 | 250 | 258 | 500 | 50 | 32 |
| 580 | 315 | 328 | 630 | 63 | 32 |
| 725 | 400 | 408 | 800 | 63 | 32 |

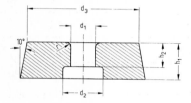 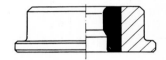 

Stahl                                    Hartmetall

Tabelle 14.7  Werkzeugwerkstoffe

| Werkstoff-Nr. | DIN-Bezeichnung | Einbauhärte HRC | Ziehstempel | Ziehmatrize |
|---|---|---|---|---|
| 1.1540 | C 100 W 1 | 63 | × | × |
| 1.2056 | 90 Cr 3 | 63 | × | × |
| 1.2842 | 90 MnV 8 | 62 | × | × |
| 1.2363 | 105 CrMoV 5-1 | 63 | × | × |
| 1.2436 | 210 CrW 12 | 62 | × | × |
| Hartmetall | ISO-Bezeichnung | Einbauhärte HV 30 | Ziehstempel | Ziehmatrize |
|  | G 20 | 1400 | × | × |
|  | G 30 | 1200 | × | × |

## 14.11 Erreichbare Genauigkeiten

Tabelle 14.8 Höhentoleranzen ($\pm$) in mm zylindrischer Ziehteile ohne Flansch

| Werkstoff-dicke in mm | Höhe des Ziehteiles in mm | | | | | |
|---|---|---|---|---|---|---|
| | 20 | 21 bis 30 | 31 bis 50 | 51 bis 100 | 101 bis 150 | 151 bis 200 |
| 1 | 0,5 | 0,6 | 0,8 | 1,1 | 1,4 | 1,6 |
| 1 bis 2 | 0,6 | 0,8 | 1,0 | 1,3 | 1,7 | 1,8 |
| 2 bis 4 | 0,8 | 1,0 | 1,2 | 1,6 | 1,9 | 2,2 |

Tabelle 14.9 Höhentoleranzen ($\pm$) in mm zylindrischer Ziehteile mit Flansch

| Werkstoff-dicke in mm | Höhe des Ziehteiles in mm | | | | | |
|---|---|---|---|---|---|---|
| | 20 | 21 bis 30 | 31 bis 50 | 51 bis 100 | 101 bis 150 | 151 bis 200 |
| 1 | 0,3 | 0,4 | 0,5 | 0,7 | 0,9 | 1,0 |
| 1 bis 2 | 0,4 | 0,5 | 0,6 | 0,8 | 1,1 | 1,2 |
| 2 bis 4 | 0,5 | 0,6 | 0,7 | 0,9 | 1,3 | 1,4 |

Tabelle 14.10 Durchmessertoleranzen in mm zylindrischer Hohlteile ohne Flansch für Blechdicken von $s = 0,5$ bis $2,0$ mm

| Ziehverhältnis $\beta$ | Durchmesser des Ziehteiles in mm | | | | |
|---|---|---|---|---|---|
| | 30 | 31 bis 60 | 61 bis 100 | 101 bis 150 | 151 bis 200 |
| 1,25 | 0,10 | 0,15 | 0,25 | 0,40 | 0,60 |
| 1,50 | 0,12 | 0,20 | 0,40 | 0,50 | 0,75 |
| 2,0 | 0,15 | 0,25 | 0,45 | 0,60 | 0,90 |

## 14.12  Tiefziehfehler

Tabelle 14.11  Tiefziehfehler (nach *G. W. Oehler*)

| Bild | Art des Fehlers | Fehlerursache | Abhilfe |
|------|-----------------|---------------|---------|
| *Materialfehler* | | | |
| | Unregelmäßige Riß-bildung vom Zargen-rand abwärts. Risse dieser Art bilden sich oft erst Tage und Wochen nach dem Ziehen | Zu hohe Spannungen | Material sofort nach dem Ziehen glühen |
| | Einseitiger tiefer Ein-riß in der Zarge, Riß-form geschwungen. Rißkante sauber. Einseitiger Querriß | Fehler im Blech in-infolge knötchenartiger Verdickungen od. ein-gepreßter Fremdkör-per, wie beispielsweise Späne | |
| | Kurze Querrisse in der Zarge. Schwarze Punkte mit darüber und darunter angrenzenden ver-plätteten Stellen | Feine Löcher im Werkstoff, poröses Blech | |
| *Fehler im Werkzeug* | | | |
| | Boden wird allseitig abgerissen, ohne daß es zu einer Zargen-bildung kommt | Das Ziehwerkzeug wirkt als Schnitt, da 1. zu geringe und scharfkantige Zieh-kantenrundung oder 2. zu enger Ziehspalt oder 3. zu großer Nieder-halterdruck oder 4. zu hohe Ziehge-schwindigkeit | Vergrößerung des Ziehkantenradius, meist durch Nach-schleifen des Stempels oder Ziehringes Nachlassen des Niederhalter-druckes Hubzahl der Presse herabsetzen |
| | Blanke hohe Druck-spur der Höhe $p$ im oberen Teil der Zarge außen | Zu enger Ziehspalt | Nachschleifen von Ziehring oder Stempel |

| Bild | Art des Fehlers | Fehlerursache | Abhilfe |
|---|---|---|---|
| | Bei sonst gelungenem Durchzug ausgefranster Zargenrand und verplättete Falten | 1. zumeist Ziehspalt zu weit oder 2. Ziehkantenabrundung zu groß | Werkzeugerneuerung zwecks Herabsetzung der Spaltweite |
| | Bei fast gelungenem Zug stark gefalteter Restflansch mit waagerechten Einrissen darunter | zu große Ziehkantenrundung<br><br>zu geringer Niederhalterdruck | Oberfläche des Ziehringes abschleifen und Kantenradius verkleinern<br>Höheren Niederhalterdruck einstellen |
| | Blasenbildung am Bodenrand. Auswölbung des Bodens entsprechend der gestrichelten Linie | 1. schlechte Stempelentlüftung, 2. zuweilen auch stark abgenutzte Ziehkante | Entlüftungskanäle anbringen oder erweitern. Ziehkante polieren |

*Falscher Zuschnitt oder falsche Zugabstufung*

| Bild | Art des Fehlers | Fehlerursache | Abhilfe |
|---|---|---|---|
| | Nach Bildung eines nur kurzen Zargenansatzes, dessen Höhe etwa der Ziehkantenrundung entspricht, reißt der Boden ab | Zu große Abstufung im Verhältnis zur Tiefziehgüte des Bleches<br><br>Stempelführung außermittig zum Ziehring | $\beta$-Wert (= höchstzulässiges $D/d$-Verhältnis) nach dem Napfprüfverfahren ermitteln. Evtl. geringer abstufen oder ein Blech höherer Tiefzieheignung wählen. Werkzeug richtig einstellen! |
| | Einrisse in den Ecken von Rechteckzügen vom Rande senkrecht nach unter zur Bodenecke | 1. Werkstoffverknappung in den Ecken infolge falschen Zuschnittes 2. Zu enger Ziehspalt in den Ecken | Zuschnitt ändern<br><br><br>Rechteckzüge erfordern in den Ecken einen weiteren Ziehspalt als an den Seiten |
| | In den Bodenecken von Rechteckzügen beginnender, dann schräg verlaufender Riß | 1. Werkstoffhäufung in den Ecken 2. Zu starke Eckenabstufung | Zuschnittsänderung<br><br>Abstufung verringern oder hochwertigeres Tiefziehblech verwenden |

| Bild | Art des Fehlers | Fehlerursache | Abhilfe |
|------|-----------------|---------------|---------|
| | Einseitige Zipfelbildung am Zargenrand oder am Blechflansch | 1. Außermittige Einlage des Zuschnittes<br>2. Ungleicher Niederhalterdruck<br>3. Außermittige Lage des Stempels zum Ziehring (selten)<br>4. Ungleiche Blechdicke | Anlagestifte einsetzen!<br><br>Werkzeug ausrichten |
| *Bedienungsfehler* | | | |
| b<a  11  a  b | Blechflansch in Nähe des Steges einseitig breit | Außermittige Einlage des Zuschnittes | Einlagebegrenzungsstifte anbringen! |

## 14.13  Beispiel

Es sind, auf einer doppeltwirkenden Ziehpresse, Blechgehäuse nach Bild 14.26 herzustellen.

Gegeben: Werkstoff: St 1303
Gesucht:  Rondendurchmesser $D$, Kraft, Arbeit (für den 1. Zug)

*Lösung:*

1. Zuschnittermittlung

$$D = \sqrt{d^2 + 4\,d\,h}$$
$$= \sqrt{(80\ \text{mm})^2 + 4 \cdot 80\ \text{mm} \cdot 90\ \text{mm}}$$
$$D = 187{,}6\ \text{mm}$$
$$D = 188\ \text{m gewählt.}$$

2. Ermittlung der Anzahl der erforderlichen Züge

2.1. Das tatsächliche Ziehverhältnis

$$\beta_{\text{tat}} = \frac{D}{d} = \frac{188\ \text{mm}}{80\ \text{mm}} = 2{,}35$$

2.2 Durchmesser-Wanddicken-Verhältnis $d/s$

$$\frac{d}{s} = \frac{80\ \text{mm}}{1{,}5\ \text{mm}} = 53{,}3$$

2.3 Zulässiges Ziehverhältnis für den 1. Zug

$$\beta_{\text{zul}} \approx 2{,}05 \text{ aus Tabelle 14.2, Seite 141}$$

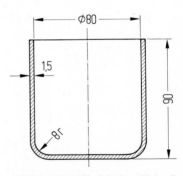

Bild 14.26 Zylindrisches Ziehteil

2.4 Entscheidung

weil $\quad \beta_{0\,\text{zul}} < \beta_{\text{tat}}$

$\qquad 2,05 \; < \; 2,35$

ist das Teil nach Bild 14.26 nicht in einem Zug herstellbar.

2.5. Zugabstufung

1. Zug $\quad d_1 = \dfrac{D}{\beta_0} = \dfrac{188\ \text{mm}}{2,05} = 91,7\ \text{mm}$

$\qquad\quad d_2 = \dfrac{d_1}{\beta_1} = \dfrac{91,7\ \text{mm}}{1,3} = 70,5\ \text{mm}$

d. h., mit 2 Zügen ist das Ziehteil herstellbar.
Um beim 1. Zug nicht bis an die Grenze der Umformbarkeit gehen zu müssen, wird

$\qquad d_1 = 94,0\ \text{mm}$ gewählt.

Daraus folgt

$\qquad \beta_{\text{tat}} = \dfrac{188\ \text{mm}}{94\ \text{mm}} = 2,0$

Beim 2. Zug ergibt sich dann ein $\beta_{\text{tat}}$ von

$\qquad \beta_{\text{tat}} = \dfrac{d_1}{d_2} = \dfrac{94\ \text{mm}}{80\ \text{mm}} = 1,17$

d. h., $d_2$ wird auch jetzt noch mit Sicherheit erreicht.

2.6. Höhe des Napfes nach dem 1. Zug

aus $\quad D = \sqrt{d^2 + 4\,d\,h}\quad$ folgt:

$\qquad h_1 = \dfrac{D^2 - d^2}{4\,d} = \dfrac{(188\ \text{mm})^2 - (94\ \text{mm})^2}{4 \cdot 94\ \text{mm}} = \dfrac{35\,344\ \text{mm}^2 - 8836\ \text{mm}^2}{376\ \text{mm}}$

$\qquad h_1 = 70,5\ \text{mm}\,.$

Da mit einer geringen Zipfelbildung gerechnet werden muß, wird

$\qquad h = 70,5\ \text{mm} + 1,5\ \text{mm} = 72\ \text{mm}$ angenommen.

3. Ziehkraft $F_Z$

$$F_Z = d \cdot \pi \cdot s \cdot R_m \cdot n = 94 \text{ mm} \cdot \pi \cdot 1,5 \text{ mm} \cdot 400 \text{ N/mm}^2 \cdot 1,1$$

$$F_Z = 194\,904 \text{ N} = \underline{\underline{195 \text{ kN}}}$$

Für $\beta_{tat} = 2,0$ folgt $n = 1,1$ aus Tab. 14.3, $R_m = 400 \text{ N/mm}^2$ aus Tab. 14.4.

4. Ziehspalt $w$

$$w = s \cdot \sqrt{\frac{D}{d}} = 1,5 \text{ mm} \cdot \sqrt{\frac{188 \text{ mm}}{94 \text{ mm}}} = 2,12 \text{ mm}$$

$w = 2,1$ mm gewählt.

5. Ziehkantenrundung $r_M$

$$r_M = \frac{0,035}{\sqrt{\text{mm}}} \cdot [50 \text{ mm} + (D - d)] \cdot \sqrt{s}$$

$$r_M = \frac{0,035}{\sqrt{\text{mm}}} \cdot [50 \text{ mm} + (188 \text{ mm} - 94 \text{ mm})] \cdot \sqrt{1,5 \text{ mm}}$$

$$r_M = 6,17 \text{ mm}$$

$$r_M = 6,0 \text{ mm gewählt.}$$

6. Niederhalterkraft $F_N$

6.1. Niederhalterdruck

$$p = \left[ (\beta_{tats} - 1)^2 + \frac{d}{200 \cdot s} \right] \cdot \frac{R_m}{400}$$

$$= \left[ (2 - 1)^2 + \frac{94 \text{ mm}}{200 \cdot 1,5 \text{ mm}} \right] \cdot \frac{400 \text{ N/mm}^2}{400} = 1,31 \text{ N/mm}^2.$$

6.2. Niederhalterfläche (siehe Bild 14.17)

$$d_W = d + 2 \cdot w + 2 \cdot r_M = 94 \text{ mm} + 2 \cdot 2,1 \text{ mm} + 2 \cdot 6 \text{ mm} = 110,2 \text{ mm}$$

$$A_N = (D^2 - d_w^2) \cdot \tfrac{\pi}{4} = (188^2 - 110,2^2) \cdot \tfrac{\pi}{4} = 18\,221,2 \text{ mm}^2$$

6.3. Niederhalterkraft

$$F_N = A_N \cdot p = 18\,221,2 \text{ mm}^2 \cdot 1,31 \text{ N/mm}^2 = 23\,869 \text{ N} = 23,9 \text{ kN}.$$

7. Arbeit $W$

$$W = F_Z \cdot x \cdot h_1 = 195 \text{ kN} \cdot 0,63 \cdot 0,072 \text{ m} = 8,84 \text{ kN m}.$$

# 14.14 Hydromechanisches Tiefziehen (Hydro-Mec-Ziehverfahren)

### 14.14.1 Definitionen

Beim hydromechanischen Tiefziehen (Bild 14.27), wird die umzuformende Blechplatine (1. Zug) unmittelbar durch ein druckreguliertes Wasserkissen an den eintauchenden Ziehstempel gepreßt und erhält dabei die genaue Form des Ziehstempels.

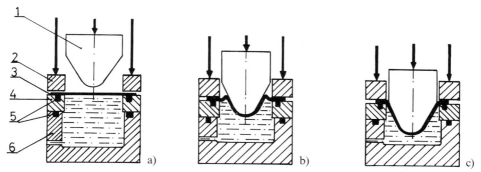

Bild 14.27 Prinzip des hydromechanischen Tiefziehens. a) vor-, b) während-, c) am Ende des 1. Zuges. 1 Ziehstempel, 2 Niederhalter, 3 Platine, 4 Ziehring, 5 Dichtung, 6 Wasserkasten

Beim 2. Zug (Bild 14.28) verläuft der Vorgang ähnlich. Hier hat der Außendurchmesser des Niederhalters den Innendurchmesser des Napfes nach dem 1. Zug. Dadurch wird der Napf vor dem 2. Zug am Niederhalter zentriert. Der Stempel hat den neuen verkleinerten Durchmesser, der mit dem 2. Zug erzeugt werden soll.

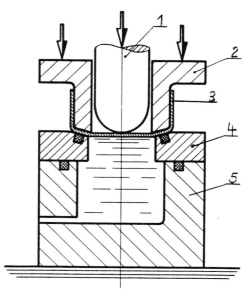

Bild 14.28 Werkzeug für den 2. Zug. 1 Ziehstempel, 2 Niederhalter, 3 Werkstück vor dem 2. Zug, 4 Ziehring, 5 Wasserkasten

### 14.14.2 Vorteile des hydromechanischen Tiefziehens

Tritt an die Stelle des starren Ziehringes ein Wirkmedium, dann wird dieses Wirkmedium beim Eintauchen des Stempels einen allseitigen Druck aus, der das entstehende Werkstück an den Stempel anpreßt.

Dabei treten zwischen Stempel und Werkstück Reibungskräfte auf, die einen Teil der Ziehkraft auf die Zarge übertragen. Dadurch wird die über den Ziehteilboden einge-leitete Kraft kleiner und der meistbeanspruchte Werkstückbereich verschiebt sich vom Werkstückboden zum Ziehradius hin.

Daraus ergeben sich folgende Vorteile:

- Das erreichbare Ziehverhältnis ist wesentlich günstiger, als beim klassischen Zieh-verfahren. Es werden Ziehverhältnisse z.B. für St 13 und $d/s = 100$ bis $\beta = 2,4$ möglich.
- Konische und parabolische Ziehteile werden in einem Zug hergestellt. Beim klas-sischen Ziehverfahren sind für solche Teile oft 4−5 Ziehoperationen mit 1−2 Zwi-schenglühungen erforderlich.
- Die Blechdickenreduzierung an den Bodenradien ist sehr gering und ermöglicht deshalb in vielen Fällen den Einsatz dünnerer Blechdicken. Auch kleinste Boden-radien sind aus diesem Grund noch einwandfrei zu ziehen.
- Mit dem gleichen Werkzeug können Platinen verschiedener Dicke und unter-schiedlicher Materialarten verarbeitet werden.
- Die Herstellkosten sind niedriger als beim klassischen Ziehverfahren.
  - niedrige Werkzeugkasten
  - weniger Ziehstufen
  - geringere Glühkosten.
- Jede von oben doppeltwirkende Presse kann mit einer Hydro-Mec-Einheit auch nachträglich ausgerüstet werden.
  Teure Sondermaschinen sind nicht erforderlich.

### 14.14.3 Anwendung des Verfahrens

Das Hydro-Mec-Verfahren wird bevorzugt für schwierige Ziehteile im besonderen für schwierige kegelige und parabolische Hohlkörper, die beim klassischen Verfahren viele Züge erfordern, eingesetzt.

### 14.14.4 Ziehkraft

$$F_Z = 1,5 \cdot R_m \cdot d \cdot \pi \cdot s + \frac{A_{st} \cdot p}{10}$$

$R_m$  in N/mm² Zugfestigkeit
$d$   in mm    Stempeldurchmesser
$s$   in mm    Blechdicke
$A_{st}$ in cm²    Stempelquerschnitt
$p$   in bar (daN/cm²)  Druck im Kissen

Tabelle 14.12 Arbeitsdrücke beim hydromechanischen Tiefziehen

| Werkstoff | Al und Al-Legierungen | Tiefziehblech St 13, St 14 | hochlegierte Bleche z. B. Nirostableche |
|---|---|---|---|
| Arbeitsdruck p in bar | 60−300 | 200−700 | 300−1000 |

**14.14.5 Niederhalterkraft (nach Siebel)**

1. Niederhalterpressung $p$

$$p = 2 \cdot 10^3 \left[ (\beta_{tat} - 1)^2 + \frac{D}{200 \cdot s} \right] \cdot R_m$$

2. Niederhalterkraft

$$F_N = A_N \cdot p$$

$F_N$ in N      Niederhalterkraft
$p$   in N/mm²   Niederhalterpressung
$R_m$ in N/mm²   Zugfestigkeit
$D$   in mm     Rondendurchmesser
$s$    in mm     Blechdicke
$A_N$ in mm²     wirksame Niederhalterfläche
$\beta_{tat}$   —         tatsächliches Ziehverhältnis

# 14.15 Testfragen zu Kapitel 14:

1. Zu welchen Umformverfahren gehört das Tiefziehen?
2. Nennen Sie die typischen Werkstücke die mit diesem Verfahren hergestellt werden?
3. Was sind charakteristische Dreiecke und wie kommt es dazu?
4. Warum kann man bei der Rohlingsberechnung von der Flächengleichheit ausgehen?
5. Nennen Sie die wichtigsten Elemente der Ziehwerkzeuge?
6. Wodurch unterscheidet sich ein Ziehwerkzeug für den 1. Zug von einem solchen für den 2. Zug?
7. Was passiert, wenn die Niederhalterkraft zu klein ist und was geschieht, wenn sie zu groß ist?

# 15. Ziehen ohne Niederhalter

Beim Ziehen ohne Niederhalter vereinfacht sich der Werkzeugaufbau, weil der Niederhalter entfällt. Außerdem kann das Ziehen ohne Niederhalter auf jeder einfachwirkenden Presse ausgeführt werden.

## 15.1 Grenzen des Tiefziehens ohne Niederhalter

Die zulässigen Grenzen für die Tiefziehbleche St 12−St 14 liegen bei:

Tabelle 15.1 Zulässige Ziehverhältnisse

| Zug → | 1. Zug | Weiterschlag |
|---|---|---|
| $\beta_{zul} = \dfrac{D}{d}$ | < 1,8 | < 1,2 |
| $D/s$ | < 58 | < 60 |

## 15.2 Ziehringformen für das Ziehen ohne Niederhalter

Optimale Ziehverhältnisse sind mit einem Ziehring dessen Abrundung eine Evolvente ist (Bild 15.1 b), zu erreichen.

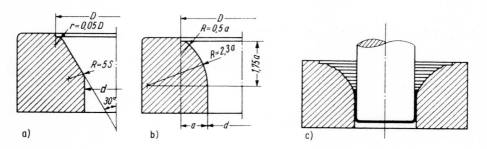

Bild 15.1 Ziehringformen für das Tiefziehen ohne Niederhalter

Wegen der guten Schmiermittelhaftung haben sich auch Ziehringe der Form *c* bewährt. Sie sind aber teurer in der Herstellung.

Der Kegelige Ziehring Form *a*, mit 60° Kegelwinkel (Bild 15.1a und 15.2), ist der günstigste Ziehring. Er ist leicht herstellbar und man erreicht mit ihm maximale Ziehverhältnisse.

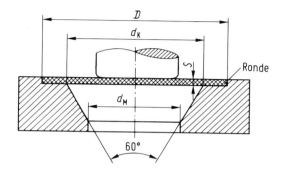

Bild 15.2 Konischer Ziehring

Tabelle 15.2 Zulässige Ziehverhältnisse in Abhängigkeit von $d_M/d_K$ für $D/s = 40$

| $d_M/d_K$ | 0,6 | 0,7 | 0,8 |
|-----------|-----|-----|-----|
| $\beta_{zul}$ | 1,9 | 1,6 | 1,5 |

Je kleiner der Quotient $d_M/d_K$ (Mittelwerte liegen bei 0,6−0,8), um so größer ist das zulässige Ziehverhältnis.

## 15.3 Kraft- und Arbeitsberechnung

Die Kraft- und Arbeitsberechnung wird wie in Kap. 14.7.1 und 14.9 gezeigt, ausgeführt.

## 15.4 Testfragen zu Kapitel 15:

1. Was sind die Vorteile dieses Verfahrens?
2. In welchen Grenzen ist es einsetzbar?

# 16. Biegen

## 16.1 Definition

Biegen ist nach DIN 8586 ein Umformen von festen Körpern, mit dem aus Blechen oder Bändern abgewinkelte oder ringförmige Werkstücke erzeugt werden.
Bei Biegen wird der plastische Zustand durch eine Biegebeanspruchung herbeigeführt.

## 16.2 Anwendung des Verfahrens

Als Blechumformverfahren wird das Biegen eingesetzt, um abgewinkelte Teile, Profile aus Blech, Rohre und Werkstücke für den Schiffs- und Apparatebau herzustellen. Aus Profilmaterial stellt man außer den oben genannten Teilen auch Ringe für verschiedene Einsatzgebiete her.

## 16.3 Biegeverfahren

Tabelle 16.1 Biegeverfahren

| | |
|---|---|
| **1. *Freies Biegen*** <br><br> Beim freien Biegen dienen die Werkzeuge, Stempel und Matrize, nur zur Kraftübertragung. Das Werkstück liegt auf 2 Punkten auf. Der Stempel führt die Biegebewegung aus. Dabei stellt sich eine zur Mitte hin wachsende Krümmung ein. <br> Das freie Biegen wird überwiegend zum Richten von Werkstücken eingesetzt. | 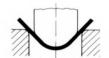 <br> Prinzip des freien Biegens |
| **2. *Gesenkbiegen*** <br><br> Beim Gesenkbiegen drückt der Biegestempel das Werkzeug in das Biegegesenk. Die Umformung endet mit einem Prägedruck im Gesenk. Dabei unterscheidet man zwischen V-Biegen und U-Biegen. <br><br> 2.1 *V-Biegen* <br><br> Biegestempel und Biegegesenk sind V-förmig ausgebildet. <br> In der Anfangsphase liegt zunächst freies Biegen vor. Dabei nimmt das Werkstück immer neue Radien an. Erst in der Endstellung erhält es durch einen Prägedruck die gewünschte Endform. | 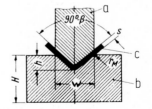 <br><br> Werkzeug- und Werkstückanordnung beim V-Biegen. <br> a) Stempel, <br> b) Matrize, <br> c) Werkstück |

## 2.2 U-Biegen

Auch beim U-Biegen erhält das Werkstück die Endform durch einen Prägedruck.
Um während des Biegevorganges eine Boden-wölbung zu verhindern, arbeitet man hier oft mit einem Gegenhalter. Er drückt schon während des Biegevorganges gegen den Werkstück-boden.

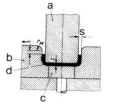

Werkzeug- und Werkstückanordnung beim U-Biegen.
a) Stempel,
b) Matrize,
c) Gegenhalter,
d) Werkstück

## 3. Walzbiegen

Beim Walzbiegen wird das Biegemoment durch 3 Walzen aufgebracht.
Die Oberwalze ist um den Winkel $\gamma$ ausschwenk-bar und die beiden Unterwalzen sind höhenver-stellbar. Sie werden beide angetrieben. Durch Verstellen der Walzen zueinander können belie-bige Durchmesser erzeugt werden, deren klein-ste Durchmesser durch die Größe der Biegerol-len und die größtmöglichen Durchmesser durch die Plastizitätsbedingung begrenzt werden.

Prinzip des Walz-biegens mit 3 Walzen

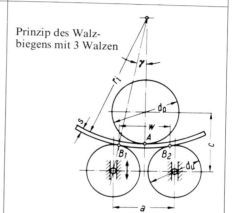

# 16.4 Grenzen der Biegeumformung

## 16.4.1 Beanspruchung des Werkstoffes

Sie ist innerhalb des gebogenen Querschnittes verschieden.

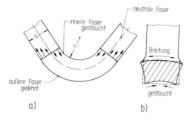

Bild 16.1 Werkstoffbeanspruchung beim Biegen. a) in Längsrichtung, b) in Querrichtung, $s$ ist die Blechdicke

Die *innere* Faser    wird in Schenkelrichtung *gestaucht.*
                     quer zur Kraftrichtung *gebreitet.*
Die *äußere* Faser   ist in Schenkelrichtung *gedehnt.*
                     quer zur Schenkelrichtung *gestaucht.*
Die *neutrale* Faser hat keine Längenänderung. Sie liegt annähernd in der Mitte.

Die tatsächliche Lage der neutralen Faser ist zum kleinen Radius hin verschoben. Sie ist abhängig von der Blechdicke $s$ und vom Biegeradius $r$.

### 16.4.2  Gesenkbiegen

Beim Gesenkbiegen werden die gewünschten Formen, V oder U, dann am präzisesten erreicht, wenn am Ende der Umformung ein genügend großer Prägedruck aufgebracht wird.
Je kleiner der Biegeradius $r_i$ (= Stempelradius), um so besser steht der von den Schenkeln eingeschlossene Winkel. Der Biegeradius sollte jedoch nicht kleiner als $0,6 \cdot s$ und bei Werkstoffen höherer Festigkeit gleich der Blechdicke sein.

### 16.4.3  Walzbiegen

Beim Walzbiegen ergeben sich die Grenzwerte der Biegeradien aus der Plastizitätsbedingung und beim kleinsten Radius zusätzlich aus der Abmessung der Biegerollen.

$$r_{i\,max} = \frac{s \cdot E}{2 \cdot R_e}$$

$r_{i\,max}$ in mm     maximaler Biegeradius
$E$    in N/mm² Elastizitätsmodul
$R_e$   in N/mm² Streckgrenzenfestigkeit
$s$    in mm     Blechdicke

$$r_{i\,min} = s \cdot c$$

$r_{i\,min}$ in mm     kleinster zulässiger Biegeradius
$s$    in mm     Blechdicke
$c$             Werkstoff-Koeffizient nach Tabelle 16.2

Der tatsächliche Biegeradius $r_i$ muß $\geq r_{i\,min}$ sein.
Für Stahl ist $E = 2,1 \cdot 10^5$ N/mm².

Tabelle 16.2  Werkstoff-Koeffizienten *c*

| Werkstoff | *c*-Werte | | | |
|---|---|---|---|---|
| | weichgeglüht | | verfestigt | |
| | Lage der Biegelinie zur Walzrichtung | | Lage der Biegelinie zur Walzrichtung | |
| | quer | längs | quer | längs |
| Al | 0,01 | 0,3 | 0,3 | 0,8 |
| Cu | 0,01 | 0,3 | 1,0 | 2,0 |
| CuZn 37 (Ms 63) | 0,01 | 0,3 | 0,4 | 0,8 |
| St 13 | 0,01 | 0,4 | 0,4 | 0,8 |
| C 15 − C 25 St 37 − St 42 | 0,1 | 0,5 | 0,5 | 1,0 |
| C 35 − C 45 St 50 − St 70 | 0,3 | 0,8 | 0,8 | 1,5 |

## 16.5  Rückfederung

Bei jedem Biegevorgang kommt es zu einer Rückfederung, d. h. es gibt eine Abweichung vom Soll-Biegewinkel.
Die Größe der Rückfederung ist abhängig von

Fließgrenze des umgeformten Werkstoffes
Biegeart (freies oder formschlüssiges Biegen)
Biegeradius (je kleiner *r* ist, um so größer ist die plastische Umformzone − um so kleiner demnach die Rückfederung).

Die Folge daraus:

Die Biegewerkzeuge erhalten einen kleineren Winkel als das Fertigteil.

*Winkel- bzw. Biegeradiuskorrektur*

$$\beta = \gamma - \gamma^*$$

(siehe Bild 16.2)

$\beta$  in Grad   Auffederungswinkel
*s*  in mm   Blechdicke
$\gamma^*$  in Grad   tatsächlicher Winkel

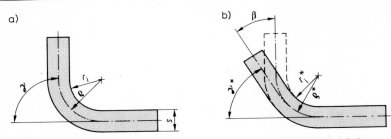

Bild 16.2 Rückfederung von Biegeteilen. a) vor-, b) nach der Rückfederung

Tabelle 16.3 Auffederungswinkel $\beta = f(r_i, s)$ für St bis $R_m = 400 \, \text{N/mm}^2$ und Ms bis $R_m = 300 \, \text{N/mm}^2$

| $\beta$ in Grad | 5 | 3 | 1 |
|---|---|---|---|
| $s$ in mm | 0,1 bis 0,7 | 0,8 bis 1,9 | 2 bis 4 |
| $r_i$ in mm | $1 \cdot s$ bis $5 \cdot s$ | $1 \cdot s$ bis $5 \cdot s$ | $1 \cdot s$ bis $5 \cdot s$ |

## 16.6 Ermittlung der Zuschnittslänge $L$

$L$ = gestreckte Länge,
  = die Summe aller geraden und gebogenen Teilstücke

$L = l_1 + l_b + l_2$

$L$ in mm    gestreckte Länge
$l_b$ in mm    Länge des Bogens
$l_1$ in mm    Schenkellänge
$l_2$ in mm    Schenkellänge
$r_i$ in mm    Biegeradius

$$L = l_1 + \frac{\pi \cdot \alpha}{180°}\left(r_i + \frac{e \cdot s}{2}\right) + l_2$$

$s$ in mm    Blechdicke
$e$         Korrekturfaktor
$\alpha$ in Grad   Biegewinkel

für $\alpha = 90°$ wird $L$:

$$L = l_1 + 1{,}57\left(r_i + \frac{e \cdot s}{2}\right) + l_2$$

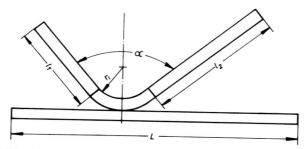

Bild 16.3 Maße des Biegeteiles für die Zuschnittsbestimmung

Tabelle 16.4 Korrekturfaktor $e = f(r_i/s)$

| $\dfrac{r_i}{s}$ | 5,0 | 3,0 | 2,0 | 1,2 | 0,8 | 0,5 |
|---|---|---|---|---|---|---|
| $e$ | 1,0 | 0,9 | 0,8 | 0,7 | 0,6 | 0,5 |

Der Korrekturfaktor $e$ berücksichtigt, daß die neutrale Faser nicht genau in der Mitte liegt.

## 16.7 Biegekraft $F_b$

### 16.7.1 Biegen im V-Gesenk

$$F_b = \frac{1,2 \cdot b \cdot s^2 \cdot R_m}{w}$$

| | | |
|---|---|---|
| $F_b$ | in N | Biegekraft |
| $b$ | in mm | Breite des Teiles |
| $s$ | in mm | Dicke des Teiles |
| $R_m$ | in N/mm² | Zugfestigkeit |
| $w$ | in mm | Gesenkweite |
| $r_i$ | in mm | Biegeradius |
| $r_{i\,min}$ | in mm | kleinster noch zulässiger Radius |

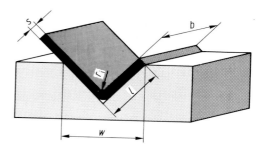

Bild 16.4 Abmessung des V-Gesenkes

$$l = 6 \cdot s$$

$w = 5 \cdot r_i$
wenn $r_i > r_{i\,min} \cong 2 \cdot s$ bis $5 \cdot s$

$w = 7 \cdot r_i$
wenn $r_i = r_{i\,min} \cong 1,3 \cdot s$

Prägekraft

$$F_{b\,Präg} = n \cdot F_b$$

| $n$ | 2 | 2 | 2,5 | 3,5 |
|-----|---|---|-----|-----|
| $r_i/s$ | $> 0,7$ | 0,7 | 0,5 | 0,35 |

### 16.7.2 Biegen im U-Gesenk

$$F_b = 0,4 \cdot s \cdot b \cdot R_m$$

Ohne Gegenhalter im Werkzeug.
Deshalb wölbt sich der Boden aus.

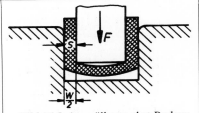

Bild 16.5 Auswölbung des Bodens
beim U-Biegen ohne Gegenhalter

### 16.7.3 Biegekraft bei Werkzeug mit plattenförmigem, federnden Auswerfer (Gegenhalter)

$$F_{bG} \approx 1,25 \cdot F_b \qquad F_G = 0,25 \cdot F_b$$

$$F_{bG} = 0,5 \cdot s \cdot b \cdot R_m$$

| | | |
|---|---|---|
| $F_{bG}$ | in N | Gesamtbiegekraft |
| $F_G$ | in N | Gegenhaltekraft |
| $s$ | in mm | Blechdicke |
| $b$ | in mm | Breite des Biegeteiles |
| $R_m$ | in N/mm² | Zugfestigkeit |

Durch den Gegenhalter wird das Auswölben
des Bodens verhindert.

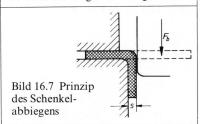

Bild 16.6 U-Biegen mit Gegenhalter

### 16.7.4 Abwärtsbiegen

$$F_b = 0,2 \cdot s \cdot b \cdot \sigma_B$$

Bild 16.7 Prinzip
des Schenkel-
abbiegens

### 16.7.5 Rollbiegen

$$F_b = \frac{0,7 \cdot s^2 \cdot b \cdot R_m}{d_1}$$

$d_1$ in mm   äußerer Durchmesser der Rolle

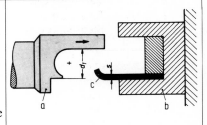

Bild 16.8 Ausbildung von Werkzeug und Werkstück beim Rollbiegen. a) Stempel, b) Matrize, c) Werkstück

### 16.7.6 Kragenziehen

$$F_b = 0{,}7 \cdot s \cdot d_1 \cdot \delta \cdot R_m$$

$$d = D - 2\,(H - 0{,}43 \cdot r - 0{,}72 \cdot s)$$

$$H = \frac{D - d}{2} + 0{,}43 \cdot r + 0{,}72 \cdot s$$

$F_b$ in N      Biegekraft
$H$ in mm      Höhe des Kragens,
              $H_{max} \approx 0{,}12 \cdot d_1 + s$
$D$ in mm      mittlerer Kragendurchmesser
$s$ in mm      Blechdicke
$r$ in mm      Biegeradius
$d_1$ in mm      Bohrungsdurchmesser der Matrize, $d_1 \approx D + 0{,}3 \cdot s$
$\delta$ in mm      Lochaufweitwert, $\delta = \dfrac{d_1 - d}{d_1}$
$d$ in mm      Durchmesser des eingestanzten Loches
$R_m$ in N/mm² Zugfestigkeit

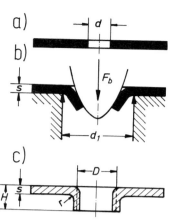

Bild 16.9 Prinzip des Kragenziehens. a) Werkstück vor-, b) während-, c) nach der Umformung

## 16.8 Biegearbeit *W*

### 16.8.1 V-Biegen

$$W = x \cdot F_b \cdot h \qquad \text{Allgemein}$$

$W$ in N m    Biegearbeit
$x$            Verfahrensfaktor, $x = \tfrac{1}{3}$
$F_b$ in N      Biegekraft
$h$ in m      Stempelweg

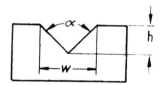

$$W = \tfrac{1}{3} \cdot F_b \cdot h$$

## 16.8.2 U-Biegen

Ohne federnden Gegenhalter (ohne Endprägung)

$$W = x \cdot F_b \cdot h$$

| | |
|---|---|
| $W$ in Nm | Biegearbeit |
| $x$ | Verfahrensfaktor; $x = \frac{2}{3}$ |
| $F_b$ in N | Biegekraft |
| $h$ in m | Stempelweg; $h = 4 \cdot s$ |

$$W = 1{,}06 \cdot s^2 \cdot b \cdot R_m$$

| | |
|---|---|
| $W$ in Nm | Biegearbeit |
| $s$ in mm | Blechdicke |
| $b$ in m | Breite des Biegeteiles |
| $R_m$ in N/mm² | Zugfestigkeit |

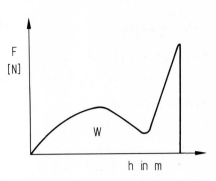

Bild 16.10 Kraft-Weg-Diagramm

Mit federndem Gegenhalter

$$W = (x \cdot F_b + F_G) \cdot h$$

| | |
|---|---|
| $W$ in Nm | Biegearbeit |
| $x$ | Verfahrensfaktor; $x = \frac{2}{3}$ |
| $F_b$ in N | Biegekraft |
| $F_G$ in N | Gegenhaltekraft; $F_G = 0{,}25\,F_b$ |
| $h$ in m | Stempelweg; $h = 4 \cdot s$ |

$$W = 2{,}4 \cdot s^2 \cdot b \cdot R_m$$

| | |
|---|---|
| $W$ in Nm | Biegearbeit |
| $s$ in mm | Blechdicke |
| $b$ in m | Breite des Biegeteiles |
| $R_m$ in N/mm² | Zugfestigkeit |

# 16.9 Biegewerkzeuge

### 16.9.1 V-Gesenk

Das Werkzeug besteht aus:

Stempel und Matrize (Bild 16.11)

Matrizenradius $r_m$

$$r_m = 2,5 \cdot s$$

$r_m$ in mm   Matrizenradius (Mittelwert)
$s$   in mm   Blechdicke

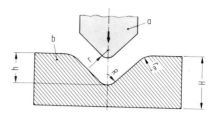

Rundung in Matrizenvertiefung $R$

$$R = 0,7 \, (r + s)$$

Bild 16.11 Konstruktionsmaße des V-Gesenkes. a) Stempel, b) Matrize

Tabelle 16.5 Tiefe der Matrizenausnehmung $h$ in mm

| $h$ | 4 | 7 | 11 | 15 | 18 | 22 | 25 | 28 |
|---|---|---|---|---|---|---|---|---|
| $s$ | 1 | 2 | 3 | 4 | 5 | 6 | 7 | 8 |
| $H$ | 20 | 30 | 40 | 45 | 55 | 65 | 70 | 80 |

$h$   in mm   Tiefe der Ausnehmung
$s$   in mm   Blechdicke
$H$   in mm   Höhe der Matrize

### 16.9.2 U-Gesenk

Das Werkzeug besteht aus:

Stempel, Matrize und Federboden.

Matrizenradius $r_m$

$$r_m = 2,5 \cdot s$$

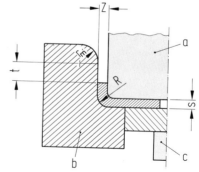

Bild 16.12 Konstruktionsmaße am U-Gesenk

Tabelle 16.6 Maß $t$ (Abstand von der Werkzeuggrundung)

| $t$ | 3 | 4 | 5 | 6 | 8 | 10 | 15 | 20 | $t$ in mm |
|---|---|---|---|---|---|---|---|---|---|
| $s$ | 1 | 2 | 3 | 4 | 5 | 6 | 7 | 8 | $s$ in mm |

Spaltbreite $Z$ in mm

$$Z_{max} = s_{max}$$
$$Z_{min} = s_{max} - s \cdot n$$

$s_{max}$ in mm   max. Blechdicke

Tabelle 16.7  $n$ für Schenkellängen von $< 25$ bis $100\,\mathrm{mm}$

| $n$ | 0,15 | 0,10 | 0,10 | 0,08 | 0,08 | 0,07 | 0,07 | 0,06 |
|-----|------|------|------|------|------|------|------|------|
| $s$ | 1    | 2    | 3    | 4    | 5    | 6    | 7    | 8    |

$s$ in mm   Blechdicke

## Rundung in Matrizenvertiefung $R$

$$R = 0{,}7\,(r + s)$$

oder   $R = 0$

Tabelle 16.8  Werkzeugwerkstoffe

| Werkstoff-Nr. | DIN-Bezeichnung | Einbauhärte HRC | Stempel | Matrize |
|---------------|-----------------|-----------------|---------|---------|
| 1.1550        | C 110 W 1       | 60              | ×       | ×       |
| 1.2056        | 90 Cr 3         | 64              | ×       | ×       |
| 1.2842        | 90 MnV 8        | 62              | ×       | ×       |

## 16.10  Biegefehler

Nicht alle Bleche eignen sich zum Biegen. Deshalb ist die Wahl des richtigen Materials von großer Bedeutung. Die Eignung für bestimmte Biegeteile läßt sich durch Biege-, Abkant- und Faltversuche (DIN 1605, 9003, 1623) bestimmen.
Soweit es das Werkzeug zuläßt, soll die Faser quer zur Biegekante liegen. Nur in Ausnahmefällen sollten Biegekante und Faserverlauf die gleiche Richtung haben.
Der häufigste Fehler beim Biegen ist das Aufreißen des Werkstoffes an der Außenkante (Bild 16.13).

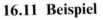

Bild 16.13 An der Außenkante gerissenes Biegeteil

## 16.11  Beispiel

Es sollen Winkel nach Bild 16.3 mit einer Breite $b = 35$ mm, einer Blechdicke $s = 2$ mm, den Schenkellängen $l_1 = 20$ mm und $l_2 = 30$ mm bei einem inneren Biegeradius $r_i = 10$ mm und einem Biegewinkel von $\alpha = 90°$ aus Werkstoff St 1303 (weichgeglüht) hergestellt werden. Die Biegelinie liegt quer zur Walzrichtung.

$$R_m = 400\ \mathrm{N/mm^2},\ R_e = 280\ \mathrm{N/mm^2},\ A_{10} = 25\%,\ E = 210\,000\ \mathrm{N/mm^2}$$

*Gesucht:*

1. Zuschnittslänge
2. Kleinster noch zulässiger Biegeradius $r_{i\,min}$
3. Gesenkweite $w$
4. Biegekraft
5. Biegearbeit

*Lösung:*

1.
$$L = l_1 + \frac{\pi \cdot \alpha}{180°}\left(r_i + \frac{e \cdot s}{2}\right) + l_2$$

$$= 20\text{ mm} + \frac{\pi \cdot 90°}{180°}\left(10\text{ mm} + \frac{1 \cdot 2\text{ mm}}{2}\right) + 30\text{ mm} = 67{,}27\text{ mm}$$

2. $r_{i\,min} = c \cdot s = 0{,}01 \cdot 2\text{ mm} = 0{,}02\text{ mm}$ \qquad $c$ aus Tabelle 16.2

$$r_{i\,tat} > r_{i\,min}$$

3. $w = 5 \cdot r_i = 5 \cdot 10\text{ mm} = 50\text{ mm}$

4.
$$F_b = \frac{1{,}2 \cdot b \cdot s^2 \cdot R_m}{w} = \frac{1{,}2 \cdot 35\text{ mm} \cdot (2\text{ mm})^2 \cdot 400\text{ N/mm}^2}{50\text{ mm}} = 1344\text{ N}$$

5.
$$W = x \cdot F_b \cdot h = \frac{1}{3} \cdot 1344\text{ N} \cdot 0{,}025\text{ m} = 11{,}1\text{ N m}$$

$$h = \frac{w}{2} = \frac{50\text{ mm}}{2} = 25\text{ mm}$$

## 16.12 Biegemaschinen

Biegemaschinen werden unterteilt nach ihren Einsatzgebieten in Maschinen:

1. *zur Erzeugung von Abkantprofilen*
1.1 Abkantpressen
1.2 Schwenkbiegemaschinen

2. *zur Erzeugung von Ringen und Rohren*
2.1 Dreiwalzen-Biegemaschinen
2.2 Profilstahl-Biegemaschinen

3. *zur Erzeugung von Blechprofilen*
3.1 Sickenmaschinen

Tabelle 16.9 Übersicht der Biegemaschinen

### 1.1 Abkantpressen

Das Herstellen von Biegeprofilen in Abkantpressen ist ein Zwangsbiegen in Biegegesen-
ken.

Das Gesenk entspricht in seiner Form der zu
erzeugenden Kontur.

Um ein Rückfedern am Werkstück möglichst
klein zu halten, muß der Enddruck (Prägedruck) beim Abkanten groß sein.

Abkantpressen werden überwiegend in bruch-
sicherer Stahlplattenbauweise gebaut. Der
Antrieb der hier gezeigten CNC-gesteuerten
Abkantpresse ($F_{max}$ = 5000 kN, max. Werk-
stücklänge 4 m) ist hydraulisch. Der Gleichlauf der beiden Preßzylinder wird mit einem
berührungslosen Meßsystem elektronisch gesteuert. Der Pressenstößel ist in Vierpunkt-
führungen spielfrei geführt. Die Maschine ist
mit einem CNC-gesteuerten automatischen
Werkzeugwechselsystem ausgerüstet. Fünf
am Preßbalken in einem Kettensystem in Be-
reitschaft gehaltene Oberwerkzeuge können
mit einem eingestellten Programm abgerufen
und automatisch positioniert werden. In der
Arbeitsposition werden diese Werkzeuge
hydraulisch geklemmt. Sie bilden mit 4
ebenfalls programmierbaren Unterwerkzeu-
gen, die seitlich verschoben werden, Werk-
zeugpaarungen, mit denen komplizierte Profile ohne Zwischenablage hergestellt werden
können.

Bei der hier eingesetzten frei programmierbaren CNC-Steuerung erfolgt die Eingabe
im Dialogsystem direkt vom Bediener an der
Maschine. Die so eingegebenen Daten werden in der Steuerung gespeichert und können
zu jederzeit abgerufen werden. In einer
Werkzeugbibliothek können die Abmessungen von 50 Werkzeugen gespeichert und auf
dem Bildschirm grafisch dargestellt werden.

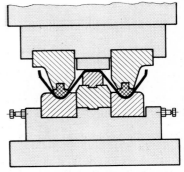

Abkantgesenk

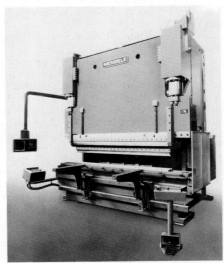

CNC-gesteuerte Abkantpresse mit automatischem Werkzeugwechselsystem (Werkfoto,
Firma Günzburger Werkzeugmaschinenfabrik)

Tabelle 16.9 (Fortsetzung)

### 1.2 *Schwenkbiegemaschinen*

Schwenkbiegen ist ein Biegen mit einer Wange, die an dem herausragenden Werkstück angreift und mit diesem um die Werkzeugkante geschwenkt wird.

Die Hauptelemente der Schwenkbiegemaschine sind: Oberwange, Unterwange und Biegewange. Ober- und Unterwange sind die Werkzeugträger.

Um die in der Oberwange befestigte Schiene, deren Kante gerundet ist, wird das Blech gebogen.

Beim Biegevorgang wird zunächst das zu biegende Blech zwischen Ober- und Unterwange festgeklemmt. Dann biegt die schwenkbare Biegewange das Blech in den gewünschten Winkel.

Die hier gezeigte Schwenkbiegemaschine mit einer Arbeitsbreite von 2−4 m kann für max. Blechdicken von 3−5,0 mm eingesetzt werden. Sie wurde als Stahl-Schweißkonstruktion ausgeführt. Das Öffnen und Schließen der Oberwange erfolgt über Hydraulikzylinder. Spanndruck und Schließgeschwindigkeit sind einstellbar. Die Unterwange wird zentral verstellt und ist mit einer auswechselbaren Leiste versehen.

Der servohydraulische Antrieb der Biegewange gewährleistet ein exaktes Anfahren der Biegewinkel bei größter Wiederholgenauigkeit. Das besondere Meßsystem der Biegewange ermöglicht auch das Anfahren kleinster Winkel.

Die Maschine kann mit verschiedenen Steuerungen, 1-fach Programmsteuerung oder einer MCNC-Programmsteuerung, geliefert werden. Bei der MCNC-Steuerung RAS Multibend 8000 erfolgt die Eingabe in Verbindung mit dem Bildschirm im Dialog zum Bedienenden. Außer den Eingabewerten für Biegewinkel, Anschlagposition und Öffnungsweite der Oberwange können viele Hilfsfunktionen eingegeben werden.

Die interne Speicherkapazität umfaßt 99 Programmsätze.

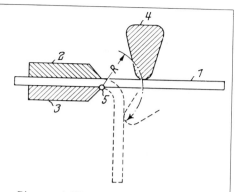

Biegen mit Biegewangen (Schwenkbiegen)

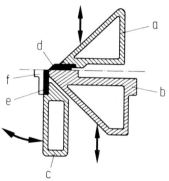

Schnitt durch die Wangen einer Schwenkbiegemaschine.
a) Oberwange, b) Unterwange, c) Biegewange, d) Dreikantschiene, e) Flachschiene, f) Verstärkungsschiene

Schwenkbiegemaschine mit servo-hydraulischem Antrieb. RAS 74.20-74.40 (Werkfoto, Firma Reinhardt Maschinenbau, 7032 Sindelfingen)

Arbeitsbeispiele zur Erzeugung von Profilen zeigen die Bilder 16.14 und 16.15.

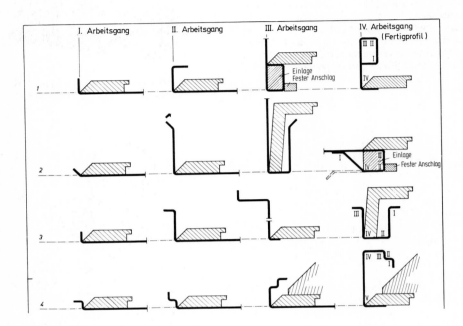

Bild 16.14  Arbeitsbeispiele zur Erzeugung von Profilen mit Schwenkbiegemaschinen

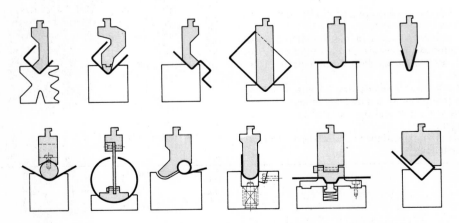

Bild 16.15  Arbeitsbeispiele zur Erzeugung von Profilen mit Abkantpressen

Tabelle 16.9 (Fortsetzung)

### 2.1 Dreiwalzen-Biegemaschinen

Bei den Dreiwalzen-Biegemaschinen werden die Unterwalzen (1 und 3) mechanisch angetrieben.

Die Oberwalze läuft ohne Antrieb als Schleppwalze mit. Damit der fertiggestellte Rohrschuß ausgebracht werden kann, ist ein Lager dieser Walze ausklappbar.

Dreiwalzen-Blechbiegemaschine Type UH 7 mit geöffnetem Klapplager (Firma Herkules-Werke)

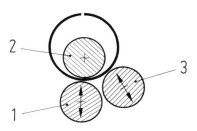

Asymmetrische Walzenanordnung
1 Unterwalze, 2 Oberwalze, 3 Biegewalze

### 2.2 Profilstahl-Biegemaschinen

Bei diesen Maschinen sind die Walzenachsen vertikal angeordnet.

Die Walzen bestehen aus Einzelelementen. Dadurch können sie durch Distanzringe an die zu erzeugende Profilform angepaßt werden.

Die Walzenachsen der beiden angetriebenen Seitenwalzen sind zweifach, unten im Maschinenkörper und oben in der Traverse, gelagert.

Die nicht angetriebene Mittelwalze ist radial verstellbar.

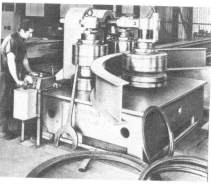

Profilbiegemaschine
(Firma Herkules-Werke)

Tabelle 16.9 (Fortsetzung)

3. *Sickenmaschinen*

Die Hauptelemente der Sickenmaschinen nach DIN 55211 sind die zwei durch ein Getriebe verbundene Wellen.
Die Wellenenden nehmen die Werkzeuge, Sicken-, Falz- oder Bördelwalzen, auf.
Die Oberwalze ist zum Einstellen des Abstandes e vertikal verstellbar.
Die Unterwalze ist in Achsrichtung verstellbar, dadurch kann sie, entsprechend dem zu walzenden Profil, zur Oberwalze ausgerichtet werden.
Die Walzwerkzeuge werden auf die Wellenenden aufgesteckt.

Typische auf Sickenmaschinen hergestellte Profile zeigt Bild 16.16.

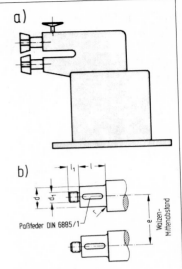

a) Prinzip einer Sickenmaschine
b) Abmessungsbereich der Wellenzapfen für die Werkzeugaufnahme

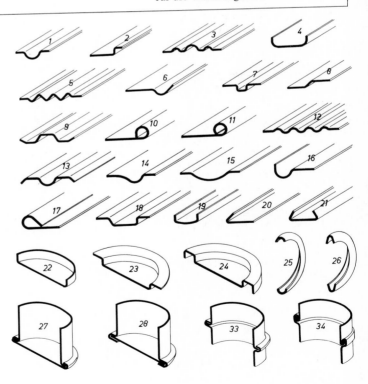

Bild 16.16 Profile, die auf Sickenmaschinen hergestellt wurden (Werkfoto, Fa. Stückmann & Hillen)

## 16.13  Testfragen zu Kapitel 16:

1. Wie unterteilt man die Biegeverfahren?
2. Wie ermittelt man die Zuschnittslänge?
3. Welche Biegemaschinen kennen Sie?

# 17. Hohlprägen

## 17.1 Definition

Prägen ist ein Umformverfahren, bei dem unter Einwirken eines hohen Druckes an einem Werkstück die Oberfläche verändert wird. Je nachdem, wie die Umformung dabei erfolgt, unterscheidet man zwischen Hohlprägen und Massivprägen.

Beim Hohlprägen bleibt die Werkstoffdicke des Ausgangsrohlings auch nach der Umformung erhalten. Einer Vertiefung auf der einen Seite liegt eine Erhöhung auf der anderen Seite des Werkstückes gegenüber (Bild 17.1).

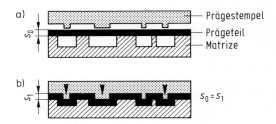

Bild 17.1 Hohlprägen. a) Ausgangsform vor dem Prägen, b) nach dem Prägen

## 17.2 Anwendung des Verfahrens

Angewandt zur Herstellung von Blechformteilen aller Art, z. B.

a) Einprägen von Sicken und örtlichen Erhöhungen zur Versteifung von Blechteilen (Bild 17.2)
b) für Plaketten aus dünnem Blech (Bild 17.3)
c) für Schmuckwaren
d) Glattprägen oder Planieren.

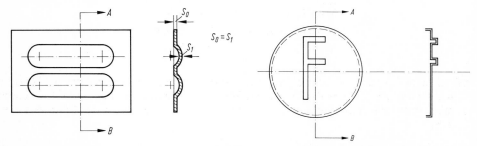

Bild 17.2 Sicken zur Versteifung von Blechteilen          Bild 17.3 Hohlgeprägte Plakette

Das Glattprägen liegt zwischen Hohl- und Massivprägen. Es wird angewandt, wenn verbogene oder verzogene Stanz- oder Schnitteile plan gerichtet werden sollen. Durch Einprägen eines Rastermusters (Rauhplanieren) können Spannungen abgebaut und die Teile plan gerichtet werden. Zuweilen führt man das Richten auch zwischen planparallelen Platten durch (Bild 17.4).

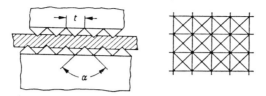

Bild 17.4 Rastermuster eines Richtprägewerkzeuges. $\alpha$ Winkel der Spitze, $t$ Teilung

## 17.3 Kraft- und Arbeitsberechnung

### 17.3.1 Prägekraft beim Hohlprägen $F_{\mathrm{H}}$

Beim Hohlprägen unterscheidet man, bezogen auf die erforderliche Prägekraft, zwischen

a) einer Prägung, bei der eine Rückfederung des Werkstoffes – ohne die Maße des Prägeteiles zu gefährden – in kleinen Grenzen möglich ist; der Stempel sitzt mit Spiel also lose in der Matrize, d. h.

$$b > a + 2 \cdot s \qquad \text{(Bild 17.5)}$$

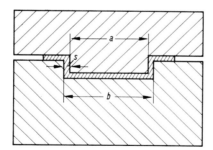

Bild 17.5 Hohlprägen. $s$ Werkstoffdicke

b) bei einer Prägung, bei der eine Rückfederung wegen der einzuhaltenden Toleranz nicht möglich ist. Hier darf zwischen Stempel, Matrize und dem zu verformenden Werkstoff kein Spiel vorhanden sein. Der Stempel muß fest in der Matrize sitzen, d. h.

$$a + 2 \cdot s \geqq b \,.$$

Im Grenzfall kommt es dabei in den Übergangszonen zu einem Absteckvorgang des zu verformenden Materials.

Aus den genannten Gründen ergeben sich unterschiedliche Formänderungswiderstände und somit verschiedene $k_w$-Werte bei losen und festsitzenden Stempeln (siehe Tabelle 17.1)

*Formänderungswiderstand $k_w$*

Die Berechnungswerte nach Tabelle 17.1 beziehen sich auf eine Umformung mit Spindelpressen.

Beim Einsatz von Kniehebel- oder Kurbelpressen muß man mit 50% höheren Werten rechnen, da die Schlagwirkung »weich« ist, im Gegensatz zum »harten« Schlag der Spindelpressen.

Tabelle 17.1  $k_w$-Werte für das Hohlprägen in N/mm²

| Werkstoff | $R_m$ in N/mm² | loser Stempel $k_w$ in N/mm² | festsitzender Stempel | |
|---|---|---|---|---|
| | | | Blechdicke in mm | $k_w$ in N/mm² |
| Aluminium 99% | 80 bis 100 | 50 bis 80 | bis 0,4<br>0,4 bis 0,7 | 80 bis  120<br>60 bis  100 |
| Messing Ms 63 | 290 bis 410 | 200 bis 300 | bis 0,4<br>0,4 bis 0,7<br>> 0,7 | 1000 bis 1200<br>700 bis 1000<br>600 bis  800 |
| Kupfer weich | 210 bis 240 | 100 bis 250 | bis 0,4<br>0,4 bis 0,7<br>> 0,7 | 1000 bis 1200<br>700 bis 1000<br>600 bis  800 |
| Stahl (Tiefziehqualität) St 12-3; St 13-3 | 280 bis 420 | 350 bis 400 | bis 0,4<br>0,4 bis 0,7<br>> 0,7 | 1800 bis 2500<br>1250 bis 1600<br>1000 bis 1200 |
| Stahl rostfrei | 600 bis 750 | 600 bis 900 | bis 0,4<br>0,4 bis 0,7<br>> 0,7 | 2200 bis 3000<br>1600 bis 2000<br>1200 bis 1500 |

Der Formänderungswiderstand ist abhängig

a) vom umzuformenden Werkstoff,
b) von der Oberfläche des Werkstoffes und des Werkzeuges,
c) von der Schmierung an den Gleitflächen,
d) von der Form des Werkstückes und der Prägung,
e) von der Umformgeschwindigkeit und damit von der verwendeten Maschine.

Stempelfläche $A_\mathrm{H}$

$$A_\mathrm{H} = b \cdot l$$

$A_\mathrm{H}$ in mm² vom Stempel tatsächlich zu prägende Projektionsfläche der zu prägenden Form

max. Prägekraft $F_\mathrm{H}$

$$F_\mathrm{H} = k_\mathrm{w} \cdot A_\mathrm{H}$$

$F_\mathrm{H}$ in N     Prägekraft
$k_\mathrm{w}$ in N/mm²   Formänderungswiderstand
$A_\mathrm{H}$ in mm²    Stempelfläche

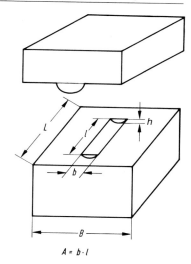

Bild 17.6 Bezugsmaße beim Hohlprägen

### 17.3.2 Prägearbeit $W$ (Hohl- und Massivprägen)

Die Prägearbeit läßt sich aus folgender Gleichung ermitteln:

$$W = F_\mathrm{m} \cdot h$$

$W$ in Nm   Prägearbeit
$F_\mathrm{m}$ in N    mittlere Prägekraft, die über den gesamten Verformungsweg wirksam ist
$h$   in m    Verformungsweg

Der Verformungsweg $h$ ist beim Hohlprägen gleich der größten Vertiefung;
Die mittlere Kraft $F_\mathrm{m}$ ergibt sich aus dem Kraft-Weg-Diagramm, das beim prägen etwa einer Dreieckfläche entspricht. Der Flächeninhalt der aus der Kraft-Weg-Kurve der Abszisse und der Parallelen zur Ordinate im Abstand $h$ gebildeten Dreieckfläche entspricht der Prägearbeit.

$$W = \frac{F_\mathrm{H} \cdot h}{2}$$

d. h., die Formänderungsarbeit $W$ läßt sich für das Prägen auch darstellen als

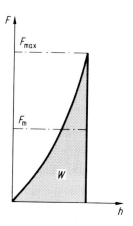

Bild 17.7 Kraft-Weg-Diagramm beim Prägen

$$W = x \cdot F_H \cdot h$$

| | | |
|---|---|---|
| $W$ | in N m | Formänderungsarbeit |
| $F_H$ | in N | maximale Prägekraft |
| $F_m$ | in N | mittlere Prägekraft |
| $h$ | in m | Verformungsweg |
| $x$ | | Verfahrensfaktor, |

$x = F_m / F_{max} \approx 0,5$

$x$ kann aus dem Arbeitsdiagramm bestimmt werden

## 17.4 Werkzeuge zum Hohlprägen

Das Prägewerkzeug besteht aus den Hauptbestandteilen Prägestempel und Matrize (Bild 17.8). Beim Hohlprägewerkzeug haben Stempel und Matrize praktisch die gleiche Kontur. Die Stellen, die beim Stempel erhaben sind, sind bei der Matrize vertieft. In der Abmessung sind die Tiefe und die Breite der Matrize um die Blechdicke größer als die erhabene Stempelkontur. Um die Werkzeuge in ihrer Lage zu sichern und beim Arbeitsvorgang zu führen, werden sie in ein Säulenführungsgestell eingebaut (Bild 17.8).

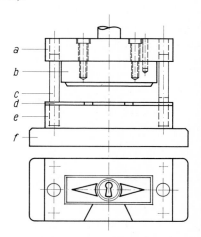

Bild 17.8 Hohlprägen von Schlüsselschildern (Prägewerkzeug nach AWF 5561). a) Stempelkopf, b) Prägestempel, c) Führungssäule, d) Aufnahme, e) Matrize (Unterstempel), f) Grundplatte

### 17.4.1 Werkzeugwerkstoffe

Für niedrig beanspruchte Werkzeuge setzt man unlegierte Stähle ein, wie z. B. den Werkstoff C 110 Wl. Für höher beanspruchte Hohlprägewerkzeuge und für Massiv- und Münzprägewerkzeuge werden überwiegend legierte Stähle verwendet.

Tabelle 17.2 Werkstoffe für Prägestempel und Matrizen

| Werkstoff | Werkstoff-Nr. | Einbauhärte HRC |
|-----------|---------------|-----------------|
| C 110 Wl | 1.1550 | 60 |
| 90 Cr 3 | 1.2056 | 62 |
| 90 MnV 8 | 1.2842 | 62 |
| 50 NiCr 13 | 1,2721 | 58 |

## 17.5 Prägefehler

Beim Hohlprägen kommt es entlang der Prägekanten, z. B. bei Sicken (Bild 17.9) oft zu Rißbildungen, wenn die Prägung sehr scharfkantig ist. Diese Neigung zur Rißbildung wird noch erhöht, wenn Faserverlauf und Sickenverlauf parallel sind. Deshalb legt man den Faserverlauf möglichst quer zum Sicken- oder Prägekantenverlauf.

## 17.6 Beispiel

Es soll eine Sicke nach Bild 17.9 in ein Blech eingeprägt werden.

Werkstoff:  St 12-03 (Tiefziehblech), 1 mm dick.
Gesucht:    Hohlprägekraft und Prägearbeit.

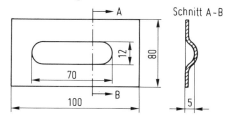

Bild 17.9  Hohlgeprägtes Werkstück

$$F_H = A \cdot k_w = b \cdot l \cdot k_w = 12 \text{ mm} \cdot 70 \text{ mm} \cdot 1000 \text{ N/mm}^2 = 840\,000 \text{ N} = 840 \text{ kN}$$

$$k_w \text{ aus Tabelle 17.1} = 1000 \text{ N/mm}^2 \text{ gewählt}$$

$$W = F_H \cdot h \cdot x = 840 \text{ kN} \cdot 0,005 \text{ m} \cdot 0,5 = 2,1 \text{ kN m}.$$

## 17.7 Testfragen zu Kapitel 17:

1. Was versteht man unter Hohlprägen?
2. Wodurch unterscheidet sich das Hohlprägen vom Massivprägen?
3. Was ist Glattprägen und wo wendet man es an?
4. Aus welchen Elementen setzt sich ein Hohlprägewerkzeug zusammen?

# 18. Schneiden (Zerteilen)

## 18.1 Definition

Zerteilen ist nach DIN 8588 ein spanloses Trennen von Werkstoffen. Nach Art der Schneidenausbildung unterscheidet man zwischen dem Scherschneiden und dem Keilschneiden (Bild 18.1).

Bein industriell überwiegend angewandtem Scherschneiden erfolgt die Werkstofftrennung durch zwei Schneiden mit großem Keilwinkel $\beta$.

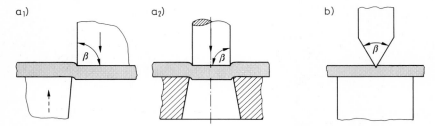

Bild 18.1 Zerteilverfahren. a) Scherschneiden: $a_1$ offener Schnitt, $a_2$ geschlossener Schnitt, b) Keilschneiden

## 18.2 Ablauf des Schneidvorganges (Bild 18.2)

Der Stempel setzt auf das Blech auf. Die Schneiden pressen sich in den Werkstoff, bis der aufgebrachte Druck den Scherwiderstand überwindet. Von der Schnittplatte ausgehend, kommt es zur Rißbildung (sogenannter voreilender Riß). Die die Werkstofftrennung einleitenden Risse setzten sich in das Blechinnere fort und führen dann zur Materialtrennung.

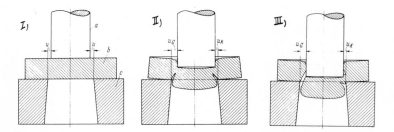

Bild 18.2 Ablauf des Schneidvorganges. I) Aufsetzen des Stempels, II) Rißbildung in der Schneidphase, III) Trennung am Ende des Schneidvorganges. a) Stempel, b) Blech, c) Schnittplatte, $u_G$) großer Schneidspalt, $u_K$) kleiner Schneidspalt, $u$) Schneidspalt

# 18.3 Unterteilung der Schneidverfahren nach DIN 8588

Tabelle 18.1

| | |
|---|---|
| | *1. Offener Schneidvorgang*<br><br>*1.1 Abschneiden (Trennen)*<br><br>Vollständiges Trennen, einer in sich *nicht* geschlossenen Linie. |
| | *1.2 Einschneiden*<br><br>Teilweises Trennen einer offenen Schnittlinie. |
| | *1.3 Beschneiden*<br><br>Vollständiges Trennen einer offenen, oder in sich geschlossenen Linie. Abschneiden von überflüssigem Restwerkstoff von flachen oder hohlen Teilen. |
| | *2. Geschlossener Schneidvorgang*<br><br>*2.1 Ausschneiden*<br><br>Vollständiges Trennen einer in sich geschlossenen Linie. |
| | *2.2 Lochen*<br><br>Vollständiges Trennen einer in sich geschlossenen Linie, aus einem Einzelteil, oder aus einem Streifen. |
| | *2.3 Nachschneiden*<br><br>Herstellen von Fertigmaßen durch zusätzliches Abschneiden (Schaben) z.B. einer Bearbeitungszugabe. |
| | *2.4 Feinschneiden*<br><br>Ausschneiden oder Lochen, wobei der Werkstoff allseitig eingespannt ist. Dabei werden in einem Arbeitsgang die gleichen Gütegrate erreicht, wie beim Nachschneiden. |
| | *2.5 Abgratschneiden*<br><br>Vollständiges Abtrennen des Grates an Gußteilen, Formpreß- oder Schmiedeteilen. |

## 18.4  Zulässige Formänderung

Die Grenzen der Formänderung werden meist durch die Form der Stanzteile gegeben. Form und Anordnung der herzustellenden Teile entscheiden den Einsatz der Werkzeugart und die Werkzeuggestaltung.

## 18.5  Kraft- und Arbeitsberechnung

| | |
|---|---|
| *1. Offener Schneidvorgang*<br><br>*1.1 mit geradem Messer*<br><br>$$A = b \cdot s$$ | 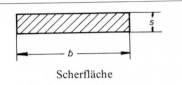<br><br>Scherfläche |
| *1.2 mit geneigtem Messer*<br>(z. B. bei Blechscheren)<br><br>$$A_{\text{Neig}} = \frac{l \cdot s}{2} = \frac{s^2}{2 \cdot \tan \lambda}$$<br><br>$$l = \frac{s}{\tan \lambda} \; ; \qquad \lambda = 2° \text{ bis } 10°$$ | 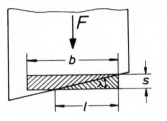<br><br>Scherfläche bei geneigtem Messer |
| *2. Geschlossener Schneidvorgang*<br><br>Scherfläche<br><br>$$A = U \cdot s$$<br><br>Schnittkraft<br><br>$$F = A \cdot \tau_B$$<br><br>Schneidarbeit<br><br>$$W = F \cdot s \cdot x$$ | 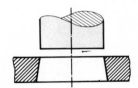<br><br>Prinzip des geschlossenen Schneidvorganges |

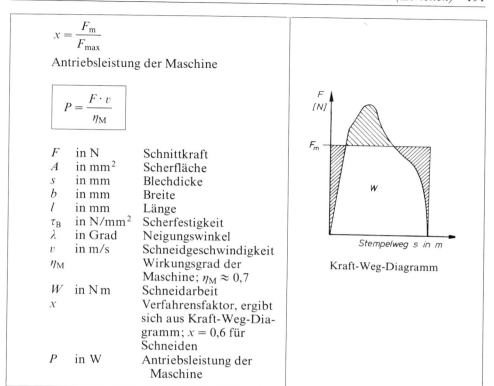

$$x = \frac{F_\mathrm{m}}{F_\mathrm{max}}$$

Antriebsleistung der Maschine

$$P = \frac{F \cdot v}{\eta_\mathrm{M}}$$

| | | |
|---|---|---|
| $F$ | in N | Schnittkraft |
| $A$ | in mm$^2$ | Scherfläche |
| $s$ | in mm | Blechdicke |
| $b$ | in mm | Breite |
| $l$ | in mm | Länge |
| $\tau_\mathrm{B}$ | in N/mm$^2$ | Scherfestigkeit |
| $\lambda$ | in Grad | Neigungswinkel |
| $v$ | in m/s | Schneidgeschwindigkeit |
| $\eta_\mathrm{M}$ | | Wirkungsgrad der Maschine; $\eta_\mathrm{M} \approx 0{,}7$ |
| $W$ | in N m | Schneidarbeit |
| $x$ | | Verfahrensfaktor, ergibt sich aus Kraft-Weg-Diagramm; $x = 0{,}6$ für Schneiden |
| $P$ | in W | Antriebsleistung der Maschine |

Kraft-Weg-Diagramm

Die Scherfestigkeit $\tau_\mathrm{B}$ läßt sich aus der Zugfestigkeit $R_\mathrm{m}$ annähernd rechnerisch bestimmen zu:

$$\tau_\mathrm{B} = c \cdot R_\mathrm{m}$$

$c \approx 0{,}8$ (im Mittel)

Für Bleche mit hoher Bruchfestigkeit: $c = 0{,}7$
Für Bleche mit geringer Bruchfestigkeit und großer Bruchdehnung: $c = 0{,}9$

Tabelle 18.2 Scherfestigkeiten $\tau_\mathrm{B}$ verschiedener Werkstoffe

| Werkstoff | Scherfestigkeit $\tau_\mathrm{B}$ in N/mm$^2$ | |
|---|---|---|
| | weich | hart |
| St 12 | 240 | 300 |
| St 13 | 240 | 300 |
| St 14 | 250 | 320 |
| St 37 | 310 | – |

| Werkstoff | Scherfestigkeit $\tau_B$ in N/mm$^2$ | |
|---|---|---|
| | weich | hart |
| St 42 | 400 | – |
| C 10 | 280 | 340 |
| C 20 | 320 | 380 |
| C 30 | 400 | 500 |
| C 60 | 550 | 720 |
| rostbest. Stahl | 400 | 600 |
| Al 99,5 | 70 | 150 |
| AlMgSi 1 | 200 | 250 |
| AlCuMg kaltausgeh. | 320 | – |
| AlCuMg Lösungsgegl. | 180 | – |
| Ms 72 Tiefziehgüte | 220 bis 300 | – |
| Ms 63 | 250 bis 320 | 350 bis 400 |

## 18.6  Resultierende Wirkungslinie (Linienschwerpunkt)

Die Kraftübertragung vom Stößel auf das Werkzeug soll ohne Hebelwirkung und damit ohne Kippmoment erfolgen.
Eine solche Momentenwirkung würde die Führungen der Presse und der Werkzeuge zusätzlich beanspruchen und die Genauigkeit der Stanzteile verringern.
Deshalb ist es wichtig, daß der Einspannzapfen des Schnittwerkzeuges an der richtigen Stelle, im Kraftschwerpunkt, sitzt.
Da die Kraft aus Umfangslinie und Materialdicke berechnet wird, liegt der Kraftschwerpunkt im Schwerpunkt der Umfangslinie. Man nennt ihn deshalb den Linienschwerpunkt.

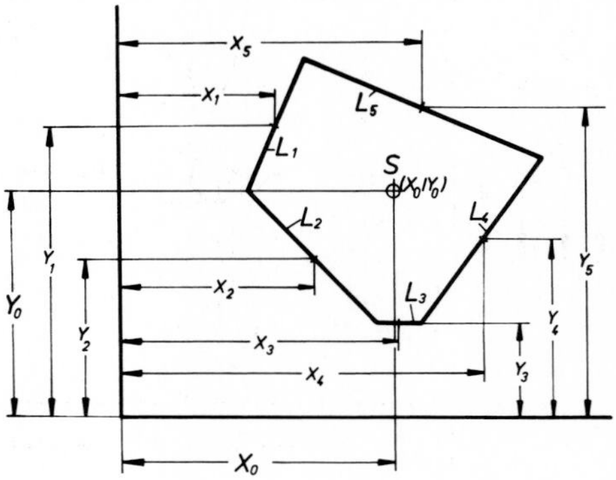

Bild 18.3 Ermittlung des Linienschwerpunktes aus den Einzellinien

*Berechnung des Schwerpunktes*

Man zerlegt die Umfangslinien in Teilsegmente, von denen man die Schwerpunkte kennt. Dann wird aus den Teilabständen und den Teillängen das Produkt gebildet, diese Produkte werden summiert und die so gewonnene Summe durch die Summe aller Teillängen geteilt.

Eine Umfangslinie setzt sich für alle Figuren immer wieder aus den gleichen Grundelementen zusammen. Solche Grundelemente sind:

Kreise, Kreisbögen und Gerade.

Für solche Grundelemente muß man die Schwerpunkte kennen (siehe Tabelle 18.3).

$$x_0 = \frac{L_1 \cdot x_1 + L_2 \cdot x_2 + L_3 \cdot x_3 + L_4 \cdot x_4 + L_5 \cdot x_5}{L_1 + L_2 + L_3 + L_4 + L_5}$$

$$y_0 = \frac{L_1 \cdot y_1 + L_2 \cdot y_2 + L_3 \cdot y_3 + L_4 \cdot y_4 + L_5 \cdot y_5}{L_1 + L_2 + L_3 + L_4 + L_5}$$

$L$       Länge des Teilstückes
$x_n$     Abstand von der Ordinate
$y_n$     Abstand von der Abszisse
$s\,(x_0/y_0)$ Schwerpunkt

Bei symmetrischen Durchbrüchen bildet man den Linienschwerpunkt nicht aus den Linienschwerpunkten der Einzellinien, sondern aus den Umfängen der Symmetriefiguren und des Flächenschwerpunktes.

*Beispiel:*

Gegeben:    Werkzeuganordnung nach Skizze (Bild 18.4)
Gesucht:     Kraftschwerpunkt

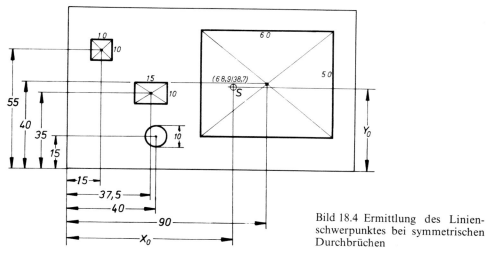

Bild 18.4 Ermittlung des Linienschwerpunktes bei symmetrischen Durchbrüchen

*Lösung:*

1.    $x_0 = \dfrac{x_1 \cdot U_1 + x_2 \cdot U_2 + x_3 \cdot U_3 + x_4 \cdot U_4}{U_1 + U_2 + U_3 + U_4}$

$= \dfrac{15\,\text{mm} \cdot 40\,\text{mm} + 37,5\,\text{mm} \cdot 50\,\text{mm} + 40\,\text{mm} \cdot 31,4\,\text{mm} + 90\,\text{mm} \cdot 220\,\text{mm}}{40\,\text{mm} + 50\,\text{mm} + 31,4\,\text{mm} + 220\,\text{mm}}$

$= \dfrac{23\,531\,\text{mm}^2}{341,4\,\text{mm}} = 68,9\,\text{mm}$

2.    $y_0 = \dfrac{y_1 \cdot U_1 + y_2 \cdot U_2 + y_3 \cdot U_3 + y_4 \cdot U_4}{U_1 + U_2 + U_3 + U_4}$

$= \dfrac{55\,\text{mm} \cdot 40\,\text{mm} + 35\,\text{mm} \cdot 50\,\text{mm} + 15\,\text{mm} \cdot 31,4\,\text{mm} + 40\,\text{mm} \cdot 220\,\text{mm}}{40\,\text{mm} + 50\,\text{mm} + 31,4\,\text{mm} + 220\,\text{mm}}$

$= \dfrac{13\,221\,\text{mm}^2}{341,4\,\text{mm}} = 38,7\,\text{mm}$

Tabelle 18.3  Linienschwerpunkte

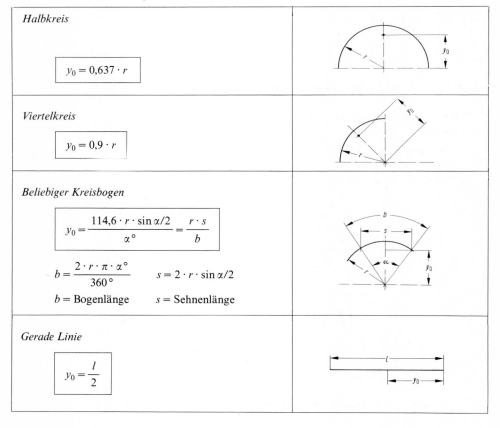

| *Halbkreis* | |
| --- | --- |
| $y_0 = 0,637 \cdot r$ | |
| *Viertelkreis* | |
| $y_0 = 0,9 \cdot r$ | |
| *Beliebiger Kreisbogen* | |
| $y_0 = \dfrac{114,6 \cdot r \cdot \sin \alpha/2}{\alpha^\circ} = \dfrac{r \cdot s}{b}$ $b = \dfrac{2 \cdot r \cdot \pi \cdot \alpha^\circ}{360^\circ}$  $s = 2 \cdot r \cdot \sin \alpha/2$ $b = \text{Bogenlänge}$  $s = \text{Sehnenlänge}$ | |
| *Gerade Linie* | |
| $y_0 = \dfrac{l}{2}$ | |

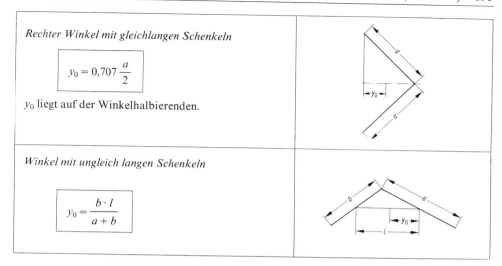

*Rechter Winkel mit gleichlangen Schenkeln*

$$y_0 = 0{,}707 \, \frac{a}{2}$$

$y_0$ liegt auf der Winkelhalbierenden.

*Winkel mit ungleich langen Schenkeln*

$$y_0 = \frac{b \cdot l}{a + b}$$

## 18.7 Schneidspalt

Welches Maß, Stempel oder Matrize, muß dem Werkstücknennmaß entsprechen?

### 18.7.1 Für das Ausschneiden von Außenformen

muß der Schnittplattendurchbruch dem Nennmaß des Werkstückes entsprechen. Der Stempel hat dann die Abmessung:

Lochstempellänge $L_{St} = l - 2 \cdot u$
Lochstempelbreite $B_{St} = b - 2 \cdot u$
Nennmaße sind $l$ und $b$

Das aus dem Streifen herausgefallene Teil hat die geforderten Maße.

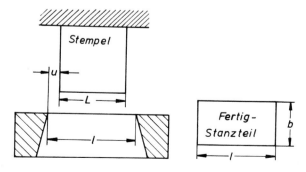

Bild 18.5 Abmessung von Stempel- und Schnittplatte beim Ausschneiden

### 18.7.2 Für das Lochen

muß der Stempel dem Nennmaß des Werkstückes entsprechen. Hier hat dann der Matrizendurchmesser das Maß:

$$d = \text{Nennmaß}$$
$$D = d + 2 \cdot u$$

Das Loch hat das geforderte Maß.

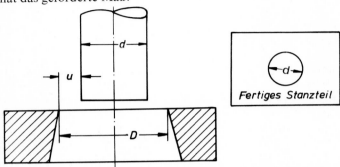

Bild 18.6 Abmessung von Stempel- und Schnittplatte beim Lochen

### 18.7.3 Größe des Schneidspaltes *u*

Für Feinbleche bis 3,0 mm Dicke (empirische Gleichung)

$$u = 0{,}007 \; \sqrt{\text{mm}^2/\text{N}} \cdot s \cdot \sqrt{\tau_\text{B}}$$

$u$  in mm      Schneidspalt
$s$  in mm      Blechdicke
$\tau_\text{B}$ in N/mm$^2$   Scherfestigkeit

Für Bleche > 3,0 mm Dicke

$$u = (0{,}007 \cdot s - 0{,}005 \; \text{mm}) \cdot \sqrt{\text{mm}^2/\text{N}} \cdot \sqrt{\tau_\text{B}}$$

Stempelspiel $S$

$$S = 2 \cdot u$$

$S$  in mm   Stempelspiel

Der Schneidspalt hat Einfluß auf die Sauberkeit der Schnittfläche, die Schneidkraft und die Schneidarbeit.
Bei Stählen mit kleineren Blechdicken (< 2,5 mm) wird mit zunehmendem Schneidspalt der Anteil der Bruchfläche größer. Zu kleine Schneidspalte unter $u = 0{,}1 \cdot s$ führen zur Zipfelbildung.

Durch die richtige Wahl des Schneidspaltes wird erreicht, daß die von der Schneid-stempelkante und der Schneidplattenkante ausgehenden Risse (Bild 18.2) einander treffen und dadurch eine zipfelfreie Bruchfläche entsteht.

## 18.8 Steg- und Randbreiten

Die Stegbreite $e$ und die Randbreite $a$ sind abhängig von

    der Blechdicke
    dem Werkstoff
    der Steglänge $L_e$
    der Randlänge $L_a$
    der Streifenbreite $B$

Bei runden Teilen

$$L_e = L_a < 10\,\text{mm}$$

annehmen!

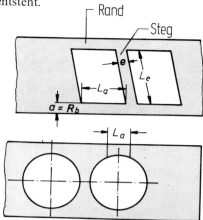

Bild 18.7 Steg- und Randbreiten. a) bei Ausschnitten mit geraden Begrenzungslinien, b) bei runden Ausschnitten

Tabelle 18.4  Rand- und Stegbreiten in mm (Auszug aus VDI 3367, Tafel 1)

| Werkstoff-dicke $s$ in mm | Stegbreite $e$ in mm Rand-breite $a$ in mm | Streifenbreite $B$ in mm | | | | | | | |
|---|---|---|---|---|---|---|---|---|---|
| | | $B$ bis 100 | | | | $B$ über 100–200 | | | |
| | | Steglänge $L_e$ oder Randlänge $L_a$ in mm | | | | | | | |
| | | bis 10 | 10 bis 50 | 50 bis 100 | über 100 | bis 10 | 10 bis 50 | 50 bis 100 | 100 bis 200 |
| 0,3 | $e$ | 0,8 | 1,2 | 1,4 | 1,6 | 1,0 | 1,4 | 1,6 | 1,8 |
| | $a$ | 0,9 | 1,5 | 1,7 | 1,9 | 1,1 | 1,7 | 1,9 | 2,2 |
| 0,5 | $e$ | 0,8 | 0,9 | 1,0 | 1,2 | 1,0 | 1,0 | 1,2 | 1,4 |
| | $a$ | 0,9 | 1,0 | 1,2 | 1,5 | 1,1 | 1,2 | 1,5 | 1,7 |
| 0,75 | $e$ bzw. $a$ | 0,9 | 1,0 | 1,2 | 1,4 | 1,0 | 1,2 | 1,4 | 1,6 |
| 1,0 | $e$ bzw. $a$ | 1,0 | 1,1 | 1,3 | 1,5 | 1,1 | 1,3 | 1,5 | 1,7 |
| 1,5 | $e$ bzw. $a$ | 1,3 | 1,4 | 1,6 | 1,8 | 1,4 | 1,6 | 1,8 | 2,0 |
| 2,0 | $e$ bzw. $a$ | 1,6 | 1,7 | 1,9 | 2,1 | 1,7 | 1,9 | 2,1 | 2,3 |

Steglänge $L_e$ oder Randlänge $L_a$ in mm

## 18.9 Erreichbare Genauigkeiten

Die Tabellen 18.5, 18.6 und 18.7 zeigen, welche Toleranzen beim Stanzen eingehalten werden können. Beim Ausschneiden von Durchbrüchen werden im allgemeinen größere Genauigkeiten erreicht, als beim Ausstanzen der äußeren Kontur. Die in den Tabellen angegebenen Werte können bei erhöhten Genauigkeitsforderungen, durch besonders genau gefertigte Werkzeuge, auf die Hälfte reduziert werden. Durch ein zusätzliches Nachschneiden können die in den Tabellen 18.5 und 18.6 angegebenen Toleranzen auf ein Fünftel der Tabellenwerte vermindert werden.

Tabelle 18.5  Toleranzen in mm beim Ausschneiden von Durchbrüchen

| Werkstoffdicke $s$ in mm | Größe des Durchbruches in mm | | | |
|---|---|---|---|---|
| | bis 10 | 11 bis 30 | 31 bis 50 | 51 bis 100 |
| 0,3 bis 1,0 | 0,05 | 0,07 | 0,08 | 0,12 |
| 1   bis 2 | 0,06 | 0,08 | 0,10 | 0,14 |
| 2   bis 4 | 0,08 | 0,10 | 0,12 | 0,15 |

Tabelle 18.6  Toleranzen in mm beim Ausschneiden des äußeren Umfanges

| Werkstoffdicke $s$ in mm | Max. Seitenlänge des Umfanges in mm | | | | |
|---|---|---|---|---|---|
| | bis 10 | 11 bis 30 | 31 bis 50 | 51 bis 100 | 101 bis 200 |
| 0,3 bis 1 | 0,10 | 0,14 | 0,16 | 0,20 | 0,25 |
| 1   bis 2 | 0,18 | 0,20 | 0,22 | 0,28 | 0,40 |
| 2   bis 4 | 0,24 | 0,26 | 0,28 | 0,34 | 0,60 |

Tabelle 18.7  Toleranzen in mm der Mittelpunktsabstände der Durchbrüche

| Werkstoffdicke $s$ in mm | Mittelpunktsabstand in mm | | |
|---|---|---|---|
| | bis 50 | 51 bis 100 | 101 bis 200 |
| 0,3 bis 1 | ± 0,1 | ± 0,15 | ± 0,20 |
| 1   bis 2 | ± 0,12 | ± 0,20 | ± 0,25 |
| 2   bis 4 | ± 0,15 | ± 0,25 | ± 0,30 |

# 18.10 Schneidwerkzeuge

Die Schneidwerkzeuge unterteilt man:

1.     *Nach der Art der Führung*
1.1    *Freischnitte*
       Schneidwerkzeuge ohne Zusatzführung im Werkzeug
1.2    *Führungsschnitte*
1.2.1  mit unmittelbarer Führung
       *Plattenführungsschnitt*
   a)  Führungsplatte aus Stahl
   b)  Führungsplatte ausgegossen mit Kunststoff (Duroplast)
   c)  Führungsplatte ausgegossen mit Zamak (Zinklegierung)
1.2.2  mit indirekter Führung
       *Säulenführungsschnitt*
       Führung übernimmt hier das Säulenführungsgestell

2.     *Nach der Funktion der Werkzeuge*
2.1    *Einfachschnitt*
       Kann nur eine Funktion ausführen; entweder nur Lochen oder nur Ausschneiden.
2.2    *Folgeschnitt*
       In bestimmter Reihenfolge werden zuerst die Durchbrüche des Stanzteiles gelocht und dann das vorgelochte Teil ausgeschnitten.
2.3    *Gesamtschnitt*
       Beim Gesamtschnitt wird in einem Stößelniedergang gelocht und ausgeschnitten.

## 18.10.1 Ausführungsformen der Schneidwerkzeuge

*1.1 Freischnitte*

Beim Freischnitt ist der Stempel im Werkzeug selbst nicht geführt. Das setzt eine Maschine mit guter Führung voraus. Zum Abstreifen des Stanzstreifens vom Stempel dient ein feststehender, am Werkzeugunterteil befestigter Abstreifer. Zum Schneiden weicher Werkstoffe werden bei diesen Werkzeugen nur die Stempel gehärtet. Die Schnittplatte aus St 60 oder C 100 bleibt bei kleinen Stückzahlen weich.
Diese Freischnitte werden bevorzugt für kleine Stückzahlen eingesetzt (Bild 18.8).

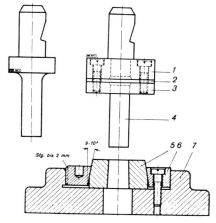

Bild 18.8 Freischnitt (nach AWF 5005). 1 Stempelkopf, 2 gehärtete Zwischenlage, 3 Stempelaufnahmeplatte, 4 Schneidstempel, 5 Matrize, 6 Spannring, 7 Werkzeugaufnahmeplatte

## 1.2 Führungsschnitte

### 1.2.1 mit unmittelbarer Führung
*Pattenführungsschnitte* (stempelgeführte Werkzeuge)

Bei diesen Werkzeugen wird der Stempel durch eine besondere Führungsplatte, die über der Schnittplatte angeordnet ist, geführt. Die Führungsplatte hat den gleichen Durchbruch wie die Schnittplatte, jedoch ohne Stempelspiel. Zwischen Schnitt- und Führungsplatte liegen Zwischenleisten, deren Dicke von der Werkstoffdicke abhängig ist. Die Führungsplatte ist gleichzeitig die Abstreiferplatte (Bild 18.9).

Eine genaue Führung ist bei diesen Werkzeugen nur bis zu einem Stempeldurchmesser bis ca. 10 mm Durchmesser möglich, weil infolge der begrenzten Führungsplattendicke die Führungslänge zu klein ist.

Solche Plattenführungsschnitte werden für mittlere bis große Stückzahlen eingesetzt. Wegen der Stempelführung lassen sich solche Werkzeuge in der Maschine leicht einrichten.

Die Herstellung der Führungsplatte aus Stahl ist teuer. Deshalb arbeitet man bei dieser Führung mit drei Ausführungsformen:

a)  Führungsplatte aus Stahl.
b)  Führungsplatte mit eingegossener Kunststofführung.
c)  Führungsplatte mit eingegossener Zamak-Führung (Zamak ist die Abkürzung für eine Zinklegierung).

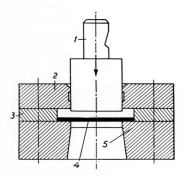

Bild 18.9 Plattenführungsschnitt.
1 Stempel, 2 Stempelführungsplatte, 3 Zwischenlage (Streifenführung), 4 Werkstück, 5 Schnittplatte

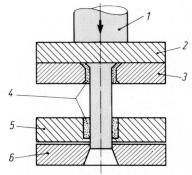

Bild 18.10 Plattenführungsschnitt mit eingegossener Kunststoff-Führung. 1 Einspannzapfen, 2 Kopfplatte, 3 Stempelaufnahmeplatte, 4 Kunststoff oder Zamak, 5 Führungsplatte, 6 Schnittplatte

*Plattenführungsschnitte mit Kunststoff-Führung*

Bei Werkzeugen mit nicht zu großen Genauigkeitsforderungen und für mittlere Stückzahlen kann man die stempelführenden Durchbrüche mit Kunststoff oder einer Zinklegierung (Zamak) ausgießen.

Die Durchbrüche in der Metallführungsplatte sind dann wesentlich größer als der Stempel, der geführt werden soll. Deshalb ist auch ihre Lagegenauigkeit zueinander von untergeordneter Bedeutung. Der Stempelkopf, mit den in ihrer Lage genau definierten Stempeln, wird in die Führungsplatte mit ihren vergrößerten Durchbrüchen hineingestellt (Bild 18.10).

Nun werden die Stempel in der Führungsplatte mit Kunststoff umgossen und erhalten so ihre genaue Führung. Als Kunststoff zum Ausgießen verwendet man Epoxidharze. Die so hergestellten Führungsplatten sind wesentlich billiger als Vollstahlplatten. Sie haben jedoch auch eine geringere Standzeit und werden deshalb nur dann eingesetzt, wenn es die oben erwähnten Bedingungen erlauben.

1.2.2 mit indirekter Führung
*Säulenführungsschnitte*

Bei diesen Werkzeugen ist der Stempel nicht mehr unmittelbar, sondern mittelbar geführt. Das Werkzeug selbst ist ein Freischnitt. Es wird in ein Säulenführungsgestell eingebaut (verschraubt und verstiftet). Das Säulenführungsgestell hat höchste Führungsgenauigkeit. Dadurch wird man von der Pressenführung unabhängig. Die hohe Führungsgenauigkeit führt zur Vergrößerung der Lebensdauer der Werkzeuge (Bild 18.11).

So ein Führungsgestell besteht aus Unter- und Oberteil, den einsatzgehärteten Säulen (St C 10.61; St C 16.61) und der Gleit- oder Kugelführung.

Beim eingebauten Werkzeug kann das Führungsteil unten oder oben liegen.

Dies ist abhängig von der Werkzeuggestaltung und der Art der Führung.

Säulenführungsgestelle gibt es in verschiedenen Ausführungsformen, die in DIN 9812, 9814, 9816, 9819 und 9822 genormt sind.

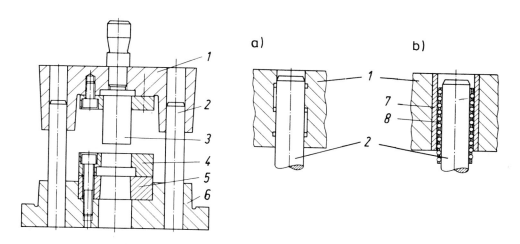

Bild 18.11 Säulenführungsschnitt. a) mit Führungsbüchse, b) mit Kugelführung, 1 Gestelloberteil, 2 Führungssäule, 3 Stempel, 4 Abstreifer, 5 Schneidplatte, 6 Gestellunterteil, 7 Führungsbüchse, 8 Kugelkäfig

2.1 *Einfachschnitt*

Er kann nur eine Funktion ausführen, entweder nur Lochen oder Ausschneiden. Bezüglich der Führung kann er als Frei- oder Führungsschnitt ausgebildet sein.

## 2.2 Folgeschnitt

Beim Folgeschnitt werden in einer bestimmten Reihenfolge mit dem gleichen Werkzeug mehrere Arbeitsgänge ausgeführt. Bei einem Werkstück mit Durchbrüchen werden z. B. zuerst die Durchbrüche ausgestanzt und dann der Umfang (Bild 18.12) ausgeschnitten.

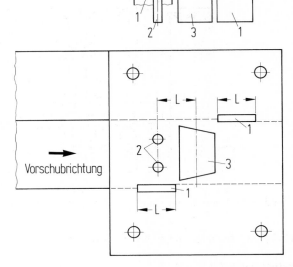

Bild 18.12 Prinzip des Folgeschnittes. 1 Seitenschneider, 2 Vorlocher, 3 Schneidstempel für den Umfangsschnitt, *a* Randbreite, *e* Stegbreite, *i* Seitenschneider-Beschneidemaß

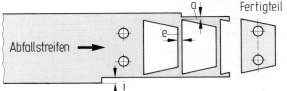

## 2.3 Gesamtschnitt

Beim Gesamtschnitt (Bild 18.13) werden Umriß und Ausschnitt in einem Stößelniedergang gleichzeitig geschnitten.

Deshalb erreicht man mit diesem Werkzeug höchste Lagegenauigkeiten zwischen der Außenform und den Durchbrüchen im Werkstück. Ungleichmäßigkeiten im Streifenvorschub haben ebenfalls keinen Einfluß auf die Lagegenauigkeit am Werkstück.

Lagefehler ergeben sich allein aus der Herstellgenauigkeit des Werkzeuges.

Bei dem in Bild 18.13 gezeigten Gesamtschnitt ist im Oberteil 1 die Schnittplatte 2 mit dem Lochstempel 3 untergebracht. Der Abstreifer 4 streift den Streifen vom Stempel 3 ab. Der Schneidstempel 5, der die Außenkontur ausstanzt, sitzt im Untergestell. Der Abstreifer 6 streift den Abfallstreifen vom Schneidstempel 5 ab.

Der vom Stempel 3 ausgestanzte Putzen fällt nach unten aus. Das Schnitteil wird mit dem Abstreifer 6 in den Streifen zurückgedrückt und mit dem Streifen aus dem Werkzeug herausgeführt.

Solche Werkzeuge werden zur Herstellung von Werkstücken eingesetzt, die in großen Stückzahlen mit kleinsten Toleranzen gefertigt werden (Toleranzen bis zu 0,02 mm). Gesamtschnitte sind teure Werkzeuge. Ein solches Werkzeug kostet etwa doppelt so viel wie ein Schnitt mit 2 Seitenschneidern. Deshalb muß man immer vorher prüfen, ob der Einsatz eines Gesamtschnittes für den vorliegenden Fall das wirtschaftlichste Werkzeug ist.

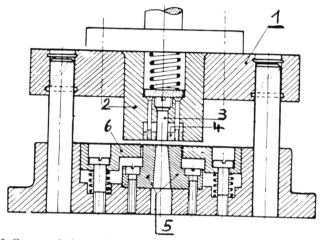

Bild 18.13  Gesamtschnitt zur Herstellung einer gelochten Scheibe (ähnlich AWF 5202)

### 18.10.2 Vorschubbegrenzung bei Schnittwerkzeugen

*Einhänge- oder Anschlagstift*

Der Einhängestift ist die billigste Vorschubbegrenzung. Er ist ein Stift in Pilz- oder Hakenform, der in der Schnittplatte befestigt wird. Anstelle eines Einhängestiftes kann man auch einen Winkel als Anschlag an der Schnittplatte anbringen (Bild 18.14). Wenn der Schnittstempel bei der Aufwärtsbewegung den Blechstreifen freigibt, wird dieser von Hand über den Einhängestift gehoben und vorgeschoben, bis die Kante des Restquerschnittes zum Anschlag kommt.

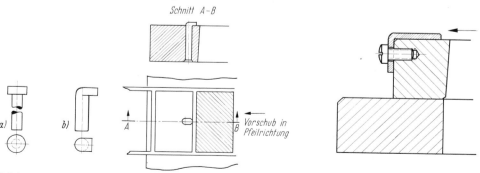

Bild 18.14 Verschiedene Arten von Einhängestiften. a) Einhängestift in Pilzform, b) in Hakenform, c) Winkelanschlag

*Seitenschneider*

Der Seitenschneider ergibt die genaueste Vorschubbegrenzung. Er ist ein zusätzlicher Schneidstempel, der den Rand des Blechstreifens beschneidet. Das Blech wird gegen den Anschlag im Werkzeug geschoben (Bild 18.15). Beim Niedergang des Stößels klinkt der Seitenschneider an der Seite des Streifens ein Stück Material der Breite $b$ und der Länge $L$ aus. Um diese Länge $L$ (Vorschubmaß des Streifens) kann nun das Blech nach vorn geschoben werden.

Je nach Genauigkeit des Vorschubes und Ausnutzung des Streifens arbeitet man mit einem oder 2 Seitenschneidern, die dann rechts und links in der Längsrichtung versetzt angebracht werden (Bild 18.12).

Bezüglich der Form der Seitenschneider unterscheidet man:

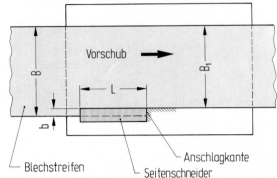

Bild 18.15 Anordnung des Seitenschneiders. $B$ Breite des Streifens vor, $B_1$ Breite des Streifens nach dem Beschneiden durch den Seitenschneider, $L$ Länge des Vorschubschrittes, $b$ Beschneidemaß

*Gerade Seitenschneider*

Gerade Seitenschneider haben eine gerade Fläche als Schneidkante. Beim Verschleiß des Anschlages im Werkzeug kommt es am Blechstreifen zu einer Gratbildung. Dieser Grat behindert den Streifenvorschub und führt nicht selten auch zu Fingerverletzungen (Bild 18.16).

*Ausgesparte Seitenschneider*

Sie sind vorteilhaft, aber auch teurer in der Herstellung. Der ausgesparte Seitenschneider stanzt in das vorzuschiebende Blech Vertiefungen ein. Wenn nun Grat an den Übergangsstellen der Vertiefungen stehen bleibt, dann kann sich beim Vorschieben des Streifens der Grat in den Vertiefungen umlegen. Dadurch wird der Streifenvorschub nicht mehr behindert (Bild 18.16).

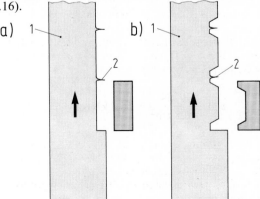

Bild 18.16  Seitenschneiderausführungen. a) gerader Seitenschneider, b) ausgesparter Seitenschneider, 1 Blechstreifen, 2 Grat

### 18.10.3 Streifenführung

Um die Toleranz von Streifenbreite und Streifenführung auszugleichen, werden Führungen meist federnd ausgeführt (Bild 18.17).

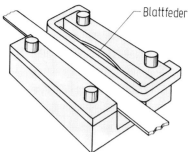

Bild 18.17 Federnde Streifenführung

### 18.10.4 Lochstempel

Bei den Lochstempeln sind die auf den Stempelkopf wirkende Flächenpressung und die Knicklänge besonders zu beachten. Die Flächenpressung $p$ am Stempelkopf soll den Wert $p = 25 \text{ kN/cm}^2$ nicht überschreiten, sonst muß zwischen Stempelaufnahmeplatte und Stempelkopfplatte eine gehärtete Druckplatte (Bild 18.18) eingelegt werden. Wird sie weggelassen, dann drückt sich der Stempel in die Kopfplatte ein.

$$p = \frac{F_s}{A_k}$$

$p$ in kN/cm²   Flächenpressung
$F_S$ in kN       Schnittkraft
$A_k$ in cm²    Stempelquerschnittsfläche

Bei einem Stempelkopfdurchmesser von 8,2 mm und einer Stanzkraft von $F_s = 30 \text{ kN}$ ergibt sich z. B. eine Flächenpressung von:

$$p = \frac{30 \text{ kN}}{0,528 \text{ cm}^2} = 56,8 \text{ kN/cm}^2$$

d. h. es ist eine gehärtete Zwischenplatte erforderlich. Bezüglich der Knickgefahr bei Lochstempeln kann man als Faustregel sagen:
Die freie Knicklänge $l$ soll bei nicht geführten Stempeln kleiner als

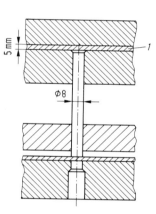

Bild 18.18
Anordnung der gehärteten Zwischenplatte 1

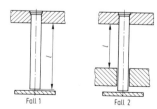

Bild 18.19
Freie Knicklänge $l$
Fall 1: nicht geführt,
Fall 2: geführt

$$l \leqq 8 \cdot d$$

und bei geführten Stempeln (Bild 18.19) kleiner als

$$l \leqq 12 \cdot d$$

sein.

Im Grenzfall kann man die zulässige Knicklänge mit der Eulerschen Gleichung berechnen

$$l_{max} = \sqrt{\frac{\pi^2 \cdot E \cdot I}{F_s \cdot v}}$$

$v$ = 4 ungeführt $\Big\}$ Sicherheitsfaktor
$v$ = 0,5 geführt
$E_{St}$ = 210 000 N/mm$^2$
$I$ = äquatoriales Trägheitsmoment
$F_s$ = Schnittkraft

### 18.10.5 Durchbruchformen an Schneidplatten

Die zwei am häufigsten verwendeten Durchbruchformen zeigt Bild 18.20.
Bei Ausführung b wird beim Nachschleifen der Durchbruch größer. Deshalb wählt man vor allem bei kleinen Toleranzen die Ausführung a.
Die Größe des Kegelwinkels und die Höhe $h$ des zylindrischen Durchbruches sind überwiegend von der Blechdicke abhängig.

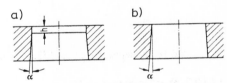

Bild 18.20 Durchbruchformen an Schneidplatten

Tabelle 18.8 Richtwerte für Kegelwinkel und die Höhe des zylindrischen Teiles bei Schneidplatten

| Blechdicke $s$ in mm | Ausführung b | Ausführung a | |
|---|---|---|---|
| | Kegelwinkel $\alpha$ | Höhe des zylindr. Durchbruchs $h$ in mm | $\alpha$ |
| 0,5 − 1 | 15′ − 20′ | | |
| 1,1 − 2 | 20′ − 30′ | 5 − 10 | 3° − 5° |
| 2,1 − 4 | 30′ − 45′ | | |
| 4,1 − 8 | 45′ − 1° | | |

**18.10.6 Einspannzapfen**

Das Werkzeugoberteil wird in den meisten Fällen durch den Einspannzapfen mit dem Pressenstößel verbunden. Konstruktiv kennt man folgende Ausführungsarten (Bild 18.21):

A: Einnieten in die Kopfplatte
B: Einschrauben mit Spreizsicherung durch einen Kegelstift
C: Einschrauben mit Bund-Gegenlage und Sicherungsstift gegen Verdrehen
D: Preßpassung zwischen Zapfen und Platte mit eingedrehter Spannkerbe.

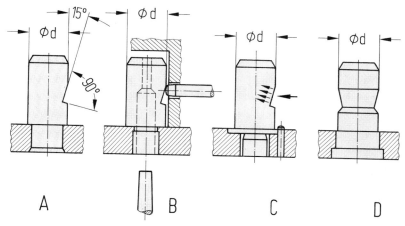

Bild 18.21 Befestigungsarten der Einspannzapfen (siehe dazu AWF 5901, DIN 9859)

**18.10.7 Werkzeugwerkstoffe**

Tabelle 18.9 Stahlauswahl für Schneidstempel und Schnittplatten

| Zu trennender Werkstoff | | Werkstoff-Nr. | Einbau-härte in HRC |
|---|---|---|---|
| Materialart | Material-dicke in mm | | |
| Bleche und Bänder aus Stahl und Nichteisen-metall-legierungen | bis 4 | 1.2080, 1.2436 | 58 – 62 |
| | bis 6 | 1.2379, 1.2363, 1.2842 | 56 – 60 |
| | bis 12 | 1.2550 | 54 – 58 |
| | über 12 | 1.2767 | 48 – 52 |
| Trafo-, Dyna-mobleche und -bänder | bis 2 | 1.2379, 1.2436 | 60 – 63 |
| | bis 6 | 1.2379 | 58 – 62 |

Tabelle 18.9  (Fortsetzung)

| | | | |
|---|---|---|---|
| Bleche und Bänder aus austenitischen Stählen | bis 4 | 1.2379, 1.3343 | 60 — 64 |
| | bis 6 | 1.2379, 1.3343 | 58 — 62 |
| | bis 12 | 1.2550 | 54 — 58 |
| | über 12 | 1.2767 | 50 — 54 |
| Feinschneidwerkzeuge für Bleche und Bänder aus metallischen Werkstoffen | bis 4 | 1.2379, 1.3343 | 60 — 63 |
| | bis 6 | 1.2379, 1.3343 | 58 — 62 |
| | bis 12 | 1.2379, 1.3343 | 56 — 60 |
| Kunststoffe, Holz, Gummi, Leder, Textilien, Papier | | 1.2080, 1.2379, 1.2436, 1.2842 | 58 — 63 |
| | | 1.2550 | 54 — 58 |

## 18.11  Beispiel

Es sind 2 mm dicke Ronden mit 40 mm Durchmesser aus Werkstoff St 1303 mit $\tau_B = 240 \, \text{N/mm}^2$ auszustanzen.
Gesucht sind Kraft und Arbeit.

$$F = U \cdot s \cdot \tau_B = d \cdot \pi \cdot s \cdot \tau_B = 40 \, \text{mm} \cdot \pi \cdot 2 \, \text{mm} \cdot 240 \, \text{N/mm}^2 = 60\,288 \, \text{N}$$
$$F = 60,3 \, \text{kN}$$
$$W = F \cdot s \cdot x = 60,3 \, \text{kN} \cdot 0,002 \, \text{m} \cdot 0,6 = 0,072 \, \text{kN m} = 72 \, \text{N m}$$

Tabelle 18.10  Maschinen für den offenen Schneidvorgang

*1. Tafelscheren*

Sie haben die Aufgabe aus Tafelmaterial Streifen zu schneiden.
Damit beim Schneidvorgang ein gratfreier rechtwinkliger Schnitt entsteht, muß das Blech durch einen Niederhalter festgeklemmt werden. Außerdem muß die Bewegung von Untermesser zu Obermesser so abgestimmt sein, daß die Wirkungslinie der Scherkraft senkrecht verläuft. Dies erreicht man durch eine Schrägstellung oder durch eine Schwingbewegung (Ausschwenken um einen Drehpunkt) des Obermessers.

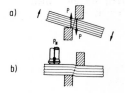

Prinzip des Schneidvorganges. a) ohne Niederhalter, b) mit Niederhalter

Die hier abgebildete Tafelschere arbeitet mit Schwingschnitt, d. h. der obere Messerbalken wird elektrohydraulisch um einen Drehpunkt geschwenkt.

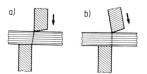

Wirkungslinie der Scherkraft beim Schneidvorgang. a) Parallelschnitt, b) Schräg- oder Schwingschnitt

Der Niederhalter ist mit hydraulisch gesteuerten Einzelstößeln, mit automatischer Anpassung an die Schnittkraft, versehen.

Hydraulische Tafelschere mit Schwingschnitt (Werkfoto Fa. Reinhardt, Sindelfingen)

### 2. Streifenscheren

Streifenscheren sind Scheren, die im kontinuierlichen Schnitt aus breiten Walzbändern, Bänder mit definierter Breite schneiden. Die kleinste Breite, die sich aus dem kleinsten Messerabstand ergibt, liegt bei 40 mm. Die maximale Blechdicke, die man mit Streifenscheren noch schneiden kann, beträgt ca. 6,5 mm. Die als Ringe ausgebildeten Werkzeuge sitzen auf den Messerwellen und werden durch Distanzhalter auf die zu schneidenden Streifenbreiten eingestellt. Die beiden parallel zueinander angeordneten Wellen werden von einem Motor über ein Vorgelege angetrieben. Die Drehrichtung der beiden Wellen ist gegenläufig.

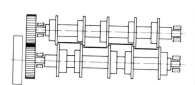

### 3. Kreis- und Kurvenscheren

Mit diesen Scheren kann man gekrümmte Linien schneiden. Sie werden deshalb zum Beschneiden von Blechformteilen und zur Herstellung von Ronden eingesetzt. Kreis- und Kurvenscheren bestehen in ihren Hauptelementen aus rotierenden Rundmessern. Damit diese Messer gekrümmten Umfangslinien folgen können, dürfen sie nur einen bestimmten Durchmesser haben.

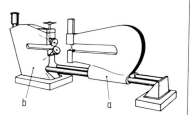

Kurvenschere mit Zentriereinrichtung. a) Zentrierbügel für Ronde, b) Kurvenschere

$$D \approx 120 \cdot s$$

$D$ in mm   Messerdurchmesser
$s$ in mm   Blechdicke

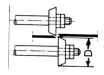

## 18.12  Testfragen zu Kapitel 18:

1. Wie unterteilt man die Schneidverfahren nach DIN 8588?
2. Beschreiben Sie den Ablauf des Schneidvorganges?
3. Warum ist an Blechscheren das bewegte Obermesser zur Tischfläche hin geneigt?
4. Warum muß bei einem Schnittwerkzeug der Einspannzapfen im Linienschwerpunkt der Schneidstempel sein?
5. Was versteht man unter den Begriffen Schneidspalt, Steg- und Randbreite?
6. Wie unterteilt man die Schneidewerkzeuge?
7. Was ist ein Folgeschnitt und für welche Stanzteile benötigt man ihn?
8. Wie funktioniert ein Gesamtschnittwerkzeug?
9. Was ist ein Seitenschneider und welche Aufgabe hat er?
10. Warum ist ein ausgesparter Seitenschneider besser als ein Vollseitenschneider?
11. Was ist bei der Streifenführung zu beachten?
12. Warum darf der Schneidestempel nicht zu lang sein?
13. Wozu benötigt man eine Tafelschere
                    eine Streifenschere
                    eine Kreisschere?

# 19. Feinschneiden (Genauschneiden)

## 19.1 Definition

Feinschneiden ist ein Schneidverfahren, mit dem Werkstücke mit völlig glatter, abrißfreier Schnittfläche bei höchster Maßgenauigkeit erzeugt werden.

## 19.2 Einsatzgebiete

Ein typisches Einsatzgebiet ist die Herstellung von Zahnrädern mit Modulen von 0,2 bis 10 mm und Blechdicken von 1 bis 10 mm. Aber auch Zahnstangen und andere Genauteile wie z. B. Sperrhebel für Kfz-Türen werden ohne Nacharbeit im Feinstanzverfahren hergestellt (Bild 19.1).

Bild 19.1 Feinschnitteil und Feinschnittfläche (Werkfoto Fa. Feintool AG, Lyss/Schweiz)

## 19.3 Ablauf des Schneidvorganges

Beim Feinschneiden wird der Werkstoff:

1. vor dem Schneidvorgang
   durch ein mit einer Ringzacke versehenes Werkzeugelement (Bild 19.2) fest gegen die Schnittplatte gedrückt.

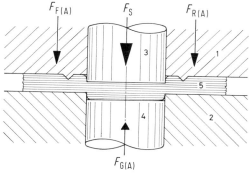

Bild 19.2 Prinzip des Feinstanzens.
$F_s$ Schneidkraft, $F_G$ Gegenhaltekraft, $F_R$ Ringzackenkraft, $F_{G(A)}$ Auswerferkraft, $F_{R(A)}$ Abstreiferkraft (Werkfoto Fa. Feintool AG, Lyss/Schweiz)

2. während des Schneidvorganges
   wird das auszuschneidende Werkstück in der Schnittebene durch einen Gegenstempel (Bild 19.2) mit der Kraft $F_G$ von unten gespannt.
   In diesem gespannten Zustand wird der Schneidvorgang ausgeführt.
3. nach dem Schneidvorgang
3.1 wirkt das Ringzackenelement als Abstreifer, der das Stanzgitter vom Stempel abstreift.
3.2 wirkt der Gegenstempel als Auswerfer, der das ausgeschnittene Teil von unten nach oben auswirft.
   Wie man an dem Arbeitsablauf erkennt, sind zum Feinschneiden Spezialpressen (dreifachwirkende Stanzautomaten) erforderlich.

## 19.4 Aufbau des Feinstanzwerkzeuges

Den schematischen Aufbau eines Feinstanzwerkzeuges zeigt Bild 19.3.
Die Besonderheit an diesem Werkzeug ist die Ringzackenplatte, die vom äußeren Stößel der Presse mit dem Gestelloberteil bewegt wird. Der Schneidstempel wird, getrennt von der Bewegung der Ringzackenplatte, vom inneren Stößel der Presse betätigt.
Der Gegenhaltestempel wird vom Auswerfer der dreifachwirkenden Presse betätigt.

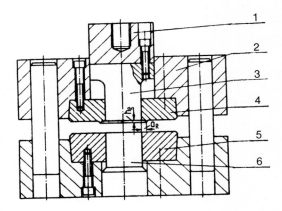

Bild 19.3 Hauptelemente eines Feinschneidwerkzeuges. 1 Stempelkopf, 2 Gestelloberteil, 3 Schneidstempel, 4 Ringzackenplatte, 5 Schneidplatte, 6 Gegenstempel

## 19.5 Schneidspalt

Außer der Ringzacke ist der kleine Schneidspalt ein besonderes Merkmal des Feinschneidwerkzeuges. Er bewirkt die glatten Schnittflächen. Seine Größe ist abhängig von der Blechdicke und dem Verhältnis von Stempeldurchmesser und Blechdicke.

Tabelle 19.1 Schneidspalt $u$ in Abhängigkeit von der Blechdicke $s$ und dem Stempeldurchmesser-Blechdicken-Verhältnis $d/s$

| $s$ in mm | 1 | 2 | 3 | 4 | 5 | 8 |
|---|---|---|---|---|---|---|
| $u$ in mm<br>für $q = 0{,}7$ | 0,012 | 0,024 | 0,036 | 0,048 | 0,06 | 0,095 |
| $u$ in mm<br>für $q = 1{,}0$ | 0,01 | 0,02 | 0,03 | 0,04 | 0,05 | 0,08 |
| $u$ in mm<br>für $q = 1{,}2$ | 0,005 | 0,01 | 0,015 | 0,02 | 0,025 | 0,04 |

$q = \dfrac{d}{s}$, $\quad$ $d$ in mm Stempeldurchmesser, $\quad$ $s$ in mm Blechdicke

## 19.6 Kräfte beim Feinschneiden

*Schnittkraft*

$$F_s = U \cdot s \cdot \tau_B$$

| | |
|---|---|
| $F_s$ in N | Schnittkraft |
| $U$ in mm | Umfang des Schneidstempels |
| $s$ in mm | Blechdicke |
| $\tau_B$ in N/mm² | Scherfestigkeit (siehe Tab. 18.2 Kap. 18.5). |

*Ringzackenkraft (Bild 19.4)*

$$F_R = 4 \cdot L \cdot h \cdot R_m$$

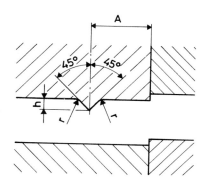

| | |
|---|---|
| $L$ in mm | Länge der Ringzacke |
| $h$ in mm | Ringzackenhöhe (Bild 19.4) |
| $R_m$ in N/mm² | Zugfestigkeit |
| $F_R$ in N | Ringzackenkraft |

Bild 19.4 Ausbildung der Ringzacke

Tabelle 19.2 Ringzackenhöhe $h$ in Abhängigkeit von der Blechdicke $s$

| $h$ in mm | 0,3 | 0,5 | 0,7 | 0,8 | 1,0 |
|---|---|---|---|---|---|
| $s$ in mm | 1–2 | 2,1–3 | 3,1–6 | 6,1–9 | 9,1–11 |

*Gegenkraft*

$$F_G = A \cdot p$$

$p = 20\,\text{N/mm}^2$ bis $70\,\text{N/mm}^2$
$p = 20$ bei kleinflächigen
dünnen Teilen!

$F_G$  in N       Gegenkraft
$A$    in mm$^2$   Fläche des Feinschnitteiles
                  (Draufsicht des auszuschnei-
                  denden Teiles)
$p$    in N/mm$^2$ Spezifischer Anpreßdruck.

*Abstreifkraft bzw. Auswerfkraft*

$$F_A = 0{,}12 \cdot F_s$$

$F_A$ in N       Abstreifkraft/Auswerfkraft

Die Ringzackenplatte streift das Stanzgitter vom Schneidstempel ab (Abstreifkraft), und der Gegenstempel stößt das Teil aus der Schnittplatte aus (Auswerfkraft).

## 19.7 Feinstanzmaschinen

Feinstanzmaschinen sind dreifachwirkende Pressen. Die im Bild 19.5 gezeigte Feinstanzpresse der Fa. Feintool ist eine hydraulische Presse mit senkrecht von unten nach oben arbeitendem Stößel.
Der Drucköstromerzeuger ist eine Axialkolbenpumpe. Das Drucköl wird über elektronisch gesteuerte Weg- und Druckventile in den Arbeitszylinder gefördert. Für die Eilschließbewegung wird das Öl aus einem Akkumulator in die Schnellschließkolben gefördert. Dabei saugt der Hauptarbeitszylinder Öl aus dem Tank nach. Für den nachfolgenden Arbeitshub im Schnittwegbereich fließt das Drucköl direkt in den Arbeitszylinder.
In der oberen Einstellung läuft der Stößel gegen einen Festanschlag. Danach werden Hauptkolben und Schnellschließkolben entlastet und auf Eilrücklauf umgeschaltet. Auch die Ringzackenkraft und die Gegenhaltekraft werden hydraulisch aufgebracht. Beide Kräfte wirken sowohl in der Kraftgröße als auch in der zeitlichen Folge unabhängig voneinander. Beide müssen zusätzlich zur eigentlichen Schnittkraft vom Hauptstößel aufgebracht werden.
Eine mechanisch, über ein Hebelsystem angetriebene und mit einer CNC-Steuerung ausgerüstete Feinstanzpresse zeigt Bild 19.6.

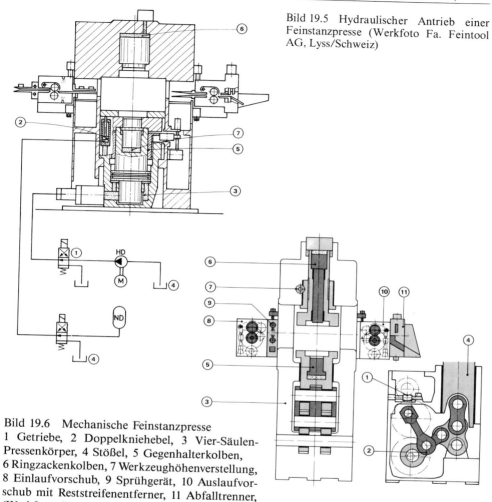

Bild 19.6 Mechanische Feinstanzpresse
1 Getriebe, 2 Doppelkniehebel, 3 Vier-Säulen-Pressenkörper, 4 Stößel, 5 Gegenhalterkolben, 6 Ringzackenkolben, 7 Werkzeughöhenverstellung, 8 Einlaufvorschub, 9 Sprühgerät, 10 Auslaufvorschub mit Reststreifenentferner, 11 Abfalltrenner, (Werkfoto, Fa. Feintool AG, Lyss/Schweiz)

## 19.8 Testfragen zu Kapitel 19:

1. Was versteht man unter Feinschneiden?
2. Wofür wird dieses Verfahren eingesetzt?
3. Erklären Sie den Ablauf des Schneidvorganges beim Feinschneiden!
4. Wie ist ein Feinschneidwerkzeug aufgebaut?
5. Von welchen Größen ist die Wahl des Schneidspaltes abhängig?
6. Was ist die Besonderheit bei Feinstanzpreßmaschinen?

# Teil II: Preßmaschinen

# 20. Unterteilung der Preßmaschinen

Die Preßmaschinen unterteilt man nach ihren charakteristischen Kenngrößen in arbeit-, kraft- oder weggebundene Maschinen.

## 20.1 Arbeitgebundene Maschinen

Hämmer und Spindelpressen sind Maschinen, bei denen das Arbeitsvermögen die kennzeichnende Größe ist. Beim Hammer ergibt sich das Arbeitsvermögen aus der Bärmasse und der Fallhöhe des Bären. Bei den Spindelpressen ist das Arbeitsvermögen in den rotierenden Massen (hauptsächlich im Schwungrad) gespeichert und damit von der Winkelgeschwindigkeit und dem Massenträgheitsmoment abhängig.
Beide Maschinenarten haben gemeinsam, daß man das Arbeitsvermögen beeinflussen bzw. einstellen kann.
Dagegen ist die Kraft nicht unmittelbar einstellbar. Sie ist abhängig von der Art des Werkstückes und dem Verformungsweg.

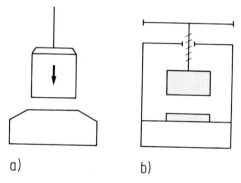

a)     b)

Bild 20.1 Prinzip der arbeitgebundenen Maschinen. a) Fallhammer, b) Spindelpresse

## 20.2 Weggebundene Maschinen

Dazu gehören die Kurbel- und Kniehebelpressen. Bei diesen Maschinen ist die Umformung dann beendet, wenn der Stößel seine untere Stellung (unterer Totpunkt – UT) erreicht hat. Die kennzeichnende Größe ist also die Wegbegrenzung, die durch den Kurbelradius $r$ bei Kurbelpressen und durch das Hebelverhältnis bei Kniehebelpressen (Bild 20.2) gegeben ist.
Während bei den Kurbelpressen die Nennpreßkraft der Maschine bei einem Kurbelwinkel von 30° vor UT bis UT zur Verfügung steht, ist die Nennpreßkraft bei einer Kniehebelpresse (abhängig vom Hebelverhältnis) nur in einem Bereich von 3 bis 4 mm vor UT vorhanden.

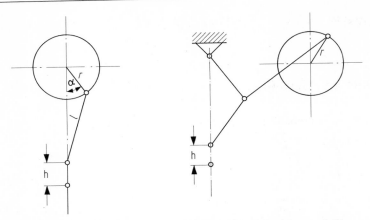

Bild 20.2 Antriebsschema der weggebundenen Maschinen. a) Kurbelpresse, b) Kniehebelpresse

## 20.3  Kraftgebundene Maschinen

Hydraulische Pressen sind kraftgebundene Maschinen, weil man bei ihnen nur die Kraft (über den Arbeitsdruck) einstellen kann.
Da die Umformkräfte in gewissen Grenzen schwanken (Unterschiede der Werkstofffestigkeit, Toleranz in den Rohlingen, Schmierung und Zustand der Werkzeuge), kann ein maßgenaues Teil in einer hydraulischen Presse nur dann erreicht werden, wenn der Verformungsweg begrenzt wird. Die Begrenzung kann in der Maschine durch Festanschläge oder auch im Werkzeug erfolgen.
Eine solche Wegbegrenzung ist auch bei den arbeitgebundenen Maschinen erforderlich.

## 20.4  Testfrage zu Kapitel 20:

Wie unterteilt man die Preßmaschinen?

# 21. Hämmer

## 21.1 Ständer und Gestelle

Die wichtigsten Ständerausführungen der Hämmer zeigt Bild 21.1.

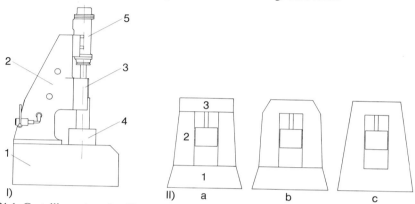

Bild 21.1 Gestellbauarten der Hammergestelle. I) Einständergestell, 1 Schabotte, 2 Ständer, 3 Führung, 4 Bär, 5 Luftzylinder; II) Ausführungsformen der Zweiständergestelle, a) Schabotte 1, Seitenständer 2 und Kopfstück 3, getrennte Teile, b) Seitenständer und Kopfstück aus einem Stück, c) Schabotte, Seitenständer und Kopfstück aus einem Stück

## 21.2 Unterteilung der Hämmer

Nach der Ausführung des Antriebes unterteilt man die Hämmer in:

Fallhämmer
Oberdruckhämmer
Gegenschlaghämmer.

Bei den Fallhämmern fällt der Bär durch freien Fall. Die Schlagenergie ergibt sich aus der Masse des Bären und der Fallhöhe. Als Huborgane zum Heben des Bären verwendet man Riemen, Ketten oder die Kolbenstange bei den hydraulischen Antrieben.
In der Gegenwart werden aus wirtschaftlichen Gründen überwiegend hydraulische Huborgane eingesetzt.

$$W = m \cdot g \cdot H$$

Bei den Oberdruckhämmern wird zusätzlich zur Fallenergie noch ein Druckmedium (Luft oder Drucköl) eingesetzt, um den Bär zusätzlich zu beschleunigen. Dadurch erreicht man größere Bär-Auftreffgeschwindigkeiten und dadurch eine erhöhte Schlagenergie.

$$W = \frac{m}{2} \cdot v^2$$

Tabelle 21.1 Einteilung der Hämmer

| Elemente und Kenngrößen | Schabottenhämmer | | | | Hämmer ohne Schabotte | |
| --- | --- | --- | --- | --- | --- | --- |
| | Fallhämmer | | hydraulischer- | Oberdruck-Hämmer | Gegenschlaghämmer | |
| | Riemen- | Ketten- | | | Bandkoppelung | hydr. Koppelung |
| Huborgan | Riemen | Kette | Kolbenstange | Kolbenstange | Differentialkolben | |
| Druckorgan | – | – | – | Kolben | Kolben | |
| Energie für Arbeitsbewegung | freier Fall | | | Luft Drucköl | Luft Drucköl | Drucköl |
| max. Fallhöhe in m | 2 | 1,3 | 1,3 | 1,3 | – | – |
| Bär-Beschleunigung $a$ (m/s) | $a < g$ | | | $a > g$ | $a > g$ | |
| Auftreffgeschwindigkeit $v_A$ (m/s) | ca. 5 | | | 6 | 6–8 | 8–14 |
| Arbeitsvermögen $W = m \cdot v^2/2$ | $m \cdot g \cdot h$ | | | $m \cdot g \cdot H + P \cdot 10^{-1} \cdot A \cdot H$ | $\dfrac{(m_1 + m_2)}{2} \cdot v^2$ | |
| max. Arbeitsvermögen $W$ (kN m) | 80 | 100 | 160 | 200 | 1000 | 1000 |

Um die gleiche Schlagenergie wie bei einem Fallhammer zur Verfügung zu haben, benötigt man bei Oberdruckhämmern

kleinere Hubhöhen
kleinere Bärmassen.

Dadurch gelangt man zu größeren Schlagzahlen pro Zeiteinheit und zu einer wirtschaftlicheren Fertigung im Schmiedebetrieb.
Gegenschlaghämmer sind, aus der Sicht des Antriebes gesehen, Oberdruckhämmer ohne zusätzliche Fallenergie. Es ist nur der obere Bär angetrieben. Der untere Bär erhält seinen Antrieb indirekt durch eine mechanische Koppelung mittels Stahlband oder durch eine hydraulische Koppelung.
In der Gegenwart werden nur noch Hämmer mit hydraulischer Koppelung gebaut.
Die Tabelle 21.1 (vorhergehende Seite) zeigt die Einteilung der Hämmer.

## 21.3 Konstruktiver Aufbau

### 21.3.1 Fallhämmer (Bild 21.2)

$$W = m \cdot g \cdot H \cdot \eta_F$$

(potentielle Energie)

$W$ in Nm  Schlagenergie
$W_N$ in Nm  Nutzarbeit
$m$ in kg  Masse des Bären
$H$ in m  Fallhöhe
$v$ in m/s  Bärauftreffgeschwindigkeit
$g$ in m/s² Fallbeschleunigung
$\eta_F$ —  Fallwirkungsgrad
$\eta_S$ —  Schlagwirkungsgrad
  ($\eta_S = 0{,}5 - 0{,}8$).

$$W = \frac{m \cdot v^2}{2}$$

(kinetische Energie)

$$W_N = \eta_S \cdot W$$

$$v = \sqrt{2 \cdot g \cdot H}$$

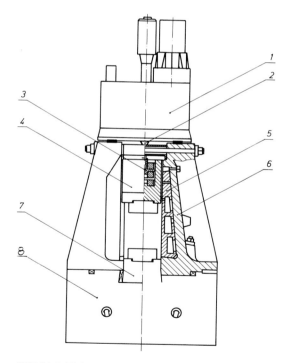

Bild 21.2 Elektro-ölhydraulischer Fallhammer.
1 hydraulischer Antrieb, 2 Kolbenstangenführung, 3 Bärschloß, 4 Bär, 5 Führungen, 6 Ständer, 7 Amboßeinsatz, 8 Schabotte (Werkfoto Fa. Lasco Umformtechnik, Coburg)

Der im Bild 21.2 gezeigte hydraulische Fallhammer hat ein dreiteiliges Gestell. Die verwendeten Werkstoffe sind:

a) Schabotte und Seitenständer: Grauguß mit Stahlzusatz.
Dieser Spezialguß hat ein besseres Dämpfungsvermögen und ein homogeneres Gefüge als Stahlguß.

b) Bär: hochlegierter, vergüteter Elektrostahlguß oder Vergütungsstahl.

c) Führungen: gehärtete und geschliffene Stahl-Prismenführungen.

Die Führungen sind als nachstellbare Prismenführungen (Bild 21.3) ausgeführt. Die Führungsleisten sind auf der Rückseite konisch ausgebildet. Die Spieleinstellung erfolgt: bei Bild 21.3a durch vertikale Verschiebung der Führungsleiste mittels Blechbeilagen, bei Bild 21.3b durch Verschieben des Längskeiles. Bei einem Anzugskeil von 1:10 ergibt sich bei einer vertikalen Verschiebung von 1 mm eine Nachstellung der Leiste in horizontaler Richtung von 0,1 mm.

Im Hammerkopf ist die Hydraulik (Bild 21.4) untergebracht. Die Kolbenstange ist beim Heben des Bären nur auf Zug belastet. Deshalb kann ihr Querschnitt klein bemessen werden. Die Knicklast, die durch die Verzögerungskräfte beim Aufschlag des Bären in der Kolbenstange entsteht, wird durch ein elastisches Bärschloß (Bild 21.5) gedämpft. Ein Ausknicken der Kolbenstange wird durch eine besonders lange Führung mit patentiertem Kugelverschluß verhindert.

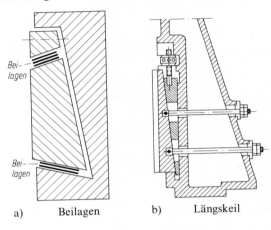

a)        Beilagen        b)        Längskeil

Bild 21.3 Bärführungen. a) Längsverstellung durch Beilagen, b) Längsverstellung durch Stellkeil

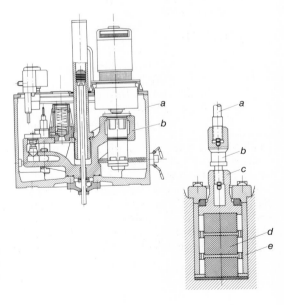

Bild 21.4 (oben) Hammerkopf mit vollständigem Hydraulikantrieb. a) Hammerkopf, b) Hydraulikantrieb (Werkfoto Fa. Lasco Umformtechnik, Coburg)

Bild 21.5 (rechts) Bärschloß mit Gummi-Metallfeder. a) Kolbenstange, b) Zwischenstück, c) Flansch, d) Gummi-Metallfeder, e) Bär

Die Schlagwirkung bei den Schabottehämmern ist vom Verhältnis

$$\frac{\text{Schlagenergie}}{\text{Masse der Schabotte}}$$

abhängig. Moderne Hämmer haben Werte von $Q = 1{,}0 - 1{,}2$

$$Q = \frac{W\,(\text{N m})}{m_s\,(\text{kg})}$$

Aus diesem Wert ergibt sich der Schlagwirkungsgrad eines Hammers. Früher verwendete man als Maß für die Schlagwirkung das Verhältnis von

$$\frac{\text{Masse der Schabotte (kg)}}{\text{Masse des Bären (kg)}} = \frac{10}{1} \text{ bis } \frac{20}{1}$$

Da bei kleinen Bärmassen aber auch die Schabottemassen relativ klein bleiben, ist dieses Massenverhältnis kein brauchbarer Wert zur Beurteilung der Schlagwirkung.

### 21.3.2 Oberdruckhämmer

Bei den Oberdruckhämmern (Bild 21.6) wird das Arbeitsvermögen des fallenden Bären zusätzlich durch ein Treibmittel (Dampf, Luft oder Drucköl) vergrößert.

$$W = m \cdot g \cdot H + p \cdot 10^{-1} \cdot A \cdot H$$

$$\boxed{W = H \cdot (m \cdot g + p \cdot 10^{-1} \cdot A)}$$

| | | |
|---|---|---|
| $W$ | in N m | Schlagarbeit |
| $m$ | in kg | Masse des Bären |
| $g$ | in m/s$^2$ | Fallbeschleunigung |
| $H$ | in m | Fallhöhe |
| $p$ | in bar | Arbeitsdruck |
| $A$ | in cm$^2$ | Kolbenfläche |
| $10^{-1}$ | | Umrechnung von bar in N/cm$^2$. |

Bei luftbetriebenen Hämmern arbeitet man mit Drücken von $p = 6 - 7$ bar.
Konstruktiv werden Oberdruckhämmer sowohl als Einständerhämmer nach DIN 55 150/151 als auch als Zweiständerhämmer nach DIN 15 157 gebaut. Vorteile der Zweiständerhämmer sind die bessere Führung des Bären und der in sich geschlossene steifere Ständer. Deshalb werden Einständerhämmer nur für Schmiedeteile mit geringeren Genauigkeitsforderungen eingesetzt.
Die mit Oberdruckhämmern erreichbaren Schlagarbeiten liegen bei max. 200 kN m und die maximalen Schlagzahlen bei 200 pro Minute.

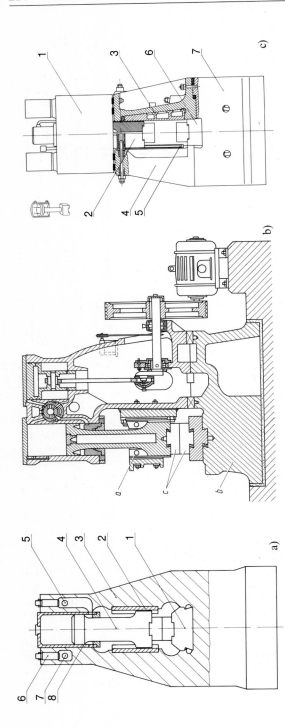

Bild 21.6
Ausführungsformen der Oberdruckhämmer. a) Zweiständer Oberdruckhammer mit pneumatischem oder
hydraulischem Antrieb (Prinzip Ban-
ning), 1 Schabotteneinsatz, 2 Bärführung, 3 Hammerkörper, 4 Hammer-
bär, 5 Treibmittelzufuhr, 6 Steuerven-
til, 7 Treibmittelauslaß, 8 Zylinder-
buchse

b) Einständer Luftgesenkhammer (Prinzip Bechè und
Grohs). a zusätzliche Bärführung, b Schabotte, c Gesenke

c) Hydraulischer Zweiständer-Oberdruck-
hammer (Prinzip Lasco Umformtechnik).
1 Hydraulikantrieb, 2 Bär, 3 geteilte, nachstellbare Führung, 4 Ständer, 5 Stahl-
führungsleiste, 6 Schabotteneinsatz, 7
Schabotte

### 21.3.3 Gegenschlaghämmer

Gegenschlaghämmer haben zwei Bären, die gegeneinander schlagen. Dadurch heben sich die Kräfte im Gestell weitestgehend auf. Deshalb benötigen diese Hämmer kein bzw. nur ein kleines Fundament.

Im Vergleich zu den Schabottehämmern beträgt die Baumasse eines Gegenschlaghammers bei gleichem Arbeitsvermögen nur ein Drittel. Aus der Sicht des Antriebes ist der Gegenschlaghammer ein Oberdruckhammer, bei dem der obere Bär angetrieben wird.

Der Unterbär erhält seine Bewegung durch eine mechanische (Stahlbänder – Bild 21.7) oder hydraulische Koppelung (Bild 21.8) mit dem Oberbären.

Hämmer mit mechanischer Koppelung (Bild 21.7) werden heute nicht mehr gebaut.

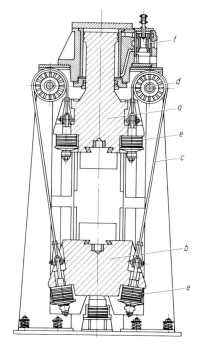

Bild 21.7 Gegenschlaghammer (Bechè und Grohs) mit Stahlbandkoppelung. a) Oberbär mit Kolbenstange, b) Unterbär, c) Stahlbänder, d) Umlenkrollen, e) Gummipuffer, f) Steuerschieber

Der Gegenschlaghammer (Bild 21.8a) – System Bechè & Grohs wird sowohl mit pneumatischem als auch mit hydraulischem Antrieb gebaut. Ober- und Unterbär sind bei diesem Hammer über eine hydraulische Kupplung miteinander verbunden. Sie besteht im wesentlichen aus zwei am Oberbär angreifenden Kupplungskolben, die bei Schlaghub über eine Ölsäule den am Unterbär angreifenden Kupplungskolben (Bild 21.8 a$_1$) beaufschlagen. Die Kolben sind direkt, ohne elastische Zwischenglieder, an den Bären angelenkt. Wegen der einfachen konstruktiven Auslegung ist das System wartungsarm. Der Kupplungszylinder unter dem Unterbär ist mit einer hydraulischen Bremse versehen. Beim Rückhub wird der Unterbär vor Erreichen der Endlage abgebremst und weich von den Aufschlagpuffern abgefangen. Deshalb treten nur geringe Störkräfte auf, die vom Fundament aufgenommen werden müssen.

Bei dem Gegenschlaghammer Prinzi Lasco (Bild 21.8b) werden beide Bären mit gegenläufigen Bewegungsrichtungen angetrieben. Dabei wird der Oberbär wie bei einem normalen Oberdruckhammer beschleunigt. Die Beschleunigung des Unterbären erfolgt über vorgespannte Luftkissen. Da die Bären unterschiedliche Massen haben, sind auch die Bärhübe und die Bärgeschwindigkeiten unterschiedlich. Bei der Schlagauslösung wird der Kolben des Oberbären hydraulisch beaufschlagt. Gleichzeitig werden über das gleiche Ventil die Hydraulikzylinder über den Unterbären entlastet, und der Unterbär durch die Gasarbeit der unteren gespannten Luftkissen beschleunigt. Nach dem Aufeinandertreffen der Bären wird über das Hauptventil der Zylinder des Oberbären entlastet und durch den konstanten Rückzug der Oberbär in seine Ausgangslage gefahren. Die Kolben über dem Unterbären werden parallel hierzu über das gleiche Ventil beaufschlagt und der Unterbär ebenfalls in seine Ausgangsstellung gebracht. Dabei werden die Luftkissen unter dem Unterbären gespannt.

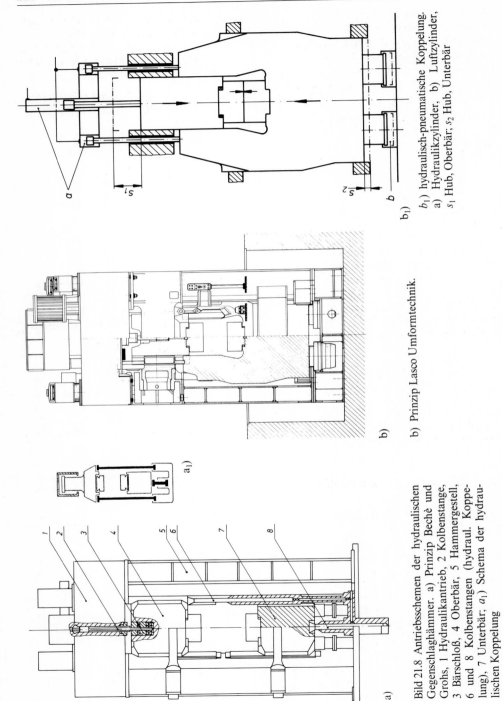

a)

$a_1$)

b)

$b_1$)

a

$s_1$

$s_2$

$b$

b) Prinzip Lasco Umformtechnik.

$b_1$) hydraulisch-pneumatische Koppelung.
a) Hydraulikzylinder, b) Luftzylinder,
$s_1$ Hub, Oberbär; $s_2$ Hub, Unterbär

Bild 21.8 Antriebsschemen der hydraulischen
Gegenschlaghämmer. a) Prinzip Bechè und
Grohs, 1 Hydraulikantrieb, 2 Kolbenstange,
3 Bärschloß, 4 Oberbär, 5 Hammergestell,
6 und 8 Kolbenstangen (hydraul. Koppelung), 7 Unterbär; $a_1$) Schema der hydraulischen Koppelung

Da der Antrieb der Bären über ein gemeinsames Ventil gesteuert wird, ist die Auf-treffebene – Schmiedeebene – genau fixiert. Der Unterbär macht einen Hub von ca. 120–150 mm. Durch seine kleinere Auftreffgeschwindigkeit von ca. 1,2 m/s bleiben auch flache und schwierige Schmiedestücke beim Schlag ruhig im Gesenk liegen. Die resultierende Auftreffgeschwindigkeit liegt bei ca. 6–8 m/s.

Maximale Bärauftreffgeschwindigkeiten liegen bei diesen Hämmern bei 8 bis 14 m/s. Die Schlagarbeit kann man aus der resultierenden Auftreffgeschwindigkeit der Bären und den Bärmassen bestimmen.

Schlagarbeit:

$$W = \frac{m \cdot v^2}{2} = \frac{(m_1 + m_2)\, v^2}{2}$$

| | | |
|---|---|---|
| $W$ | in Nm | Schlagarbeit |
| $m_1$ | in kg | Masse des Oberbären |
| $m_2$ | in kg | Masse des Unterbären |
| $v$ | in m/s | Endgeschwindigkeit vor dem Aufschlag. |

Damit sich der Gegenschlaghammer beim Stillstand selbst öffnet, macht man die Unterbärmasse etwa 5% größer als die Oberbärmasse. Daraus folgt bei Hämmern mit Bandkoppelung

$$W = \frac{2,05 \cdot m_1}{2} \cdot v^2$$

Die Baugrößen der Gegenschlaghämmer sind in DIN 55 158 mit Schlagarbeiten von 100 bis 1000 kN m festgelegt.

## 21.4 Einsatzgebiete der Hämmer

Die Zuordnung der Hammerarten zu bestimmten Gesenkschmiedeteilen zeigt die Tabelle 21.2

Tabelle 21.2 Einsatz der Hammerarten

| Hammerart | Anwendung |
|---|---|
| Fallhämmer | kleine bis mittlere Gesenkteile, z.B. Mutterschlüssel, Hebel, Kupplungsteile |
| Oberdruckhämmer (Doppelständer) Gegenschlaghämmer | mittlere bis große Gesenkteile, z.B. Nockenwellen, Flanschen schwere und schwerste Gesenkteile, z.B. große Kurbelwellen, schwer verformbare Hebel, große Kupplungsteile |

## 21.5  Beispiel

Gegeben:

Fallhöhe $H = 1,6$ m
Masse des Bären $m = 500$ kg
Fallwirkungsgrad $\eta_F = 0,7$
Schlagwirkungsgrad $\eta_s = 0,8$.

Gesucht: theoretische Bärauftreffgeschwindigkeit $v$, Nutzarbeit.

*Lösung:*

Bärauftreffgeschwindigkeit:

$$v = \sqrt{2 \cdot g \cdot H} = \sqrt{2 \cdot 9,81 \text{ m/s}^2 \cdot 1,6 \text{ m}} = \underline{5,6 \text{ m/s}}$$

Die tatsächliche Auftreffgeschwindigkeit ist wegen der Reibungsverluste in den Führungen kleiner.

$$v_{tat} = \eta_R \cdot v \qquad \eta_R = 0,8 - 0,9$$

Schlagenergie:

$$W = m \cdot g \cdot H \cdot \eta_F = 500 \text{ kg} \cdot 9,81 \text{ m/s}^2 \cdot 1,6 \text{ m} \cdot 0,7$$

$$W = 5493,6 \text{ N m} \cong \underline{5,5 \text{ kN m}}$$

Nutzarbeit:

$$W_N = \eta_s \cdot W = 0,8 \cdot 5,5 \text{ kN m} = \underline{4,4 \text{ kN m}}$$

Wenn man die tatsächliche Auftreffgeschwindigkeit kennt, kann man die Schlagenergie auch so bestimmen:

$$v_{tat} = \eta_R \cdot v = 0,84 \cdot 5,6 \text{ m/s} = 4,7 \text{ m/s}$$

$$\eta_R = 0,84 \text{ gewählt!}$$

$$W = \frac{m \cdot v^2}{2} = \frac{500 \text{ kg} \cdot 4,7 \text{ m}^2/\text{s}^2}{2 \cdot 10^3} = \underline{5,5 \text{ kN m}}$$

## 21.6.  Testfragen zu Kapitel 21:

1. Welche Gestellbauformen gibt es bei Hämmern?
2. Wie unterteilt man die Hämmer?
3. Welche Vorteile haben Oberdruckhämmer gegenüber Fallhämmern?
4. Wann setzt man Gegenschlaghämmer ein?

# 22. Spindelpressen

Spindelpressen sind mechanische Pressen, bei denen der Stößel durch eine Gewindespindel (meist 3-gängig) auf und ab bewegt wird. Sie zählen zu den arbeitgebundenen Maschinen, weil man an ihnen nur das Arbeitsvermögen unmittelbar einstellen kann. Das im Schwungrad gespeicherte Arbeitsvermögen ergibt sich aus der Abmessung und der Drehzahl des Schwungrades.

$$W = \frac{\omega^2}{2} \cdot I_\mathrm{d} = \left( \frac{\pi \cdot n_\mathrm{s}}{30} \right)^2 \cdot \frac{I_\mathrm{d}}{2}$$

| | | |
|---|---|---|
| $W$ | in Nm | Arbeitsvermögen |
| $n_\mathrm{s}$ | in $\min^{-1}$ | Drehzahl des Schwungrades |
| $I_\mathrm{d}$ | in kg m$^2$ | Massenträgheitsmoment |
| 30 | in s/min | Umrechnung der Drehzahl von Minuten in Sekunden |
| $\omega$ | in $\mathrm{s}^{-1}$ | Winkelgeschwindigkeit. |

## 22.1 Konstruktive Ausführungsformen

In der konstruktiven Ausführung unterscheidet man:

1. *nach der Art wie das Schwungrad beschleunigt wird:*

   − Reibrad mit Zylinderscheibengetriebe
   − Hydraulischer Antrieb
   − direkter elektromotorischer Antrieb
   − Keilantrieb

2. *nach der Art wie der Stößel seine Vertikalbewegung erhält:*

   − Stößel bewegt sich mit Spindel und Schwungrad auf und ab
   − Spindel mit Schwungrad ortsfest gelagert. Es bewegt sich nur der als Mutter ausgebildete Stößel in vertikaler Richtung.
   Diese Ausführung bezeichnet man als Vincentbauart.

## 22.2 Wirkungsweise der einzelnen Bauformen

### 22.2.1 Mit Reibtrieb und axial beweglicher Spindel

Die mit konstanter Drehzahl drehenden Treibscheiben (Bild 22.1) können in Achsrichtung der Welle verschoben werden. Dadurch kann jeweils eine Treibscheibe durch ein Gestänge von Hand, elektropneumatisch, oder hydraulisch an das Schwungrad angedrückt werden. Durch den Reibschluß beschleunigt eine Treibscheibe das Schwungrad mit der Gewindespindel und den Stößel nach unten und die andere Treibscheibe, mit umgekehrter Drehrichtung, wieder nach oben.
Der Pressenständer aus Grauguß wird durch Zuganker aus Stahl (z. B. St 60) gesichert. Das Schwungrad aus Grauguß trägt am Umfang eine Chromlederbandage, die eine stoßfreie Energieübertragung ermöglicht. Für den Pressenstößel setzt man als Werkstoff überwiegend Stahlguß ein.

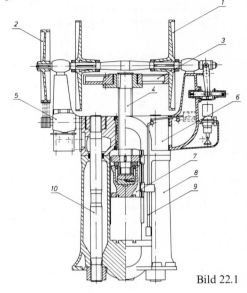

Bild 22.1

### 22.2.2 Mit Reibrad und ortsfester Spindel — Vincentpressen

Weil hier (Bild 22.2) die Spindel ortsfest gelagert ist, führt der Pressenstößel, der als Mutter ausgebildet ist, die Axialbewegung allein aus.
Bei dieser Vincentpresse laufen die Treibscheiben auf Wälzlagern und sind durch verschiebbar aneinander gekoppelte Rohre so miteinander verbunden (Bild 22.3), daß die Treibscheiben zwar in Drehrichtung gemeinsam wirken, aber jede Scheibe allein in seitlicher Richtung verschoben werden kann.
Damit der Spalt zwischen Treibscheibe und Schwungscheibe auch bei eintretendem Bandagenverschleiß optimal gehalten werden kann, lassen sich bei dieser Maschine die Treibscheiben durch eine Stellscheibe zusätzlich seitlich verschieben.
Ein zu großer Spalt zwischen Treibscheibe und Schwungscheibe würde

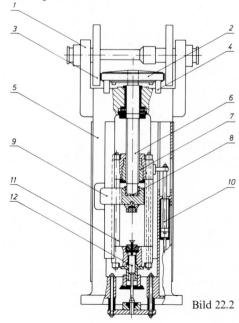

Bild 22.2

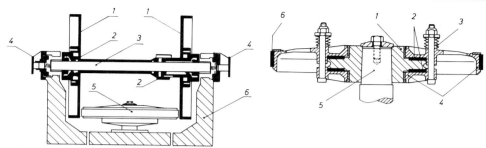

Bild 22.3 Zylinder-Reibscheibengetriebe einer Vincentpresse. 1 Treibscheiben, 2 Wälzlager, 3 feststehende Achse, 4 Nachstelleinrichtung, 5 Schwungrad, 6 Pressenkörper (Werkfoto Fa. Hasenclever, Düsseldorf)

Bild 22.4 Schnitt durch ein Schwungrad mit Rutschkupplung (Prinzip Hasenclever). 1 Festteil, 2 Reibbelag, 3 Federn, 4 Losteil, 5 Spindel, 6 Bandage

beim Einschalten der Maschine zu Schlägen führen.

Bei modernen Vincentpressen ist das Schwungrad (Bild 22.4) meist als Rutschrad ausgebildet. Es enthält eine federbelastete Rutschkupplung.

Da die auftretende Preßkraft dem Drehmoment proportional ist, kann durch eine optimale Einstellung des Rutschmomentes die maximale Preßkraft begrenzt werden (Überlastsicherung).

$$M = F \cdot r \cdot \tan(\alpha + \varrho)$$

$M$ in Nm    Drehmoment
$F$ in N     Preßkraft
$r$ in m     Flankenradius der Spindel
$\alpha$ in Grad  Steigungswinkel des Gewindes
$\varrho$ in Grad  Reibungswinkel (ca. 6° entspricht $\mu = 0{,}1$ bei St auf Bz).

Bei Prellschlägen läßt man bei Spindelpressen maximal $2 \cdot F_N$ ($F_N$ = Nennpreßkraft der Presse) zu.

Auf diesen Wert sind die Maschinenelemente (Ständer, Spindel usw.) ausgelegt.

Mit Rutschrad kann das Arbeitsvermögen etwa 2 mal so groß sein wie ohne Rutschrad, um diesen Grenzwert $2 F_N$ nicht zu überschreiten. Kurve 1 (Bild 22.5) zeigt das mögliche Energieangebot, um $2 F_N$ nicht zu überschreiten, bei einer Presse ohne Rutschrad (37%), und Kurve 2 für die gleiche Presse mit Rutschrad (100%).

Bild 22.1 (links oben) Spindelpresse mit 3-Scheiben-Zylindergetriebe (Prinzip Kießerling & Albrecht). 1 Treibscheibe, 2 Keilriemenscheibe, 3 Schwungscheibe, 4 Spindel, 5 Antriebsmotor, 6 Kopfstück, 7 Stößel, Pressenständer, 9 Schaltgestänge, 10 Zuganker

Bild 22.2 (links unten) Vincentpresse mit 3-Scheiben-Zylindergetriebe. 1 Druckluftzylinder zum Andrücken der Treibscheiben, 2 Schwungscheibe, 3 Treibscheibe, 4 elektropneumatische Bremse, 5 Pressenkörper, 6 Spindel, 7 Spindelmutter, 8 Spurpfanne, 9 Gegenlager für das Oberwerkzeug, 10 Gewichtsausgleich, 11 Stößel, 12 Auswerfer (Werkfoto Fa. Hasenclever, Düsseldorf)

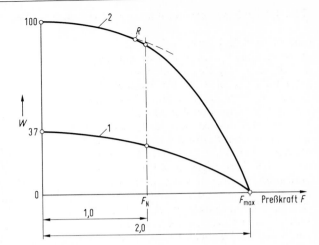

Bild 22.5 Maximale Preßkraft
$2F_N$ in Abhängigkeit von der
verfügbaren Umformenergie $W$.
Kurve 1: Maschine ohne Rutschrad ($W$ nur ca. ⅓ von Kurve 2)
Kurve 2: Maschine mit Rutschrad

### 22.2.3 Spindelpressen mit hydraulischem Antrieb

Bei der im Bild 22.6 gezeigten Maschine
ist das Schwungrad $Z$ als schrägver-
zahntes Zahnrad ausgebildet. In diese
Schrägverzahnung greifen die Ritzel $R$
aus Kunststoff (mindestens 2, max. 8),
die von hydraulischen Axialkolbenmo-
toren $M$ angetrieben werden, ein und
beschleunigen das Schwungrad auf die
gewünschte Drehzahl. Die Ölmotoren
sind ortsfest im Körper der Presse angebracht. Da sich das verzahnte Schwungrad mit der Spindel in der Größe des
Hubes auf und ab bewegt, gleiten die
Ritzel in der Verzahnung des Schwungrades in Längsrichtung der Zähne. Deshalb hat das Schwungrad eine Mindest-
dicke von

Pressenhub + Ritzelbreite.

Für den Rückhub wird die Drehrichtung der Ölmotoren umgekehrt. Das
Drucköl für die Ölmotoren (210 bar)
wird in einem Pumpenaggregat durch
Axialkolbenpumpen erzeugt und in einem hydraulischen Speicher für den
nächsten Hub bereitgestellt. Die Spindelmutter $SM$ ist ortsfest im Pressen-

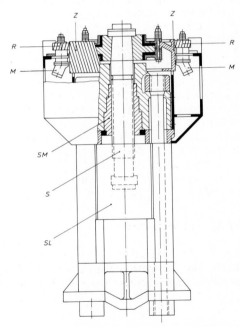

Bild 22.6 Spindelpresse mit hydraulischem
Antrieb. $Z$ Schwungrad, $R$ Ritzel, $M$ Axial-
kolbenmotoren, $SM$ Spindelmutter, $S$ Spindel, $SL$ Stößel (Werkfoto Fa. Hasenclever,
Düsseldorf)

körper angeordnet. Die Spindel $S$ ist mit dem verzahnten Schwungrad $Z$ fest verbunden. Im Stößel $SL$ ist sie drehbar gelagert. Auch bei dieser Maschine ist das
Schwungrad als Rutschrad ausgebildet.

### 22.2.4 Spindelpressen mit direktem elektromotorischen Antrieb

Die im Bild 22.7 gezeigte Spindelschlag-
presse (Vincentpresse) wird berührungslos durch einen Reversiermotor (Elektromotor, der in 2 Drehrichtungen gefahren werden kann) angetrieben. Bei
dieser Maschine sitzt der Rotor des Re-
versiermotors direkt auf der Gewindespindel und der Stator auf dem Pressenkörper. Das Drehmoment zum Beschleunigen des Schwungrades wird also berührungslos durch das Magnetfeld zwischen Rotor und Stator erzeugt. Durch
den unmittelbaren elektrischen Antrieb
gibt es keine Verschleißteile im An-
triebssystem. Da Schlupf- oder andere
mechanische Verluste, bis auf den elektrischen Schlupf und den Verlusten im
Gewindetrieb selbst, nicht auftreten, ist
der mechanische Wirkungsgrad dieser
Maschine sehr hoch ($\eta_M = 0,7 - 0,8$).
Das Arbeitsvermögen kann über die
Rotordrehzahl exakt gesteuert werden.
Der Maschinenkörper wird bis zu einer
Nennpreßkraft von 3150 kN in Platten-
Schweißkonstruktion aus Feinkornstahl
in einem Stück hergestellt. Bei den
größeren Pressen bis zu einer Nennpreßkraft von 23 000 kN wird der Pressenkörper geteilt und durch 2 hydraulisch eingezogene vorgespannte Stahl-
zuganker zusammengehalten.

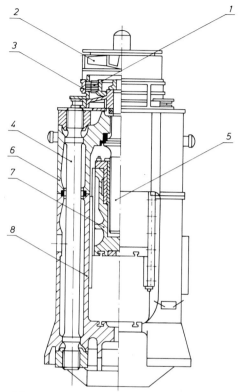

Bild 22.7 Spindelpresse mit direktem elektro-
motorischem Antrieb. 1 Läufer = Schwungrad, 2 Lüfterrad, 3 Stator, 4 Zuganker,
5 Spindel, 6 Ständer, 7 Stößel, 8 Stößelführung. (Werkfoto Fa. Müller-Weingarten,
Weingarten)

### 22.2.5 Spindelkeilpressen

Bei der Spindelkeilpresse (Bild 22.8) wird der Pressenstößel von einem Keil abge-
stützt. Das Keilgetriebe wirkt wie ein Untersetzungsgetriebe. Die Spindelachse liegt
parallel zur Hypotenuse des Keiles. Bei einem Keilwinkel von ca. 24° (entspricht
einem Verhältnis $h/l = 1/2,25$) ergeben sich um den Faktor 0,4 kleinere Torsions-
momente und Zugkräfte in der Spindel.

$$\sin \alpha = \frac{F_{sp}}{F_{Pr}} \qquad F_{sp} = 0,4 \, F_{Pr}.$$

$$\boxed{F_{sp} = \sin \alpha \cdot F_{Pr}}$$

$F_{sp}$ in kN  Axialkraft in der Spindel
$F_{Pr}$ in kN  Preßkraft am Stößel
$\alpha$  in Grad  Keilwinkel.

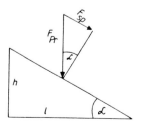

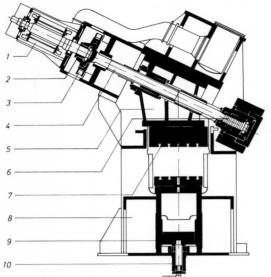

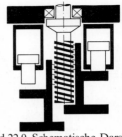

Bild 22.9 Schematische Darstellung einer Bremsschubeinheit der Spindelkeilpresse

Bild 22.8 Spindelkeilpresse.
1 Antriebsmotor, 2 Schwungrad mit Rutschkupplung, 3 Bremse, 4 Spindel, 5 Keil in Dachform, 6 Spindelkammerlager, 7 Pressenstößel, 8 Pressengestell, 9 Auswerfertisch für außermittiges Auswerfen, 10 hydraulischer Auswerfer. (Werkfoto Lasco Umformtechnik, Coburg)

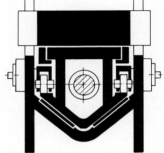

Bild 22.10 Konstruktive Ausbildung des Keiles der Spindelkeilpresse

Für den direkten Antrieb (Motor-Spindel) wirkt sich die höhere Spindeldrehzahl besonders günstig aus, weil

1. der Elektromotor mit weniger Polpaaren auskommt und somit kleiner dimensioniert werden kann.
2. das Schwungrad kleiner dimensioniert werden kann, weil die Drehzahl des Schwungrades quadratisch in die Berechnung des Arbeitsvermögens eingeht.

Das Bremssystem dieser Maschine ist so ausgelegt, daß beim Bremsen die Bremsenergie durch Schubkolben (Bild 22.9) gespeichert wird und zum Anfahren beim Arbeitshub als Nutzenergie wieder zur Vefügung steht. Dadurch wird die Stromspitze beim Anfahren reduziert.
Bei der Backenbremse, die am Umfang des Schwungrades angeordnet ist, wird die Schließkraft mechanisch durch Federn und die Öffnungskraft pneumatisch durch Kolben erzeugt.
Der dachförmige Keil (Bild 22.10) stützt sich oben am Kopf des Pressengestells ab.
Wegen der dachförmigen Ausbildung der Keiloberseite kann der Stößel außermittig belastet werden, ohne daß dabei im Keil ein Drehmoment auftritt. Durch diese Keilabstützung treten auch in der Stößelführung keine Kippkräfte auf. Deshalb ist hier nur eine Führung für die horizontale Lage erforderlich.
Die Maschine kann mit einer Programmsteuerung ausgerüstet werden, mit der die Energie (durch Einstellung der Spindeldrehzahl) für jeden Preßhub (bis zu 4 verschiedenen Stufen) dosiert und damit an die Erfordernisse des Werkstückes angepaßt werden kann.

Tabelle 22.1  Unterteilung der Spindelpressen

| | Spindelpressen mit axial beweglicher Spindel | | | Spindelpressen mit ortsfester Spindel (Vincentpressen) | | | |
| --- | --- | --- | --- | --- | --- | --- | --- |
| | Dreischeiben-Spindelpresse | Vierscheiben-Spindelpresse | Spindelpresse mit hydraul. Antrieb | Dreischeiben-Spindelpresse | Kegelscheiben-Spindelpresse | Spindelpresse m. direkt. elektrom. Antrieb | Spindelkeilpresse |
| | | | | | | | |
| Kraftübertragung | Reibtrieb | Reibtrieb | Ritzel | Reibtrieb | Reibtrieb | direkt | Keil |
| max. Arbeitsvermögen (kNm) | 800 | wird nicht mehr gebaut | 7 500 | 800 | wird nicht mehr gebaut | 7 000 | 800 |
| Nennpreßkraft (max.) (kN) | 31 500 | | 140 000 | 20 000 | | 125 000 | 31 500 |
| Prellschlagkraft (max.) (kN) | 63 000 | | 300 000 | 40 000 | | 250 000 | 63 000 |
| Auftreffgeschwindigkeit $v$ in m/s   0,7 bis 1 m/s | | | | | | | |
| Arbeitsvermögen (kNm) | $W = \dfrac{\omega^2 \cdot I_d}{2} = \left(\dfrac{\pi \cdot n_s}{30}\right)^2 \cdot \dfrac{I_d}{2}$ | | | | | | |
| erforderliche Drehzahl $n_s$ für $W_1$ ($n_s$ in min$^{-1}$) | $n_s = \sqrt{\dfrac{182 \cdot W_1}{I_d}}$        $W_1$ = zur Umformung erforderliches Arbeitsvermögen | | | | | | |

## 22.3 Berechnung der Kenngrößen für Spindelpressen

### 22.3.1 Arbeitsvermögen

$$W = \frac{\omega^2}{2} \cdot I_d = \left(\frac{\pi \cdot n_s}{30}\right)^2 \cdot \frac{I_d}{2}$$

Gl. 1

| | | |
|---|---|---|
| $W$ | in N m | Arbeitsvermögen (in Schwungrad gespeichert) |
| $n_s$ | in min$^{-1}$ | Drehzahl des Schwungrades |
| $I_d$ | in kg m$^2$ | Massenträgheitsmoment |
| 30 | in s/min | Umrechnungszahl der Drehzahl von Minuten in Sekunden |
| $\omega$ | in s$^{-1}$ | Winkelgeschwindigkeit. |

### 22.3.2 Massenträgheitsmoment

Das Massenträgheitsmoment setzt sich bei den häufigsten Schwungradformen (Bild 22.11) aus mehreren Elementen zusammen.

$$I_{d_{ges}} = I_{d_{Kranz}} + I_{d_{Steg}} + I_{d_{Nabe}}$$

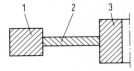

Bild 22.11
Aus 3 Hohlzylindern
zusammengesetztes
Schwungrad

Für einen Vollzylinder läßt sich das Massenträgheitsmoment wie folgt bestimmen:

$$I_d = \frac{m}{2} \cdot r^2$$

| | | |
|---|---|---|
| $I_d$ | in kg m$^2$ | Massenträgheitsmoment |
| $r$ | in m | Radius des Vollzylinders |
| $m$ | in kg | Masse des Zylinders |
| $\varrho$ | in kg/m$^3$ | Dichte |
| $h$ | in m | Höhe bzw. Länge des Zylinders. |

Die Masse $m$ ist:

$$m = r^2 \cdot \pi \cdot h \cdot \varrho$$

Für den Werkstoff Gußeisen, der für Schwungräder überwiegend eingesetzt wird, kann man den Ausdruck $\varrho \cdot \pi/2$ zu einer Konstanten $z$ zusammenfassen.

$$z = \frac{\varrho \cdot \pi}{2} = \frac{7250 \cdot \pi}{2} \text{ kg/m}^3$$

$$\boxed{z = 11\,382 \text{ kg/m}^3}$$

Mit dieser Konstanten $z$ lassen sich die Massenträgheitsmomente leicht bestimmen. Für die häufigsten Formen ergibt sich dann:

Tabelle 22.2 Berechnungsformeln für Massenträgheitsmomente

| | |
|---|---|
| *Vollzylinder* <br> $I_d = z \cdot h \cdot r^4$ | |
| *Hohlzylinder* <br> $I_d = z \cdot h \cdot (R^4 - r^4)$ | |
| *Stumpfer Kegel* <br> $I_d = z \cdot h \cdot \dfrac{R^5 - r^5}{5\,(R - r)}$ | |

$h$, $r$, $R$ in m; $z = 11\,382$ kg/m$^3$ für Gußeisen, z. B. GG 18

### 22.3.3 Erforderliche Schwungraddrehzahl

Da der Benutzer einer Spindelpresse weiß, für welche Werkstücke er seine Maschine einsetzen will, kennt er das zur Umformung erforderliche Arbeitsvermögen und die Preßkraft. Nach der Preßkraft wählt er die Nennpreßkraft der Maschine aus und nach dem erforderlichen Arbeitsvermögen muß die Spindeldrehzahl bzw. die Schwungraddrehzahl eingestellt werden.
Sie wird wie folgt berechnet:

$$n_s = \sqrt{\frac{182 \cdot W_1}{I_d}} \qquad\qquad \text{Gl. 2}$$

| | | |
|---|---|---|
| $n_s$ | in min$^{-1}$ | erforderliche Drehzahl des Schwungrades |
| $W_1$ | in Nm | zur Umformung erforderliches Arbeitsvermögen |
| $I_d$ | in kg/m$^2$ | Massenträgheitsmoment des Schwungrades |
| 182 | in s$^2$/min$^2$ | Konstante, in der alle Einzelfaktoren aus Gl. 1 zusammengefaßt sind. |

Diese Drehzahl muß man bei allen Spindelpressen nach Vincentbauart berechnen. Für die Friktionsspindelpressen nach Bild 22.12 ist der Treibscheibenradius $r_t$ gesucht. Bis zu diesem Punkt $r_t$ muß der Reibschluß zwischen Schwungscheibe und Treibscheibe erhalten bleiben, damit dann im Schwungrad die zur Umformung erforderliche Energie gespeichert ist.

### 22.3.4 Erforderlicher Treibscheibenradius

Er ergibt sich aus der Annahme (Bild 22.12), daß die Umfangsgeschwindigkeiten von Treibscheibe und Schwungscheibe beim Treibscheibenradius $r_t$ gleich groß sind. Daraus folgt:

$$v_s = v_t$$

$$d_s \cdot \pi \cdot n_s = 2 \cdot r_t \cdot \pi \cdot n_t$$

$$r_t = \frac{d_s \cdot n_s}{2 \cdot n_t} \qquad\qquad \text{Gl. 3}$$

Setzt man in Gleichung 3 – aus Gleichung 2 – $n_s$ ein, dann kann man berechnen, bis zu welchem Treibscheibenradius $r_t$ der Reibschluß erhalten werden muß (Gl. 4), damit im Schwungrad das zur Umformung erforderliche Arbeitsvermögen $W_1$ gespeichert ist.

$$r_t = \frac{d_s \cdot \sqrt{182 \cdot W_1}}{2 \cdot n_t \cdot \sqrt{I_d}} \qquad\qquad \text{Gl. 4}$$

| | | |
|---|---|---|
| $r_t$ | in mm | erforderlicher Treibscheibenradius |
| $d_s$ | in mm | Schwungraddurchmesser |
| $n_t$ | in mm$^{-1}$ | Treibscheibendrehzahl |
| $n_s$ | in min$^{-1}$ | Schwungraddrehzahl |
| $I_d$ | in kg/m$^2$ | Massenträgheitsmoment des Schwungrades |
| $W_1$ | in Nm | zur Umformung erforderliches Arbeitsvermögen |

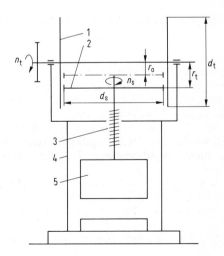

Bild 22.12 Schema einer Friktionsspindelpresse. $r_0$ Anfangsradius, $r_t$ Radius, bei dem der Reibschluß gelöst wird, $d_s$ Schwungraddurchmesser, $d_t$ Treibscheibendurchmesser, $n_s$ Schwungraddrehzahl, $n_t$ Treibscheibendrehzahl; 1 Treibscheibe, 2 Schwungrad, 3 Spindel, 4 Körper, 5 Stößel

### 22.3.5 Auftreffgeschwindigkeit des Stößels

Die Auftreffgeschwindigkeit des Stößels läßt sich aus der Spindelsteigung und der Spindeldrehzahl bestimmen.

Spindelsteigung:

$$h = d_0 \cdot \pi \cdot \tan \alpha$$

$h$ in m Spindelsteigung
$d_0$ in m Flankendurchmesser des Gewindes
$\alpha$ in Grad Steigungswinkel.

Auftreffgeschwindigkeit:

$$v = \frac{h \cdot n_s}{60 \text{ s/min}}$$

$v$ in m/s Auftreffgeschwindigkeit des Stößels
$n_s$ in min$^{-1}$ Spindeldrehzahl.

Die Auftreffgeschwindigkeiten liegen bei den Spindelpressen zwischen 0,7 und 1,0 m/s und sind erheblich kleiner als bei den Hämmern (5 – 14 m/s).

## 22.4 Vorteile der Spindelpressen (im Vergleich zu den Hämmern und Kurbelpressen)

1. Spindelpressen benötigen nur kleine Fundamente.
2. Der Lärmpegel ist entschieden niedriger als bei Hämmern.
3. Spindelpressen sind energiereiche Maschinen. Deshalb können mit ihnen Werkstücke mit hohem Energiebedarf umgeformt werden.
4. Die Druckberührungszeiten (die Zeit, in der das Werkstück unter Schmiedekraft steht) sind kurz. Dadurch werden die Werkzeugstandzeiten verbessert.
5. Das Spindelgewinde ist nicht selbsthemmend. Deshalb kann eine Spindelpresse nicht unter Last blockieren.
6. Spindelpressen setzen ihre Energie, ähnlich dem Hammer, schlagartig um.
   Wegen der kleineren Stößelauftreffgeschwindigkeit ($v = 0,7 - 1,0$ m/s) im Vergleich zu den Hämmern ($v = 5 - 14$ m/s) ist der Umformwiderstand bei der Warmformgebung geringer.
7. Spindelpressen haben wie die Hämmer keinen kinetisch fixierten unteren Totpunkt.
   Deshalb entfällt eine Werkzeughöheneinstellung. Es kann auch im geschlossenen Werkzeug geschmiedet werden, weil sich der überschüssige Werkstoff in der Höhe ausgleichen kann.

## 22.5  Typische Einsatzgebiete der Spindelpressen

1. *Prägearbeiten*
   Wegen des harten Schlages sind Spindelpressen für Prägearbeiten prädestiniert.
   Z. B. Prägen und Ausformen von Bestecken, Kupplungsgehäusen aus Blech usw.
2. *Kalibrierarbeiten*
   Z. B. das Fertigschmieden von Zahnrädern mit Toleranzen von ca. ± 0,02 mm.
3. *Genauschmiedearbeiten*
   Schmiedearbeiten, für die ein harter Enddruck erforderlich ist, damit der Werk-
   stoff stehen bleibt und nicht nachfedert.
   Z. B. Herstellung von Turbinenschaufeln. Sie werden auf Spindelpressen, bis auf
   einen Polierarbeitsgang, ohne Nacharbeit mit hoher Maßgenauigkeit hergestellt.
4. *Werkstücke mit hohem Energiebedarf*
   Hierbei handelt es sich um Gesenkschmiedeteile, die zur Umformung große
   Arbeitsvermögen (bis zu 6000 kN m) erfordern.

## 22.6  Beispiele

*Beispiel 1*

Zur Herstellung eines Werkstückes benötigt man ein Arbeitsvermögen von $W_1 =$
8000 N m. Es steht eine Spindelpresse mit folgenden Daten zur Verfügung:

1. Abmessung des Schwungrades
2. Treibscheibendurchmesser  $d_t = 1200$ mm
3. Treibscheibendrehzahl  $n_t = 125$ min$^{-1}$.

Bild 22.13 Schwungrad

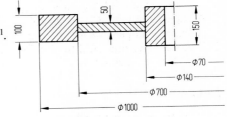

Gesucht:

Kann das Werkstück auf dieser Spindelpresse hergestellt werden?

*Lösung:*

1. Bestimmung des Massenträgheitsmoments

$$I_{d_{ges}} = I_{d1} + I_{d2} + I_{d3}$$
$$I_{d1} = z \cdot h \, (R^4 - r^4) = 11\,382 \text{ kg/m}^3 \cdot 0,1 \text{ m} \, (0,8^4 \text{ m}^4 - 0,7^4 \text{ m}^4)$$
$$I_{d1} = 192,92 \text{ kg m}^2$$
$$I_{d2} = 11\,382 \text{ kg/m}^3 \cdot 0,05 \text{ m} \, (0,7^4 \text{ m}^4 - 0,2^4 \text{ m}^4)$$
$$I_{d2} = 135,73 \text{ kg m}^2$$
$$I_{d3} = 11\,382 \text{ kg/m}^3 \cdot 0,15 \text{ m} \, (0,2^4 \text{ m}^4 - 0,04^4 \text{ m}^4)$$
$$I_{d3} = 2,73 \text{ kg m}^2$$
$$I_{d_{ges}} = 331,38 \text{ kg m}^2$$

2. Maximales Arbeitsvermögen der Presse

$$n_{s_{max}} = \frac{d_t \cdot n_t}{d_s} = \frac{1200 \text{ mm} \cdot 125 \text{ min}^{-1}}{1600 \text{ mm}} = 93,75 \text{ min}^{-1}$$

$$W_{max} = \left(\frac{\pi \cdot n_s}{30}\right)^2 \cdot \frac{I_d}{2} = \left(\frac{\pi \cdot 93,75 \text{ min}^{-1}}{30}\right)^2 \cdot \frac{331,38 \text{ kg m}^2}{2}$$

$$W_{max} = \underline{15\,970 \text{ N m}}$$

Da $W_{max} > W_1$, kann die Maschine für diese Umformung eingesetzt werden.

*Beispiel 2*

In einem Betrieb steht eine Spindelpresse (Bild 22.12) mit folgenden Daten:

Massenträgheitsmoment des Schwungrades $\quad I_d = 80 \text{ kg/m}^2$
Treibscheibendurchmesser $\quad d_t = 1,6 \text{ m}$
Schwungscheibendurchmesser $\quad d_s = 2,0 \text{ m}$
Treibscheibendrehzahl $\quad n_t = 125 \text{ min}^{-1}$
Nennpreßkraft $\quad F_n = 1000 \text{ kN}$

Gesucht:

1. Kann die Presse eingesetzt werden, wenn zur Herstellung eines Werkstückes folgende Daten benötigt werden?
   Preßkraft $\quad F = 700 \text{ kN}$
   Arbeitsvermögen $\quad W = 4200 \text{ N m}.$
2. Welche Drehzahl müßte das Schwungrad haben, um ein Arbeitsvermögen von 4200 N m zu speichern?

*Lösung:*

1.1 Da die Nennpreßkraft der Maschine $F_n = 1000 \text{ kN}$ größer ist als die zur Umformung erforderliche Kraft von $F = 700 \text{ kN}$, kann die Maschine aus der Sicht der Kraft für diese Arbeit eingesetzt werden.

1.2 Max. Arbeitsvermögen der Presse

aus Gl. 3:

$$n_{s_{max}} = \frac{2 \cdot r_t \cdot n_t}{d_s} = \frac{d_t \cdot n_t}{d_s} = \frac{1,6 \text{ m} \cdot 125 \text{ min}^{-1}}{2,0 \text{ m}} = \underline{\underline{100 \text{ min}^{-1}}}$$

aus Gl. 1:

$$W = \left(\frac{\pi \cdot n_s}{30}\right)^2 \cdot \frac{I_d}{2}$$

$$W = \left(\frac{\pi \cdot 100 \text{ min}^{-1}}{30 \text{ s/min}}\right)^2 \cdot \frac{80 \text{ kg m}^2}{2} = \underline{\underline{4386,5 \text{ N m}}}$$

Da auch das max. Arbeitsvermögen der Maschine größer ist als das zur Umformung erforderliche, kann die Maschine für diese Arbeit eingesetzt werden.

2. Erforderliche Drehzahl der Schwungscheibe

aus Gl. 2:

$$n_s = \sqrt{\frac{182 \cdot W_1}{I_d}} = \sqrt{\frac{182 \, s^2/min^2 \cdot 4200 \, N\,m}{80 \, kg \, m^2}} = \underline{\underline{97,7 \, min^{-1}}}.$$

## 22.7 Testfragen zu Kapitel 22:

1. Erklären Sie Aufbau und Wirkungsweise der wichtigsten Bauformen der Spindelpressen!
2. Warum wird bei den meisten Spindelpressen das Schwungrad mit einer Rutschkupplung ausgeführt?
3. Warum kann man an einer Spindelpresse die Kraft nicht bzw. nur bedingt einstellen?
4. Was sind die Vorteile der Spindelpressen im Vergleich zu den Hämmern?

# 23. Exzenter- und Kurbelpressen

Exzenter- und Kurbelpressen sind weggebundene Preßmaschinen.

## 23.1 Unterteilung dieser Pressen

Man unterteilt diese Pressen nach der Ausführung des Pressengestelles (Bild 23.1) in:

a) Einständerpressen
b) Doppelständerpressen
c) Zweiständerpressen.

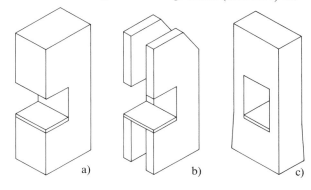

Bild 23.1 Pressengestelle.
a) Einständergestell,
b) Doppelständergestell,
c) Zweiständergestell

*Einständerpressen*

Bei diesen Pressen ist das Pressengestell einteilig und hat C-Gestalt. Deshalb bezeichnet man solche Gestelle auch als C-Gestell oder Bügelgestell. Die Baugrößen der Einständer-Exzenterpressen sind genormt in DIN 55 170 – 172.

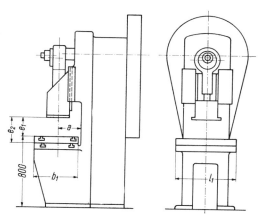

Bild 23.2 Einständer-Exzenterpresse mit festem Tisch
DIN 55 171

Tabelle 23.1  Baugrößen der Einständer-Exzenterpressen DIN 55 171

In den Spalten mit zwei Werten (getrennt durch „/") bezeichnet der zweite Wert die größere Tisch-/Aufspannplattenausführung.

| Baugrößen | Preßkraft in kN | 100 | 160 | 250 | 400 | 630 | 1000 | 1600 | 2500 | 4000 |
|---|---|---|---|---|---|---|---|---|---|---|
| Ausladung | $a$ | 160 | 180 | 200 / 280 | 220 / 315 | 250 / 355 | 280 / 400 | 315 / 450 | 355 / 500 | 400 / 560 |
| Fläche | Breite · Länge $b_1 \cdot l_1$ | 315 · 400 | 355 · 450 | 400 · 500 / 560 · 710 | 450 · 560 / 630 · 800 | 500 · 630 / 710 · 900 | 560 · 710 / 800 · 1000 | 630 · 800 / 900 · 1120 | 710 · 900 / 1000 · 1250 | 800 · 1000 / 1120 · 1400 |
| Tisch: Entfernung bis Stößel | mit Aufspannplatte $e_1$ | 135 | 150 | 175 / 160 | 200 / 180 | 230 / 190 | 265 / 215 | 300 / 275 | 325 / 310 | 360 / 340 |
|  | ohne Aufspannplatte $e_2$ | 200 | 220 | 250 | 280 | 315 | 355 | 400 | 450 | 500 |
| Stößel | Hubverstellung von – bis | 6 – 60 | 8 – 68 | 8 – 80 | 8 – 88 | 8 – 100 | 8 – 112 | 20 – 120 | 32 – 132 | 40 – 140 |
|  |  |  |  |  |  |  | 20 – 140 | 20 – 160 | 32 – 200 | 40 – 220 |
|  | Höhenverstellung Mindestmaß | 40 | 50 | 50 | 63 | 63 | 80 | 100 | 125 | 160 |

Alle Abmessungen in mm

Tabelle 23.2  Baugrößen der Doppelständer-Exzenterpressen DIN 55 173

| Baugrößen | Preßkraft in kN | 160 | 250 | 400 | 630 | 1000 | 1600 | 2500 | 4000 |
|---|---|---|---|---|---|---|---|---|---|
| Ausladung | $a$ | 180 | 200 | 220 | 250 | 280 | 315 / 450 | 355 / 500 | 400 / 560 |
| Fläche | Breite · Länge $b_1 \cdot l_1$ | 355 · 500 | 400 · 560 | 450 · 630 | 500 · 710 | 560 · 800 | 630 · 900 / 900 · 1120 | 710 · 1000 / 1000 · 1250 | 800 · 1120 / 1120 · 1400 |
| Tisch: Entfernung bis Stößel | ohne Aufspannplatte $e_1$ | 220 | 250 | 280 | 315 | 355 | 400 | 450 | 500 |
| Stößel | Hubverstellung von – bis | 8 – 68 | 8 – 80 | 8 – 88 | 8 – 100 | 8 – 112 | 20 – 120 | 32 – 132 | 40 – 140 |
|  |  |  |  |  |  | 20 – 140 | 20 – 160 | 32 – 200 | 40 – 220 |
|  | Höhenverstellung Mindestmaß | 50 | 50 | 63 | 63 | 80 | 100 | 125 | 160 |

Alle Abmessungen in mm

*Doppelständerpressen*

Sie sind durch das doppelwandige Gestell gekennzeichnet. Zwei parallele
Ständerwände sind oben am Pressen-
kopf und unten am Pressentisch unlösbar miteinander verbunden. Die Kurbelwelle ist parallel zur Vorderkante
angeordnet und an beiden Seiten in den
Ständerwangen gelagert. Der Stößelan-
trieb liegt zwischen den Ständerwangen
(Bild 23.3).

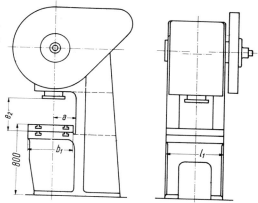

Bild 23.3 Doppelständer-Exzenterpresse DIN 55173

*Zweiständerpressen*

sind durch das Zweiständergestell, auch
O-Gestell genannt, gekennzeichnet. Bei
dieser Gestellbauart sind die Seitenständer mit dem Kopfstück bei kleinen
Maschinen unlösbar (Schweißverbin-
dung) miteinander verbunden.
Bei großen Maschinen werden die Einzelteile – Seitenständer, Kopfstück und
Pressentisch – durch Zuganker zusammengehalten.

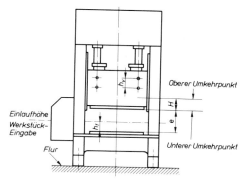

Bild 23.4 Zweiständer-Exzenterpresse DIN 55181,
55185. Bezeichnung einer mechanischen Zwei-
ständer-Schnelläuferpresse mit einer Nennpreßkraft von $F_N = 1000$ kN: Schnelläuferpresse DIN
55185–1000

Tabelle 23.3  Baugrößen der Zweiständerpressen DIN 55 181, 55 185

| Nennkraft $F_n$ in kN | 250 | 400 | 630 | (800) | 1000 | (1250) | 1600 | (2000) | 2500 | (3150) | 4000 |
|---|---|---|---|---|---|---|---|---|---|---|---|
| Normaler Stößelhub $H$ in mm | 20 | 20 | 25 | 25 | 25 | 25 | 30 | 30 | 30 | 35 | 35 |
| Maximaler Stößelhub $H_{max}$ in mm | 50 | 50 | 50 | 50 | 50 | 50 | 60 | 60 | 60 | 60 | 60 |
| Stößelverstellweg $h_v$ in mm | 50 | 60 | 60 | 60 | 60 | 60 | 60 | 80 | 80 | 100 | 100 |
| Einbauhöhe $e$ in mm | 275 | 300 | 325 | 350 | 350 | 375 | 375 | 400 | 400 | 450 | 500 |
| Stößel- und Aufspannplattenbreite (von links nach rechts) $x_0$ in mm | 630 | 710 | 800 | 900 | 1000 | 1120 | 1250 | 1400 | 1600 | 1800 | 2000 |
| Aufspannplattentiefe (von vorne nach hinten) $y_0$ in mm | 530 | 650 | 600 | 630 | 670 | 710 | 800 | 900 | 1000 | 1120 | 1250 |
| Weitere Angaben über die Ausführung der Presse sind bei Bestellung zu vereinbaren. Nicht eingeklammerte Werte sind bevorzugt zu verwenden. | | | | | | | | | | | |

## 23.2  Gestellwerkstoffe

*Grauguß (z. B. GG 26, GG 30)*

und Sonderguß wie Meehanite oder Sphäroguß (kugelförmige Graphitausbildung) mit höheren Festigkeiten und größeren Bruchdehnungen.

*Vorteile der Graugußgestelle*

a) Rippen, Querschnittsübergänge unterschiedlicher Dicke sind bei Gußgestellen leicht auszuführen,
b) formschöne und beanspruchungsgerechte Gestaltung,
c) gute Bearbeitbarkeit,
d) gute Schwingungsdämpfung.

Aus den obengenannten Gründen werden Graugußgestelle bei der Serienherstellung kleinerer Maschinen bevorzugt.

*Nachteile der Graugußgestelle*

Wegen der kleineren Festigkeit ergeben sich bei Gußgestellen größere Querschnitte und damit größere Massen als bei Stahlgestellen.

*Stahlguß (z. B. GS 45, GS 52)*

wird wegen seiner guten Form- und Schweißbarkeit, größeren Festigkeit und Bruchdehnung bei Pressen mit hoher Endkraft, die leicht überlastet werden können (Schmiedepressen), bevorzugt eingesetzt.

*Stahl (z. B. Baustahl St 42)*

wird eingesetzt bei Gestellen in Rahmen- oder Stahlplattenbauweise. Vorteile der Stahlkonstruktion gegenüber der Gußausführung sind:

a) größerer Elastizitätsmodul,
b) größere Festigkeit,
c) bedingt durch a) und b) kleinere Querschnitte und leichtere Gestelle,
d) keine Modellkosten, deshalb wird die Stahlbauweise bevorzugt in der Einzel- und Kleinserienfertigung angewandt.

Nachteile der Stahlkonstruktion sind die schlechte Schwingungsdämpfung und das aufwendige Spannungsfreiglühen, das nach dem Schweißen erfolgen muß.

## 23.3 Körperfederung und Federungsarbeit

Der Pressenkörper muß bei jedem Pressenhub eine Federungsarbeit $W_F$ aufnehmen. Mit steigender Preßkraft $F$ dehnt sich das Maschinengestell um die Körperfederung $f$ und erhält dadurch eine potentielle Energie von

$$W_F = \frac{1}{2} \frac{F \cdot f}{10^3 \,\text{mm/m}} = F \cdot f \cdot 5 \cdot 10^{-4} \,\text{m/mm}$$

$W_F$ in N m  potentielle Energie
$F$  in N  Preßkraft
$f$  in mm  Körperfederung.

Die Federsteife $C$ eines Pressenkörpers ist dann definiert zu

$$C = \frac{F}{f}$$

$C$ in kN/mm  Federsteife
$F$ in kN  Preßkraft
$f$ in mm  Körperfederung.

Danach unterscheidet man zwischen

steifen Pressen (mit großem $C$)
weichen Pressen (mit kleinem $C$).

Zulässige Körperfederungen für mittlere Maschinen liegen bei $f_{zul} \cong 0{,}1$ mm/100 mm Ausladung $a$ (Bild 23.5).

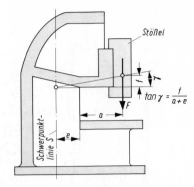

Bild 23.5 Auffederung eines Pressenständers. a) Ausladung der Presse, $f$ Federung

## 23.4 Antriebe der Exzenter- und Kurbelpressen

Bei der im Bild 23.6 gezeigten Exzenterpresse treibt der Motor das Schwungrad über einen Riementrieb an. Vom Schwungrad wird die Energie über das kombinierte Kupplungs-Bremssystem an die Exzenterwelle weitergeleitet. Das auf der Exzenterbüchse sitzende Pleuel mit dem in ihm sitzenden Kugelbolzen wandelt die kreisförmige Bewegung in eine geradlinige Bewegung um.
Die Kugel des Kugelbolzens sitzt in der Kugelpfanne, die im Stößel angebracht ist. Unter der Kugelpfanne ist die Pressensicherung (Brechtopf oder Brechplatte) angeordnet, die bei Überlastung der Presse zerstört wird und den Kraftfluß schlagartig unterbricht.
Wenn größere Arbeitsvermögen erzeugt werden sollen, führt man den Antrieb (Bild 23.7) mit Vorgelege aus. Dann wirkt das Vorgelege als zusätzlicher Energiespeicher.
    Das vereinfachte Antriebsschema einer Kurbelpresse zeigt Bild 23.8.

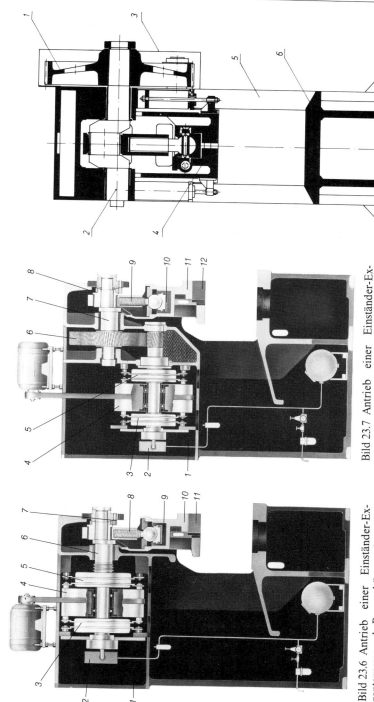

Bild 23.8 Kurbelpresse. 1 Schwungrad, 2 Kurbelwelle, 3 Schutzhaube, 4 Stößel, 5 Pressenständer, 6 Pressentisch

Bild 23.7 Antrieb einer Einständer-Exzenterpresse mit Vorgelege. 1 Pressenkörper, 2 Ventil, 3 und 5 Kupplung und Bremse, 4 Schwungrad, 6 Zahnradvorgelege, 7 Exzenterwelle, 8 Exzenterbüchse zur Hubgrößenverstellung, 9 Kugelbolzen zur Verstellung der Lage des Hubes, 10 Überlastsicherung, 11 Stößel, 12 Klemmdeckel. (Werkfoto Fa. Weingarten, Weingarten)

Bild 23.6 Antrieb einer Einständer-Exzenterpresse. 1 Pressenkörper, 2 Ventil, 3 und 5 Kupplung und Bremse, 4 Schwungrad, 6 Exzenterwelle, 7 Hubverstellung (Hubgrößenverstellung), 8 Kugelbolzen zur Verstellung der Lage des Hubes, 9 Überlastsicherung, 10 Stößel, 11 Klemmdeckel zur Befestigung der Werkzeuge (Werkfoto Fa. Weingarten, Weingarten)

### 23.4.1 Kupplungen

Kupplungen sind für die Sicherheit der Maschine und die Bedienungsperson von großer Bedeutung. Beim Ausschalten muß die Kupplung die Verbindung vom Schwungrad mit der Exzenter- oder Kurbelwelle trennen. Damit diese Welle *sofort* zum Stillstand kommt, ist die Kupplung mit einer Bremse gekoppelt.
Bei den Kupplungsbauarten unterscheidet man zwischen

formschlüssigen Mitnehmerkupplungen und
kraftschlüssigen Reibungskupplungen.

1. *Formschlüssige Mitnehmerkupplungen*

Diese Kupplungen werden nach der Art des Mitnehmers bezeichnet

– Bolzenkupplung
– Drehkeilkupplung
– Tangentialkeilkupplung.

Die in älteren Maschinen am meisten eingesetzte Kupplung war die Drehkeilkupplung. Da alle formschlüssigen Kupplungen sehr hart arbeiten und längere Schaltzeiten haben, setzt man heute überwiegend kraftschlüssige Reibungskupplungen ein.

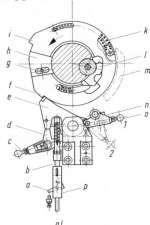

Bild 23.9 Drehkeilkupplung (Kupplung ausgerückt). a) Klinke, b) Gewindebüchse, c) Sicherungsbolzen, d) Stützhebel, e) Sperrhebel, f) 1. Raste, g) Paßfeder, h) Sperring, i) 2. Raste, k) Zugfeder, l) Nase des Drehkeilkopfes, m) Nocken, n) Auslösehebel, o) Arretierbolzen, p) Schaltgestänge

2. *Kraftschlüssige Reibungskupplungen*

Alle Kupplungen dieser Art (Bild 23.10) arbeiten geräuscharm und zeichnen sich durch kurze Schaltzeiten aus. Die erforderlichen Andruckkräfte werden überwiegend pneumatisch oder hydraulisch erzeugt.
Diese Kupplungen sind überlastungssicher, weil sie ein ganz bestimmtes einstellbares Grenzdrehmoment $M$ übertragen.

$$F = \frac{M}{r \cdot \sin \alpha}$$

$F$ Stößelkraft, $M$ an der Kupplung eingestelltes Drehmoment, $r$ Kurbelradius, $\alpha$ Kurbelwinkel.

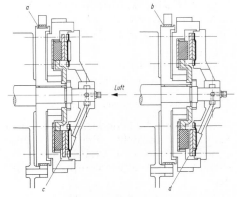

Bild 23.10 Einscheiben-Friktionskupplung mit Bremse. a) Bremse geöffnet, b) Bremse geschlossen, c) Kupplung eingerückt, d) Kupplung ausgerückt

Ein modernes Scheibenkupplungs-Bremssystem zeigt Bild 23.11.
In diesem Antriebsaufbau ist die Durchlaufsicherung gemäß § 4a der UVV integriert. Durch die beiden unabhängig voneinander wirkenden Bremsen ist gewährleistet, daß beim Versagen einer Bremse die zweite Bremse einen Durchlauf der Presse zwangsläufig verhindert. Die besonderen Vorteile dieser Bauart sind:

– geringer Nachlaufweg des Stößels
– hohe Schalthäufigkeit im Einzelhub.

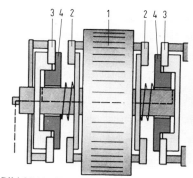

Bild 23.11 Pneumatisch betätigtes Einscheiben-Kupplungs-Bremssystem.
1 Schwungrad, 2 Kupplung, 3 Bremse, 4 pneumatisch betätigter Kolben

### 23.4.2 Elemente zur Überlastsicherung des Pressengestelles

Außer der Kupplung, die vor allem neben der Ein- und Ausschaltfunktion die Antriebselemente gegen Überlastung schützen soll, sind weitere Elemente erforderlich, die das Pressengestell vor Überlastung schützen.
Diese Überlastsicherungen müssen folgende Forderungen erfüllen:

– schnelles Ansprechen bei Überlastung!
– Grenzlast muß sich genau einstellen lassen!
– Grenzlast muß unabhängig von der Häufigkeit der Belastung sein (darf nicht dauerbruchanfällig sein)!
– Sicherungselement soll sich schnell austauschen lassen!

*Ausführungsformen der Überlastsicherungen*

*1. Mechanische Sicherungen*

Diese Elemente werden in das Stoßgelenk unter der Kugelpfanne im Stößel (Bild 23.12) eingebaut. Zum Beispiel:

– Bruchplatten
– Stahl-Scherplatten
– Federausklinksicherungen.

*1.1 Sicherung mit Bruchplatte*

Hier läßt sich die Scherkraft, bei der die Sicherung anspricht (Bild 23.13) aus dem Scherquerschnitt und der Scherfestigkeit des Plattenwerkstoffes, berechnen:

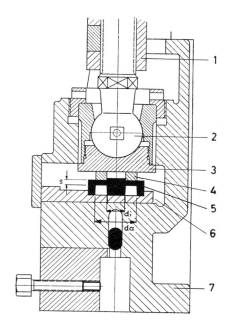

Bild 23.12 Brechtopf-Überlastsicherung im Pressenstößel. 1 Pleuel, 2 Kugelbolzen, 3 Kugelpfanne, 4 Scherring, 5 Brechtopf aus GG, 6 Brechtopfhalter, 7 Pressenstößel

$$F = A \cdot \tau_s$$

$$A = d \cdot \pi \cdot s$$

$F$ in N         Scherkraft
$s$ in mm       Dicke der Scher-
                platte an der Ab-
                scherstelle
$\tau_s$ in N/mm²   Scherfestigkeit
$A$ in mm²       Scherfläche.

Als Nachteil erweist sich bei der Bruchplattensicherung die Dauerbruchemp-
findlichkeit der Bruchplatten.
Vorteilhaft ist, daß die Bruchplatten
schnell ausgetauscht werden können.

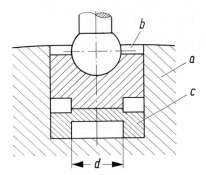

Bild 23.13 Bruchplattensicherung.
a) Stößel, b) Kugelpfanne, c) Ab-
scherplatte

### 1.2 Federausklinksicherung

Ein schwenkbar aufgehängter Hebel (Bild
23.14) drückt auf eine Knagge, die auf einem
durch Tellerfedern vorgespannten Bolzen ruht.
Bei Überlastung geht die Knagge aus der Ho-
rizontallage, und der Schwenkhebel klinkt aus.

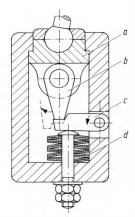

### 2. Hydropneumatische und hydraulische Sicherungen

### 2.1 Pneumatische Sicherungen im Stößel

Bei dieser Ausführung (Bild 23.15) ist im
Stößel, der innen als Zylinder ausgeführt ist,
ein Kolben eingesetzt, der an seiner Unterseite
mit der Werkzeugspannplatte verbunden ist.
Der Kolben wird mit Preßluft beaufschlagt, so
daß sich aus Druck und Fläche die entspre-
chende Sicherungskraft ergibt. Bei Überlastung wird der Kolben aus der Null-Lage verschoben. Er schaltet dabei über einen elektronischen Endschalter die Maschine ab.

Bild 23.14   Ausklinksperre.
a) Kugelpfanne,
b) Schwenkhebel,
c) Knagge, d) Tellerfedern

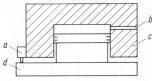

Bild 23.15 Prinzip einer pneumatischen Pressensicherung.
a) Endschalter, b) Luftzufüh-
rung, c) Stößel, d) Aufspann-
platte

### 2.2 Hydraulische Sicherung im Pressentisch

Hier wird im Prinzip ähnlich wie bei der pneumatischen Sicherung ein Hydraulikkolben im Pressentisch eingebaut.

### 23.4.3 Hubverstellung

*1. Größe des Hubes*

*– Maschinen mit festem Hub*

Bei Maschinen mit festem, nicht verstellbarem Hub ergibt sich die Hubgröße aus:

$$H = 2 \cdot x$$

$H$ in mm  Hub
$x$ in mm  Exzentrizität zwischen Zapfen und Welle bei Exzenterpressen, $x = r$ in mm, Kurbelradius bei Kurbelpressen

*– Maschinen mit verstellbarem Hub*

Maschinen mit verstellbarem Hub haben auf der Kurbelwange (Kurbelpressen) bzw. auf dem Exzenterzapfen (Exzenterpressen) noch eine verstellbare Exzenterbüchse (Bild 23.17). Bei solchen Maschinen ergibt sich der Hub aus der Summe der beiden Exzentrizitäten.

$$H_{max} = 2\,(x + y)$$
$$H_{min} = 2\,(x - y)$$

$y$ in mm  Exzentrizität der Büchsenbohrung
$x$ in mm  Exzentrizität des Exzenterzapfens.

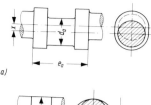

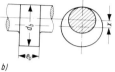

Bild 23.16 Antriebswellen.
a) Kurbelwelle, b) Exzenterwelle

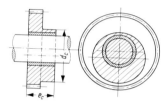

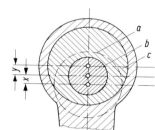

Bild 23.17 Anordnung von Exzenterbüchse und Exzenterzapfen bei Maschinen mit verstellbarem Hub. a) Exzenterwelle, b) Exzenterzapfen, c) Exzenterbüchse, $y$ Exzentrizität der Exzenterbüchse, $x$ Exzentrizität zwischen Exzenterzapfen und Welle

*2. Lage des Hubes*

Die Höhenverstellung des Stößels ist für eine genaue Werkzeugeinstellung erforderlich. Weil die Werkzeuge unterschiedliche Bauhöhen haben, muß die Lage des Hubes auf die Bauhöhe des Werkzeuges abgestimmt werden. Besonders wichtig ist diese Abstimmung bei Prägearbeiten, weil dabei durch Höhendifferenzen die Prägekräfte stark beeinflußt würden und es dadurch zur Überlastung der Maschine kommen kann.
Bei kleineren Maschinen wird die Lage des Hubes mittels Kugelbolzen (Bild 23.12) verstellt.
Bei größeren Maschinen verstellt man im Stößel den Kugeltopf.

## 23.5 Berechnung der Kenngrößen

### 23.5.1 Drehmoment an der Kupplung

$$M = \frac{9554 \cdot P_u \cdot \eta_M}{n}$$

$$P_u = P\,\frac{(360° - \alpha°)}{\alpha°}$$

$\alpha$  in Grad  Kurbelwinkel
$M$  in N m  Drehmoment
$n$  in min$^{-1}$ Hubzahl
$P$  in kW  Antriebsleistung des Motors
$P_u$ in kW  für die Umformung kurzzeitig von $\alpha$ bis UT zur Verfügung stehende Leistung
$\alpha$  in Grad  Winkel, bei dem die Arbeitsabgabe bis UT erfolgt
$\eta_M$  –  Wirkungsgrad der Presse.

Da die im Schwungrad gespeicherte Energie im Bereich von $\alpha$ bis UT (unterer Totpunkt) abgegeben wird, steht in diesem Bereich kurzfristig eine Leistung von $P_u$ zur Verfügung.

### 23.5.2 Tangentialkraft

− *Dynamische Tangentialkraft*

Die dynamische Tangentialkraft ergibt sich aus:

$$P_u = M \cdot \omega = T_d \cdot r_k \cdot \frac{\pi \cdot n}{30}$$

$$T_d = \frac{P_u \cdot 30}{r_k \cdot \pi \cdot n}$$

$T_d$  in N  dynamische Tangentialkraft
$T$  in N  statische Tangentialkraft
$r_k$  in m  wirksamer Radius an der Kupplung.

− *Statische Tangentialkraft*

Die statische Tangentialkraft ergibt sich dann aus:

$$T = \frac{P \cdot 30}{r_k \cdot n}$$

Aus dem konstanten Drehmoment folgt dann bei bekanntem Kurbelradius:

$$T = \frac{M}{r} \qquad r \text{ in m Kurbelradius.}$$

### 23.5.3 Zulässige Preßkraft

Bei der zulässigen Kraft für eine Kurbelpresse unterscheidet man zwischen

Nennpreßkraft,
zulässiger Preßkraft aus dem Antriebsdrehmoment,
zulässiger Preßkraft aus dem Arbeitsvermögen.

Die Maschine ist aus der Sicht der Preßkraft nur dann für eine bestimmte Umformung einsetzbar, wenn die zur Umformung erforderliche Kraft kleiner oder höchstens gleich der oben genannten zulässigen Kräfte ist.

*Nennpreßkraft* (Bild 23.18)

Bei gegebener Antriebsleistung und unter der Annahme, daß die Tangentialkraft $T$ am Antrieb immer zur Verfügung steht, kann man, unter der Voraussetzung, daß $r/l$ sehr klein ist, setzen:

$$\frac{T}{F} = \sin \alpha$$

| | | |
|---|---|---|
| $T$ | in kN | Tangentialkraft |
| $F$ | in kN | Preßkraft |
| $\alpha$ | in Grad | Kurbelwinkel |
| $r$ | in m | Kurbelradius |
| $l$ | in m | Länge der Schubstange. |

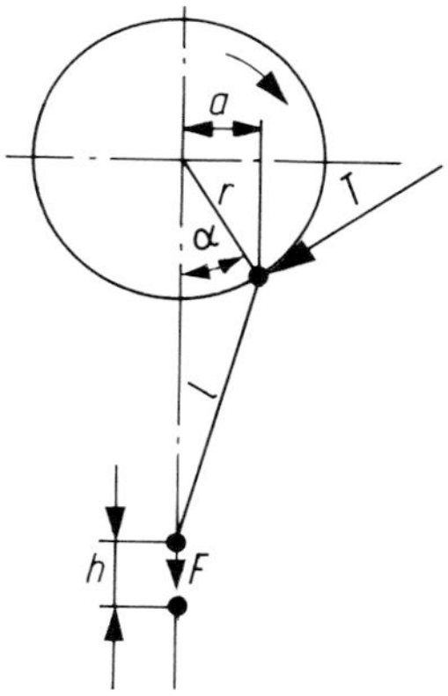

Bild 23.18  Antriebsschema einer Kurbelpresse.

$$M = F \cdot a = F \cdot r \cdot \sin \alpha$$

Für eine normale Kurbelpresse wird für das Verhältnis $T/F$ ein Wert von 0,5 festgelegt. Dies entspricht einem Kurbelwinkel von 30°. Daraus folgt:

$$F_n = \frac{T}{\sin 30°}$$

$F$  in kN  Nennpreßkraft.

D. h. die Nennpreßkraft steht ab einem Kurbelwinkel von 30° vor UT zur Verfügung. Für $\alpha > 30°$ wird die Preßkraft kleiner. Sie erreicht ihr Minimum bei $\alpha = 90°$ (sin 90° = 1).
Ihr Maximum liegt am UT bei $\alpha = 0°$ (sin 0° = 0), d. h. am UT geht die Kraft nach unendlich.

Die zulässige Beanspruchung des Pressenkörpers (Festigkeit des Pressengestelles) wird auf die Nennpreßkraft ausgelegt. **Deshalb darf die Nennpreßkraft nicht überschritten werden!**

*Zulässige Preßkraft aus dem Antriebsdrehmoment*

Sie läßt sich mit Hilfe der nachfolgenden Gleichung aus den Größen, die von einer Presse immer bekannt sind, bestimmen.

$$F_M = \frac{F_n \cdot H_{max}}{4 \cdot \sqrt{H_e \cdot h - h^2}}$$

$F_M$    in kN    zulässige Preßkraft aus dem Antriebsdrehmoment
$F_n$    in kN    Nennpreßkraft
$H_{max}$ in mm    max. Hub ($H = 2 \cdot r$)
$H_e$    in mm    eingestellter Hub
$h$      in mm    Stößelweg.

Diese Kraft $F_M$ ist im Bereich von $\alpha = 30 - 90°$ die begrenzende Kraft.

*Zulässige Kraft aus dem Arbeitsvermögen*

Diese Grenzkraft ist aus dem Arbeitsvermögen der Maschine (bzw. ihrer Schwung-massen) gegeben.
Wird sie überschritten, dann bleibt die Maschine stehen. Weil die sich aus dem Arbeitsvermögen ergebende Grenzkraft $F_{W_D}$ immer kleiner ist als $F_n$, kann sie bei Überschreitung nicht zum Bruch der Maschine führen.

$$F_{W_D} = \frac{W_D}{h}$$

$F_{W_D}$ in N     zulässige Kraft aus dem Dauerarbeitsvermögen
$W_D$    in N m   Dauerarbeitsvermögen
$h$      in m     Stößelweg.

Die nachfolgende Tabelle zeigt noch einmal, welche Kräfte bei welchem Kurbel-winkel den Einsatz einer Kurbelpresse begrenzen.

Tabelle 23.4  Begrenzung der Preßkraft einer Kurbelpresse

| Kurbelwinkel $\alpha$ | Kraft wird begrenzt durch: | Kraft |
|---|---|---|
| 0° – 30° vor UT | durch Festigkeit des Pressenkörpers | $F_n$ |
| 30° – 90° vor UT | *aus Antriebsdrehmoment* | $F_M$ |
| | aus Arbeitsvermögen | $F_{W_D}$ |

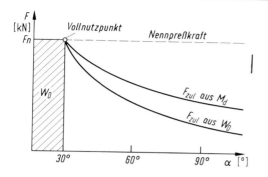

Bild 23.19 Pressenkennlinien einer Kurbelpresse

Trägt man nun die 3 Grenzkräfte in ein Diagramm ein (Bild 23.19), dann erkennt man, daß die Kraft einer Kurbelpresse bis $\alpha = 30°$ durch $F_n$ und für $\alpha$ größer $30°$ durch das Antriebsdrehmoment oder das Arbeitsvermögen der Maschine begrenzt wird.

Den Punkt, bei dem alle 3 Grenzkräfte ein Maximum sind, bezeichnet man als Vollnutzpunkt.

Die Maschine wäre am besten ausgenutzt, wenn sie im Bereich des Vollnutzpunktes gefahren würde.

Dies ist jedoch, gegeben durch die Arbeitsverfahren, nur bedingt möglich. Außer der Überprüfung der 3 zulässigen Kräfte – im Vergleich zu der bei einem bestimmten Arbeitsverfahren auftretenden Maximalkraft – müssen zusätzlich noch die Arbeitsvermögen von Maschine und Arbeitsverfahren überprüft werden. Nur dann, wenn alle Kräfte und auch das Arbeitsvermögen im zulässigen Bereich sind, kann eine solche Maschine unbedenklich für eine bestimmte Arbeit eingesetzt werden.

### 23.5.4 Stößelweg

Der Stößelweg läßt sich aus dem Kurbelradius und dem Kurbelwinkel bestimmen.

$$h = r\,(1 - \cos \alpha)$$

$h$  in m      Stößelweg
$r$  in m      Kurbelradius
$\alpha$  in Grad  Kurbelwinkel
$H$  in m      Hub der Presse ($H = 2 \cdot r$)

Für $\alpha = 30°$ ist $h$:

$$h \approx \frac{H}{15}$$

### 23.5.5 Arbeitsvermögen

1. *Dauerarbeitsvermögen*

Darunter versteht man das Arbeitsvermögen einer Presse im Dauerhub, d. h. wenn die Presse ununterbrochen läuft.
Der Dauerhub setzt eine automatische Werkstoff- bzw. Werkstückzuführung voraus.

$$W_D = \frac{F_n \cdot H}{15}$$

$W_D$ in N m  Arbeitsvermögen im Dauerhub
$W_E$ in N m  Arbeitsvermögen im Einzelhub
$H$   in m    Hub der Presse ($H = 2 \cdot r$)
$r$   in m    Kurbelradius
$F_n$ in N    Nennpreßkraft.

2. *Arbeitsvermögen im Einzelhub*

$$W_E = 2 \cdot W_D$$

Ein Einzelhub liegt vor, wenn die Presse nach jedem Hub anhält und dann wieder neu ausgelöst (Kupplung geschaltet) werden muß. Bei Einlegearbeiten mit Handzuführung fährt man Pressen im Einzelhub. Da während der Einlegezeit sich die Schwungraddrehzahl, die beim Arbeitshub abfällt, wieder voll erholen kann (im Gegensatz zum Dauerhub), ist das Arbeitsvermögen im Einzelhub etwa doppelt so groß wie im Dauerhub.

## 23.6  Beispiel

Für ein Fließpreßteil werden benötigt:

max. Preßkraft $F = 1200$ kN bei einem Stößelweg von $h = 20$ mm.

Es steht eine Kurbelpresse mit einer

Nennpreßkraft $F_n = 2000$ kN und einem
Hub $H = H_e = 200$ mm (nicht verstellbar)

zur Verfügung.
Kann die Maschine für diese Arbeit eingesetzt werden?

*Lösung:*

1. Bestimmung der Fließpreßarbeit

$$W_{Fl} = F \cdot h \cdot x = 1200 \text{ kN} \cdot 20 \text{ mm} \cdot 1 = 24\,000 \text{ kN mm}$$

2. Dauerarbeitsvermögen $W_D$ der Presse

$$W_D = \frac{F_n \cdot H}{15} = \frac{2000 \text{ kN} \cdot 200 \text{ mm}}{15} = 26\,666,7 \text{ kN mm}$$

3. Vergleich der beiden Arbeitsvermögen.

Das Arbeitsvermögen $W_D$ der Presse im Dauerhub ist größer als das zur Umformung erforderliche $W_{Fl}$

$$W_D > W_{Fl}$$
$$26\,666,7 \text{ kN mm} > 24\,000 \text{ kN mm}$$

d. h., die Maschine kann im Dauerhub für diese Arbeit eingesetzt werden.

4. Prüfung der Kräfte.

4.1. Nennpreßkraft $F_n$

Die Nennpreßkraft der Maschine ist größer als die zur Umformung erforderliche Kraft

$$F_n > F_{Fl}$$
$$2000 \text{ kN} > 1200 \text{ kN}$$

Deshalb kann die Maschine aus der Sicht der Nennpreßkraft für diese Arbeit eingesetzt werden.

4.2. Bestimmung der zulässigen Preßkraft $F_M$ aus dem Antriebsdrehmoment

$$F_M = \frac{F_n \cdot H_{max}}{4 \cdot \sqrt{H_e \cdot h - h^2}} = \frac{2000 \text{ kN} \cdot 200 \text{ mm}}{4 \cdot \sqrt{200 \text{ mm} \cdot 20 \text{ mm} - 20^2 \text{ mm}^2}} = 1666,7 \text{ kN}$$

Die zulässige Preßkraft, die sich aus dem Antriebsdrehmoment unter Berücksichtigung des Hubes ergibt, ist größer als die Fließkraft,

$$F_M > F_{Fl}$$
$$1666,7 \text{ kN} > 1200 \text{ kN}$$

deshalb kann die Maschine auch aus dieser Sicht eingesetzt werden.

4.3. Bestimmung der zulässigen Preßkraft aus dem Dauerarbeitsvermögen der Maschine

$$F_{W_D} = \frac{W_D}{h} = \frac{26\,666,7 \text{ kN mm}}{20 \text{ mm}} = 1333,3 \text{ kN}$$

$F_{W_D} > F_{Fl}$, also einsetzbar!

Entscheidung: Weil die unter den gegebenen Bedingungen zulässigen Kräfte und das Dauerarbeitsvermögen der Maschine größer sind als die Umformkräfte und das erforderliche Umformarbeitsvermögen, ist die Maschine einsetzbar.

## 23.7  Einsatz der Exzenter- und Kurbelpressen

*Exzenterpressen*

werden vorwiegend für Schneid-Stanzarbeiten, Präge- und Biegearbeiten, soweit sie nur kleine Wege erfordern, die sich aus dem Exzenter ergeben, eingesetzt.

*Kurbelpressen*

setzt man für alle Verfahren der spanlosen Formung ein, bei denen die Verformungskraft nicht auf langem Weg konstant sein muß, d.h. zum Vorwärtsfließpressen kurzer Teile, Tiefziehen, Biegen und Gesenkschmieden auf schweren Schmiedepressen.

## 23.8  Testfragen zu Kapitel 23:

1. Welche Gestellbauformen gibt es bei den Exzenter- und Kurbelpressen?
2. Warum ist die Federsteife eines Pressenkörpers von großer Bedeutung?
3. Welche Antriebe gibt es bei Exzenter- und Kurbelpressen?
4. Welche Kupplungen gibt es bei Kurbelpressen?
5. Welche Überlastsicherungen kennen Sie?

# 24. Kniehebelpressen

Kniehebelpressen (Bild 24.1) sind eine Abart der Kurbelpressen, bei denen die Kraft von der Kurbel über ein Hebelsystem (Kniehebel) erzeugt wird. Im Prinzip gelten, sowohl für den konstruktiven Aufbau als auch von der Wirkungsweise her, die Gesetzmäßigkeiten der Kurbelpresse.

Abweichend von der Kurbelpresse sind der Verlauf der Stößelgeschwindigkeit in Abhängigkeit vom Kurbelwinkel und das Kraft-Weg-Diagramm (Bild 24.2). Die Nennpreßkraft ist bei einer Kniehebelpresse nur 3 bis 4 mm vor UT (bei $\alpha_n = 32°$ Nennkurbelwinkel) vorhanden. Bei größeren Stößelwegen fällt die Kraft steil (hyperbolisch) ab.

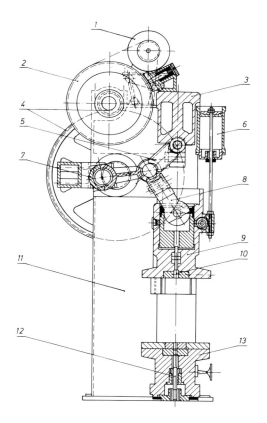

Bild 24.1 Antriebsschema einer Kniehebelpresse. 1 Antriebsmotor, 2 Schwungrad, 3 Kopfstück, 4 Zahnradgetriebe, 5 Schwinghebel, 6 Zylinder für Ausgleich der Stößelmasse, 7 Pleuel, 8 Druckstange, 9 Stößel, 10 Ausstoßer, 11 Ständer, 12 Auswerfer, 13 Tisch (Werkfoto Fa. Kieserling und Albrecht, Solingen)

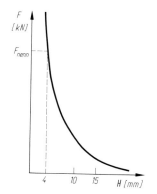

Bild 24.2 Kraft-Weg-Diagramm einer Kniehebelpresse

Dies zu wissen ist vor allem für den Fertigungsingenieur wichtig, weil sich aus dem Kraft-Weg-Verhalten der Einsatz dieser Maschinen ergibt.

Sie werden für Vorgänge, bei denen große Kräfte auf kleinen Umformwegen erforderlich sind, eingesetzt.

Kalibrieren, Setzoperationen, Massivprägen, Rückwärtsfließpressen (Tubenspritzen) sind typische Einsatzgebiete für Kniehebelpressen.

Für die Herstellung von Tuben und ähnlichen dünnwandigen Hohlkörpern setzt man überwiegend Pressen in liegender Anordnung ein (Bild 24.3), weil bei diesen Maschinen die Zuführung der Rohlinge und die Abführung der Fertigteile einfacher ist.

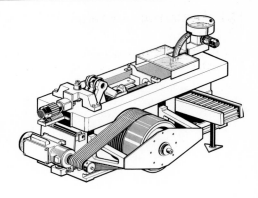

Bild 24.3 Liegende Kniehebelpresse für die Herstellung von Tuben (Werkfoto Fa. Herlan und Co, Karlsruhe)

Tabelle 24.1 Kenngrößen der Exzenter-, Kurbel-, Kniehebel- und hydraulischen Pressen nach VDI 3145 Bl. 1

| Kenngröße | Weggebundene Maschinen | | | Kraftgebundene Maschinen |
|---|---|---|---|---|
| | Exzenterpresse | Kurbelpresse | Kniehebelpresse | hydraulische Presse |
| Kraftübertragung | Pleuel | Pleuel | Pleuel | Kolbenstange |
| Energie für Arbeitsbewegung | Energiespeicher − Schwungrad | | | Drucköl $p = 100$ bis 315 bar |
| Nutzhubbereich (mm) | 10−80 | 100−300 | 3−12 | 100−1000 |
| max. Nennpreßkraft $F_N$ (kN) | 1000 bis 16 000 | | 1000 bis 16 000 | 1000 bis 16 000 |
| Dauerhubzahl $n_D$ in min$^{-1}$ | 10 bis 100 | 10 bis 100 | 20 bis 200 | 5 bis 60 |
| Arbeitsvermögen $W$ (kN m) | $W = F_N \cdot h_N$ | | | $F_{max} \cdot h_{max}$ |
| Nennpreßkraft $F_N$ (kN) | $F_N = \dfrac{T}{\sin \alpha}$ | | graphische Ermittlung | $F = p \cdot A - R$ |

## 24.1  Testfragen zu Kapitel 24:

1. Wodurch unterscheidet sich eine Kniehebelpresse von einer Kurbelpresse?
2. Wann setzt man bevorzugt liegende Kniehebelpressen ein?

# 25. Hydraulische Pressen

Die Pressengestelle der hydraulischen Pressen sind meist als O- oder Torgestell (Bild 25.1) in Stahl-Schweißkonstruktion ausgebildet. Bei kleineren Maschinen ist das Gestell aus einem Stück und bei großen Maschinen in 3-geteilter Ausführung. Die 3 Hauptelemente Pressentisch, Seitenständer und Kopfstück werden durch Zuganker zusammengehalten.

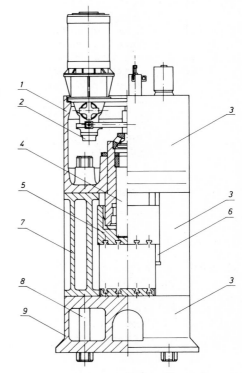

Bild 25.1 Hydraulische Presse in 3-teiliger Ausführung. 1 Kopfstück, 2 Pumpe, 3 Seitenständer, 4 Preßzylinder, 5 Stößel, 6 Führung, 7 Schnitt von Seitenständer, 8 Zuganker, 9 Pressentisch (Werkfoto Fa. Lasco Umformtechnik, Coburg)

## 25.1 Antrieb der hydraulischen Pressen

Die Stößelbewegung (Bild 25.2) wird durch einen Differentialkolben erzeugt. Die erforderlichen Druckölmengen werden bei kleinen Pressen durch Konstantförderpumpen (Zahnrad- oder Schraubenpumpen) und bei großen Maschinen durch verstellbare Axial- oder Radialkolbenpumpen erbracht. Die Betriebsdrücke liegen bei hydraulischen Pressen zwischen 200 und 350 bar. Zu kleine Drücke würden zu große Kolbenabmessungen ergeben und zu große Drücke sind dichtungsmäßig schwer zu beherrschen.

Die wichtigsten technischen Daten lassen sich wie folgt bestimmen:

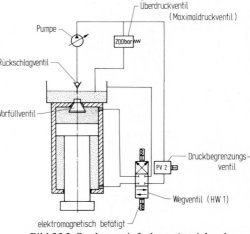

Bild 25.2 Stark vereinfachtes Antriebsschema einer hydraulischen Presse

1. *Antriebsleistung:*

$$Q_p = Q_{p_{th}} \cdot \eta_{P_{vol}}$$

| $Q_p$ | in l/min | tatsächliche Förder-menge der Pumpe |
| $Q_{p_{th}}$ | in l/min | theoretische Förder-menge der Pumpe |
| $P$ | in kW | Antriebsleistung |
| $p$ | in bar | Druck im System |
| $\eta_{P_{vol}}$ | — | volumetr. Wirkungs-grad der Pumpe |
| $\eta_{P_m}$ | — | mechanischer Wir-kungsgrad der Pumpe |
| $\eta_M$ | — | Wirkungsgrad der Ma-schine (Presse) |

$$\boxed{P = \frac{Q_{th} \cdot p}{600 \cdot \eta_{P_m} \cdot \eta_M}}$$

2. *Kolbengeschwindigkeiten:*

2.1 *Vorlauf (Arbeitshub):*

$$Q_p = Q_K$$

| $A_k$ in cm² | Kolbenquerschnitt beim Arbeitshub |
| $d_1$ in cm | Durchmesser des Kolbens |
| $d_2$ in cm | Durchmesser des Differentialkolbens |

$$\boxed{v_A = \frac{Q_p \cdot 10 \cdot \eta_{K_{vol}}}{A_{k_1}}}$$

$$\boxed{A_{k_1} = \frac{d_1^2 \cdot \pi}{4}}$$

| $Q_K$ | in l/min | tats. Schluckstrom des Kolbens |
| $Q_p$ | in l/min | tats. Förderstrom der Pumpe |
| $v_A$ | in m/min | Vorlaufgeschwindigkeit des Kolbens |
| $v_R$ | in m/min | Rücklaufgeschwindigkeit des Kolbens |
| $\eta_{K_{vol}}$ | — | Volumetrischer Wirkungsgrad des Kolbens |

2.2 *Rücklauf:*

$$\boxed{\begin{array}{c} v_R = \dfrac{Q_p \cdot 10 \cdot \eta_{K_{vol}}}{A_{k_2}} \\[2ex] A_{k_2} = (d_1^2 - d_2^2)\,\dfrac{\pi}{4} \end{array}}$$

$A_{k_2}$ in cm²  Kolbenquerschnitt beim Rückhub

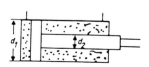

Bild 25.3 Hydrozylinder mit Differentialkolben

3. *Kolbenkraft* (ohne Berücksichtigung des Eigengewichtes und der Reibung)

3.1 *Preßkraft (Arbeitshub)*

$$F = \frac{p \cdot A_{k_1}}{10^2}$$

$F$ in kN   Preßkraft
$p$ in bar  Arbeitsdruck
       (daN/cm$^2$).

3.2 *Stößel-Rückzugskraft*

$$F_R = \frac{p \cdot A_{k_2}}{10^2}$$

$F_R$ in kN Rückzugskraft.

## 25.2 Beispiel:

Eine Konstantförderpumpe, die einen Förderstrom von $Q_p = 200$ l/min bei einem Arbeitsdruck von $p = 150$ bar liefert, soll für den Antrieb einer kleinen hydraulischen Presse eingesetzt werden.

Gegeben:

Durchmesser des Arbeitskolbens       $d_1 = 200$ mm;
Durchmesser des Differentialkolbens  $d_2 = 160$ mm;   $\eta_{K_{vol}} = 0,97$.

Gesucht:

1. Preßkraft        $\Big\}$ ohne Berücksichtigung der Eigengewichte und der Reibung
2. Rückzugskraft
3. Vorlaufgeschwindigkeit des Kolbens (Arbeitsgeschwindigkeit)
4. Rücklaufgeschwindigkeit.

*Lösung:*

1.   $F_{Pr} = \dfrac{p \cdot A_{k_1}}{10^2 \, \text{N/kN}} = \dfrac{150 \, \text{daN} \cdot (20 \, \text{cm})^2 \cdot \pi}{\text{cm}^2 \cdot 10^2 \, \text{N/kN} \cdot 4} = \underline{\underline{471,2 \, \text{kN}}}$

2.   $F_R = \dfrac{p \, (d_1^2 - d_2^2) \, \pi}{10^2 \cdot 4} = \dfrac{150 \, \text{daN} \, (20^2 \, \text{cm}^2 - 16^2 \, \text{cm}^2) \cdot \pi}{\text{cm}^2 \cdot 10^2 \cdot 4} = \underline{\underline{159 \, \text{kN}}}$

3.   $v_A = \dfrac{Q_p \cdot 10 \cdot \eta_{K_{vol}}}{A_{k_1}} = \dfrac{200 \, \text{l} \cdot 10 \cdot 0,97}{\text{min} \, 20^2 \, \text{cm}^2 \cdot \pi/4} = \underline{\underline{6,17 \, \text{m/min}}}$

4.   $v_R = \dfrac{Q_p \cdot 10 \cdot \eta_{K_{vol}}}{A_{k_2}} = \dfrac{200 \, \text{l} \cdot 0,97 \cdot 10}{\text{min} \, (20^2 \, \text{cm}^2 - 16^2 \, \text{cm}^2) \cdot \pi/4} = \underline{\underline{17,1 \, \text{m/min}}} \, .$

## 25.3 Vorteile der hydraulischen Pressen

*Die Vorteile der hydraulischen Pressen sind:*

a) konstante Kraft unabhängig vom Weg,
b) genau einstellbare Kraft (deshalb keine zusätzliche Überlastsicherung erforderlich),
c) Arbeitsvermögen unbegrenzt bis $W_{max} = F_{max} \cdot s_{max}$.

Nachteilig ist die kleine Arbeitsgeschwindigkeit im Vergleich zu Kurbelpressen, die eine kleinere Leistung (Stückzahl/Zeiteinheit) zur Folge hat.

## 25.4 Praktischer Einsatz der hydraulischen Pressen

Allgemein überall da, wo eine konstante Kraft auf einem großen Arbeitsweg erforderlich ist:

Vorwärtsfließpressen langer Teile,
Abstrecken (Abstreckziehen),
Hohl- und Massivprägen (hier hat Material Zeit zum Nachfließen),
Tiefziehen.

*Dreifachwirkende Ziehpresse*

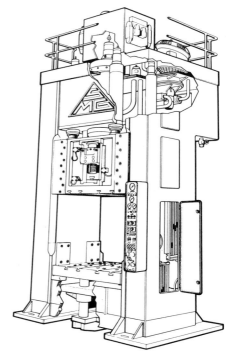

Für das Tiefziehen setzt man bevorzugt dreifachwirkende Pressen (Bild 25.4) ein. Die hier gezeigte Maschine hat 2 Stößel und einen Auswerfer.
Am äußeren Stößel ist der Niederhalter befestigt. Der unabhängig vom äußeren Stößel arbeitende Innenstößel ist der eigentliche Ziehstößel, der den Ziehvorgang ausführt. Im Pressentisch ist der Auswerfer. Er drückt das fertige Ziehteil aus dem Ziehring heraus (siehe dazu Kapitel 14.9).

Bild 25.4  Schnittbild einer dreifachwirkenden hydraulischen Ziehpresse (Abb. Fa. Süddeutsche Maschinenbaugesellschaft, Waghäusel)

*Tiefzieh-Schlagpressen*

Tiefzieh-Schlagpressen sind ebenfalls zweifach- oder dreifachwirkende Ziehpressen, die zunächst wie eine normale Ziehpresse und zusätzlich noch wie ein Fallhammer arbeiten können. Bei der im Bild 25.5 gezeigten zweifachwirkenden hydraulischen Tiefzieh-Schlagpresse ist eine Ziehpresse mit einem Hammer vereinigt. Das Ziehkissen zur Betätigung des Niederhalters ist bei dieser Maschine unten, unter dem Tisch, eingebaut. Es hat einen eigenen Antrieb. Dadurch können Ziehstößel und Ziehkissen völlig getrennt voneinander gesteuert werden.

Das Ziehkissen kann auch als Auswerfer arbeiten.

Diese Maschine ist mit einer Programmsteuerung ausgerüstet, mit der die Arbeitsweise vorgewählt werden kann. Man kann z. B. wählen:

1. Tiefziehen,
2. mit Hammerwirkung (bis zu 5 Hammerschläge aus verschiedenen Fallhöhen) hart nachschlagen.

Durch das Nachschlagen mit Hammerwirkung können kombinierte Zieh-Prägeteile mit hoher Genauigkeit hergestellt werden. Während beim reinen Tiefziehvorgang das Werkstück oft nachfedert, kommt durch das Nachschlagen mit Hammerwirkung der Werkstoff zum Stehen.

Die beim Nachschlagen sich ergebenden Kräfte kann man aus der Beziehung

$$\text{Kraft} = \frac{\text{Arbeit}}{\text{Verformungsweg}}$$

errechnen.

Da beim Prägen die Verformungswege sehr klein sind, ergeben sich hohe Kräfte, die das Werkstück präzis ausformen. Wegen dieser hervorragenden Eigenschaft ist diese Maschine zur Herstellung von schwierigen Zieh- und Prägeteilen prädestiniert.

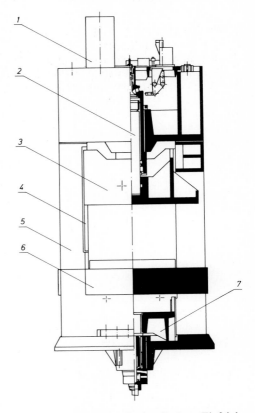

Bild 25.5  Elektro-ölhydraulische Tiefzieh-Schlagpresse. 1 Axialkolbenpumpe, 2 Preßkolben, 3 Stößel, 4 Stößelführung, 5 Pressengestell, 6 Pressentisch, 7 Tiefziehkissen (Abb. Fa. Lasco Umformtechnik, Coburg)

## 25.5 Testfragen zu Kapitel 25:

1. Erklären Sie das Antriebsschema einer hydraulischen Presse!
2. Wodurch wird die erhöhte Rücklaufgeschwindigkeit des Pressenstößels erreicht?
3. Warum ist eine hohe Rücklaufgeschwindigkeit erwünscht?
4. Wie unterscheidet sich eine zweifachwirkende Presse von einer einfachwirkenden?
5. Für welche Arbeitsverfahren benötigt man zwei- bzw. dreifachwirkende Pressen?

# 26. Sonderpressen

Sonderpressen sind für ganz bestimmte Anwendungsgebiete bzw. ganz bestimmte Arbeitsverfahren konzipiert.

Vom Antrieb her können diese Maschinen sowohl hydraulische als auch Kurbelpressen sein.

Solche Sonderpressen sind z. B.:

- Stufenziehpressen für die Blechumformung
- Mehrstufenpressen für die Massivumformung
- Schmiedepressen für das Gesenkschmieden
- Fließpressen für das Kalt- und Warm-Fließpressen
- Stanzautomaten für die automatische Fertigung von Stanzteilen.

Von den hier aufgeführten Spezialpressen sollen nachfolgend 3 näher beschrieben werden.

## 26.1 Stufenziehpressen

Stufenpressen sind Spezialmaschinen für Werkstücke, die zur Herstellung mehrere Arbeitsoperationen erfordern. Sie werden überwiegend zur Herstellung von Blechziehteilen eingesetzt und sind deshalb im Grundaufbau Ziehpressen. Ihre Stößelfunktion ist doppelwirkend. Während bei einer normalen Ziehpresse am Ziehstößel nur ein Werkzeug angebracht ist, hat die Stufenpresse viele Werkzeuge. Die Anzahl der Werkzeuge entspricht der Anzahl der Arbeitsstufen, die zur Herstellung eines Stufenziehteiles erforderlich sind. Ein solches Stufenziehteil, das zur Herstellung 11 Arbeitsoperationen erfordert, zeigt Bild 26.1. Die für dieses Werkstück eingesetzte Wein-

Bild 26.1 Operationsfolge eines Ziehteiles

garten-Stufenpresse (Bild 26.2) zeigt die betriebsbereiten Werkzeuge. Der Pressen-körper ist in Stahlplattenbauweise ausgeführt. Er besteht aus dem Tisch, den Pres-senständern und dem Kopfstück. Diese Teile werden durch hydraulisch vorgespannte Stahlanker zu einem stabilen Rahmen verbunden.

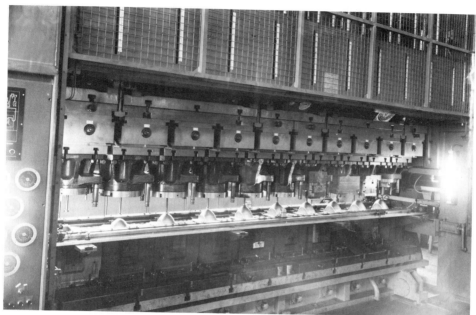

a)

b)

Bild 26.2 Werkzeugraum (Bild a) und Werkzeugsatz (Bild b) einer Stufenziehpresse mit 4500 kN Preßkraft (Werkfoto Fa. Weingarten, Weingarten)

Eine Großteilstufenpresse der Firma Weingarten zeigt Bild 26.3.

Bild 26.3  Großteilstufenpresse S 3200
(Werkfoto Fa. Weingarten, Weingarten)

In dieser vollautomatisch arbeitenden Preßanlage sind drei Maschinen, mit 3 getrennt angetriebenen Stößeln (I, II und III), in einer Maschine mit 35 m Länge und 4 m Breite zusammengefaßt.

In dieser Maschine (Bild 26.4) können bis zu 36 Werkzeuge gleichzeitig arbeiten und komplizierte Werkstücke von der Ronde bis zum Fertigteil herstellen.

Außer Tiefziehoperationen werden in dieser Arbeitsfolge Biege-, Bördel-, Stanz- und Prägeoperationen ausgeführt.

Die Werkzeuge werden aus dem Bereitstellungsraum (Bild 26.4) der Maschine vollautomatisch in den Arbeitsraum gefahren und dort ebenfalls automatisch justiert und eingespannt.

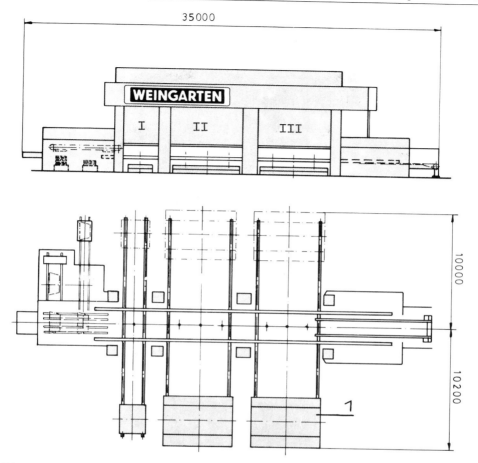

Bild 26.4 Schnittbild der Großteilstufenpresse S 3200 mit Werkzeugbereitstellungsraum. 1 bereitgestellte Werkzeugblöcke

Genau so erfolgt das Ausfahren der Werkzeuge nach der anderen Seite.

Die Umrüstzeit auf ein neues Werkstück beträgt ca. 30 Minuten. Die gesamte Anlage wird von 3 Personen (1 Elektroniker, 1 Werkzeugspezialist, 1 Pressenmonteur) überwacht bzw. gefahren.

Das Pressengestell wurde mit der Finite Elemente Methode berechnet. Die Finite Elemente Struktur des in 5900 Elementen mit 14 500 Freiheitsgraden zerlegten Ständers zeigt Bild 26.5.

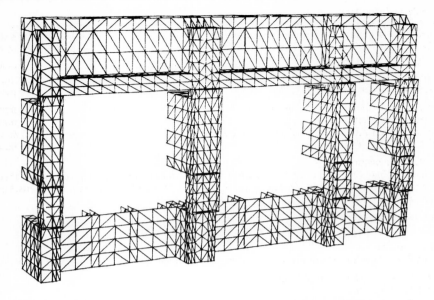

Bild 26.5  Finite Elementestruktur der Großteilstufenpresse S 3200

Einige technische Daten dieser wohl größten Stufenpresse, die jemals gebaut wurde, zeigt die nachfolgende Tabelle.

Tabelle 26.1  Technische Daten der Stufenpresse S 3200

| | |
|---|---:|
| Gesamtpreßkraft ab 25 mm vor UT | 32000 kN |
| Preßkraft  Stößel I | 8000 kN |
| Stößel II + III je | 12000 kN |
| Max. Preßkraft in Werkzeugstufe 1 | 8000 kN |
| in Werkzeugstufen 2–7 je | 6000 kN |
| Arbeitsvermögen bei Hubzahl  8/min insg. | 500 kJ |
| ab Hubzahl 10/min insg. | 800 kJ |
| Hubzahl stufenlos regelbar | 8–16/min |
| Einrichtehubzahl | 4– 8/min |
| Schleichganghubzahl mit eigenen synchronisierten Antrieben | 1/min |
| Ständerweite Tisch I | 2920 mm |
| Ständerweite Tisch II und III je | 5860 mm |
| Ständeröffnungsbreite (von vorne nach hinten) | 3800 mm |
| Einbauhöhe zwischen Schiebetischen und Stößeln, Hub unten, Verstellung oben | 1160 mm |
| Schiebetischfläche der einfachwirkenden Ziehstufe | 1800 × 2500 mm |
| Schiebetischfläche Stufe 2–4 und 5–7 je | 5400 × 2500 mm |

Tabelle 26.1 (Fortsetzung)

| | |
|---|---|
| Stößelfläche der einfachwirkenden Ziehstufe | 1800 × 2400 mm |
| Stößelfläche Stufe 2−4 und 5−7 je | 5400 × 2400 mm |
| Hub der Stößel I, II, III | 800 mm |
| Ziehtiefe | 150 mm |
| Verstellbarkeit der 3 Stößel | 100 mm |
| Greiferschienen-Schritt (Werkzeugabstand) | 1800 mm |
| Schließweg je Greiferschiene | 400 mm |
| Greiferschienen-Innenweite geschlossen, verstellbar | 1200−2100 mm |
| Hebehub der Greiferschienen | 200 mm |

Greiferschienenantrieb
    durch 4 Paar Doppelkurven in Unterflur-Getriebekästen, mit Eigenantrieb zum Fahren ohne Stößelbewegung im Schleichgang, Greiferschienenverbindung mit automatischem Kupplungssystem.

Vierpunkt-Gelenkantrieb
    zur Verringerung der Auftreffgeschwindigkeit für jeden Stößel.

Pressengetriebe
    mit Doppelschrägverzahnung, formschlüssig synchronisiert.

Hydraulische Überlastungssicherung
    in allen 3 Stößeln.

Einscheiben-Kupplungen und -Bremsen
    pneumatisch betätigt.

Schnellspannelemente
    für Oberwerkzeuge.

Werkzeugschmierung
    für Ober- und Unterwerkzeug Stufe 1 und 2.

Schutzvorhänge
    in Lärmschutzausführung mit Fallsicherung.

Werkstücktransportüberwachung.

Zentralsteuerpult
    und dezentrale Bedienungsstände für alle Steuer- und Überwachungsfunktionen.

Vollautomatische Werkzeugwechsel
    mit 6 Schiebetischen in weniger als 10 Minuten durch MC-Steuerung mit über 40 Achsen und 4 Bildschirmanzeigen für Druck- und Wegeinstellungen, Werkzeugsteuerung, Pressen-Bedienerführung, Fehlererkennung und Werkzeugdatenspeicherung, Teach-In-Verfahren, fernprogrammierbarem Nockenschaltwerk mit Kommandos für die Mechanisierung.

PC-Steuerung
    für Auswertung der Fehlerdiagnose, Werkzeugwechsel-Bedienerführung, Schnellspannsituation und Synoptik sowie als Schnittstelle für MC-Steuerung.

Video-Überwachung
    der Verkehrsflächen vor und hinter der Presse beim Schiebetisch- bzw. Werkzeugwechsel.

## 26.2 Mehrstufenpressen für die Massivumformung

Im Gegensatz zu den stehenden Stufenpressen, die überwiegend für die Blechumformung eingesetzt werden, wurden die Mehrstufenpressen für die Massivumformung in liegender Anordnung entwickelt.

Ihr wirtschaftlicher Einsatz ist dann gegeben, wenn Werkstücke in großen Stückzahlen zu fertigen sind, die mehrere Arbeitsoperationen erfordern, und bei denen man die Werkzeuge bezüglich ihrer Standzeit beherrschen kann.

Nach dem Abscheren werden in den einzelnen Preßstufen unterschiedliche Arbeitsverfahren (z. B. Stufe 1 Stauchen, Stufe 2 Fließpressen usw.) angewandt. Da in der Normteilindustrie (Schrauben, Muttern, Niete) immer große Stückzahlen benötigt werden, haben sich diese Maschinen dort zuerst durchgesetzt. Inzwischen werden Mehrstufenpressen für die Herstellung von Massivumformteilen aller Art verwendet.

Bei diesen Maschinen unterscheidet man nach

1. Anzahl der Arbeitsstufen
   in Zweistufen-(Doppeldruck), Dreistufen-, Vier- und Mehrstufenpressen,
2. Anordnung der Werkzeuge
   waagerecht oder senkrecht,
3. Einsatzgebieten
   z. B. Maschinen für die Schraubenherstellung,
   Maschinen für die Mutternherstellung,
   Maschinen für die Umformteile verschiedener Art, wie z. B. Ventilfederteller.

Bild 26.6 zeigt eine Doppeldruckpresse. Diese Maschine hat eine Scherstufe und zwei Arbeitsstationen.

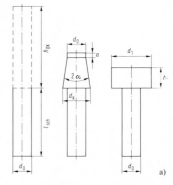

Bild 26.6 (oben) Doppeldruckpresse
(Werkfoto Fa. Hilgeland, Wuppertal)

Bild 26.6 a) (rechts) Stadienfolge bei
einer Doppeldruckpresse

In den beiden Arbeitsstationen kann z. B. der Kopf einer Schraube vor- und fertiggestaucht werden (siehe dazu Kap. 4 Bild 4.7).

Der vom Drahtbund kommende Draht wird vom Einzug der Maschine durch einen Drahtrichtapparat geführt und dann anschließend im gerichteten Zustand in die Scherstufe eingeschoben. Danach wird er auf die erforderliche Länge abgeschert.

Durch einen Greifer wird der Drahtabschnitt nun zum Preßwerkzeug gebracht. Nach der Umformung wird das fertige Werkstück automatisch, durch den Ausstoßer, ausgeworfen.

Das Antriebsschema dieser Maschine zeigt Bild 26.7.

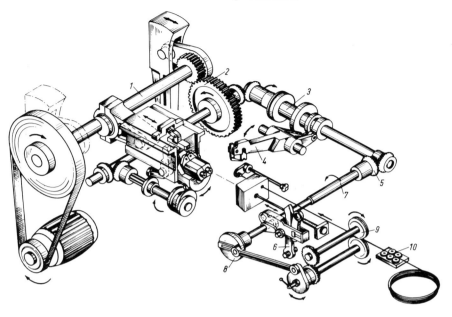

Bild 26.7 Antriebsschema einer Doppeldruckpresse CH 1 SH
(Abb. Fa. Hilgeland, Wuppertal)

Von der Exzenterwelle 1 wird über das Pleuel der Schlittenhub und gleichzeitig über
ein Zahnradvorgelege 2 und Kegelräder der Antrieb der Steuerwelle 3 abgeleitet.
Von der Steuerwelle wird über Kurven das Abschersystem 4, und mittels weiterer
Kegelräder 5 und einen Schwenkhebel 6 der Auswerfer betätigt.
Von der gleichen Querwelle 7 werden über einen Kulissenstein 8 die Drahteinzugsrol-
len 9, die den Draht auch durch die Rollenrichtvorrichtung 10 ziehen und dann in die
Scherbuchse schieben, angetrieben.
Eine Mehrstufenpresse mit vertikaler Werkzeuganordnung ist die im Bild 26.8 ge-
zeigte Maschine. Der Hauptschlitten mit den Stempelwerkzeugen liegt an der
Vorderseite der Maschine in einer über die ganze Länge der Maschine reichenden
Führungsbahn. Durch die vertikale Anordnung sind die Werkzeuge besonders gut
zugänglich und können leicht nachgestellt oder ausgewechselt werden. Die Verstellung
wird mit den an der Vorderseite der Maschine gut zugänglichen Schrauben und
Spindeln vorgenommen. Für die beiden mittleren Preßstempel ist im Schlitten eine
kraftschlüssige Auswerfervorrichtung eingebaut. Ihr Antrieb wird von der Pleuelbe-
wegung abgeleitet.

Bild 26.8 Mehrstufenpresse mit 5 Umform- und einer Scherstufe
(Werkfoto Fa. Schuler, Göppingen)

Der Maschinenkörper (Bild 26.9) ist ein Kastenrahmen, der in einem geschlossenen Gehäuse das Getriebe und den Auswerfermechanismus aufnimmt. Die im Ölbad laufenden Triebwerkselemente werden dabei sicher vom Werkzeugbereich getrennt. Die sehr starre Körperkonstruktion wurde mit der Finite Elemente Methode optimiert.

Bild 26.9 Maschinenkörper, Stößel, Führungen und Antrieb einer Mehrstufenpresse Formmaster Modell GB 25.4 (Werkfoto Fa. Schuler, Göppingen)

Der Stößel, der die Stempel trägt, wird in extrem langen Führungsbahnen (Werkstoffpaarung – Spezialbronze auf Stahl) geführt.

Die Werkzeuge mit übereinanderliegenden Arbeitsstufen sind bei dieser Maschine vertikal angeordnet (Bild 26.10).

Dies bietet beim Werkzeugwechsel große Vorteile, weil die Werkzeuge leicht zugängig sind. Außerdem können sie gut überwacht und leicht gewartet werden.

Die Stempelhalter an der Vorderseite des Stößels sind, bezogen auf die Matrizenachse, in 3 Ebenen einstellbar.

Die exakte Justiermöglichkeit der Stempelhalter und Stempel garantiert, in Verbindung mit der fluchtgenauen Führung, gleichbleibend enge Toleranzen der Fertigteile und hohe Werkzeugstandmengen.

Bild 26.11 zeigt typische Werkstücke, die auf solchen Maschinen hergestellt werden.

Bild 26.10 Preßstempel in einstellbaren Stempelhaltern

Bild 26.11 Typische Werkstücke für Mehrstufenpressen

*Voraussetzungen für den wirtschaftlichen Einsatz der Mehrstufenpressen für die Massivumformung*

Ob sich die in der Massivumformung üblichen kapitalintensiven Fertigungsanlagen wirtschaftlich nutzen lassen, hängt entscheidend davon ab, welcher Anteil der Gesamtproduktionszeit auf Nebenzeiten und Rüstzeiten entfällt. Werkzeugwechsel- und Umrüstsysteme können hier entscheidend dazu beitragen, diese Nebenzeiten zu verkürzen und die Maschinennutzungszeit zu steigern.

Da Fertigungsstrukturen im Hinblick auf Teilegröße, Losgröße, Verfahrenstechnik und Fertigungsablauf stark voneinander abweichen können, werden für das schnelle Umrüsten verschiedene teil- und vollautomatische Systeme auf dem Markt angeboten, aus denen der Anwender eine seinem Betrieb passende Kombination wählen kann.

Für die im Bild 26.8 gezeigte Mehrstufenpresse wird z. B. ein:

*Programmgesteuertes vollautomatisches Umrüstsystem*

angeboten.

Mit diesem Umrüstsystem werden alle Werkzeugeinstell- und Wechselfunktionen beim Umrüsten der Maschine vollautomatisch ausgeführt. Dadurch werden die Rüstzeiten drastisch gesenkt.

Daraus folgt eine Flexibilität in der Fertigung, die den wirtschaftlichen Einsatz dieser Maschinen auch für kleinere Losgrößen ermöglicht.

Die Zeit- und Kostenvorteile dieses Systems sind jedoch nicht auf jene Fälle beschränkt, bei denen ein Gesamtumbau von einem Preßteil auf ein anderes notwendig wird. Auch der Austausch einzelner Stempel und Matrizen wird erleichtert und beschleunigt. Dies gilt im besonderen Maße für große Maschinen, bei denen Matrizengewicht und Temperatur einen manuellen Wechsel während der laufenden Produktion fast unmöglich machen. Ähnliches gilt bei Erprobung neuer Werkzeugsätze, einer Arbeit, bei der Stempel und Matrizen häufig gewechselt werden müssen.

Das Werkzeugwechselsystem besteht aus dem eigentlichen Manipulator und einem Reservemagazin mit Matrizen-Temperierung, so daß nach einem Wechsel die neue Matrize sofort die richtige Arbeitstemperatur hat und ohne Unterbrechung weiter gearbeitet werden kann. Der Werkzeugwechsler kann programmgesteuert vollautomatisch oder über das Steuerpult manuell gefahren werden. Das Wechseln eines Matrizenpaketes beansprucht ca. acht Minuten – zum Austausch eines Stempelpaketes sind etwa fünf Minuten erforderlich.

Die Verstellung der Peripherieeinheiten wie Einzug- und Richtrollen, Einzughub und Drahtanschlag, Ausstoßweg und Ausstoßzeitpunkt bei Stempeln und Matrizen sind bei diesem System ebenfalls programmgesteuert und laufen vollautomatisch ab. Ein komplettes Umrüsten beansprucht je nach Maschinengröße in der Regel weniger als dreißig Minuten.

*Auch mit Halbautomatik erhebliche Reduzierung der Rüstzeiten*

Neben dem vollautomatischen elektronisch-gesteuerten Umrüstsystem wurde ein Werkzeugwechselsystem mit Halbautomatik entwickelt. Bei diesem System erfolgt die Anstellung der Peripherieeinheiten mit mechanischen Hilfsmitteln, zum Beispiel Luftschrauber. Die Klemmungen erfolgen hydraulisch vom Schaltpult aus.

Als Werkzeugwechselhilfe dient ein manuell zu betätigender Manipulator. Dazu wird auf einer schwenkbaren Laufbahn eine hydraulisch betätigte schwenkbare und vertikal verschiebbare Greiferzange verfahren, die Werkzeughülsen stempel- oder matrizenseitig greift, aus dem Stempelblock ein- und ausfährt und aus dem Maschinenbereich herausgeschwenkt werden kann.

Welches Werkzeugwechsel-System im Einzelfall wirtschaftlich und sinnvoll ist, ergibt sich aus der Praxis. Generall kann gesagt werden, daß bei großen Anlagen das vollautomatische System wesentliche Vorteile bietet, während bei kleineren Anlagen auch mit einem halbautomatischen Werkzeugwechselsystem entsprechend kurze Rüstzeiten zu erzielen sind.

Eine Mehrstufenpresse mit einer Schneid- und 5 Umformstufen mit horizontaler Werkzeuganordnung zeigt Bild 26.12. Der zu verarbeitende Draht wird mit Hilfe des an der Maschine befindlichen Richtapparates gerichtet und mit den Einzugsrollen in die Maschine transportiert.

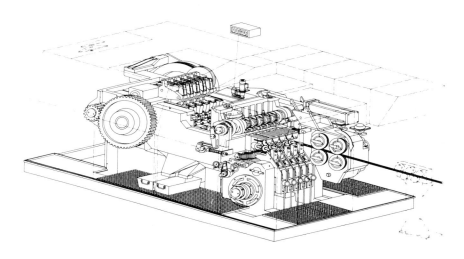

Bild 26.12 Mehrstufenpresse mit 5 Umform- und einer Schneidstufe
(Werkfoto Fa. Kieserling und Albrecht, Solingen)

Mit einem geschlossenem Messer, welches den Abschnitt zur Übergabestation transportiert, wird der Draht abgeschnitten. Der Abschnitt wird in die erste Transportzange übergeben und mit dem Werkstücktransport zur ersten Umformstufe gebracht.
Die Umformung erfolgt in 5 Umformstufen. Fertigteile und Abfall werden getrennt aus der Maschine herausgeführt.
Je nach Anwendungsfall kann der Preßling nach der 1. bis 4. Umformstufe aus der Maschine herausgeführt, separat geglüht und mit einer Oberflächenbehandlung versehen der Maschine wieder zugeführt und fertig gepreßt werden, ohne eine Preßstufe zu verlieren.
Die Maschine wird von einem stufenlos regelbaren Gleichstrommotor über ein groß dimensioniertes Kupplungs-Bremssystem angetrieben.
Der sehr lang ausgelegte Preßschlitten erhält seinen Antrieb über ein gabelförmiges Pleuel mit doppelter Lagerung von der Kurbelwelle.
Dadurch wird auch bei ungleich verteilten Preßkräften ein Verkanten des Schlittens verhindert.
Alle Kurven, Steuerwellen und Steuervorrichtungen befinden sich außerhalb des Arbeitsraumes und sind dadurch leicht zugänglich.
Die Bewegung der Steuerwellen wird von der Kurbelwelle abgeleitet.

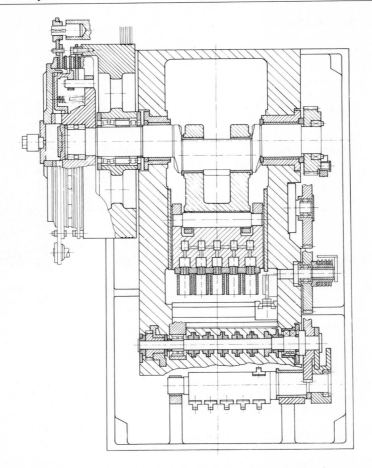

Bild 26.13 Antriebsschema der Mehrstufenpresse mit horizontaler Werkzeuganordnung
(Werkfoto Fa. Kieserling und Albrecht, Solingen)

Die für wichtige Bauteile der Maschine eingebauten Funktionsüberwachungsgeräte
setzen die Maschine bei einer Fehleranzeige sofort still.

*Technische Daten:*

| | | |
|---|---|---:|
| Nennkraft, gesamt | kN | 1600 |
| Hubzahl, max. | $min^{-1}$ | 175 |
| Motorleistung | kW | 72 |
| Draht-$\varnothing$ bei Rm = 600 N/mm², max. | mm | 21 |
| Abschnittlänge, max. | mm | 110 |

## 26.3 Stanzautomaten

Im Kapitel 19, Bild 19.5, wurde ein Fein-
stanzautomat beschrieben.
Hier soll ein Stanzautomat, Bild 26.14,
vorgestellt werden, der für besonders
hohe Hubzahlen konzipiert wurde.
Bei diesen extremen Hubzahlen entstehen durch die hin- und hergehenden
Massen große Massenkräfte.

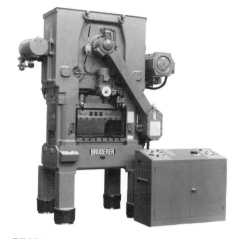

$$F_m = m \cdot \frac{H}{2} \cdot \left(\frac{n}{9{,}55}\right)^2$$

| | | |
|---|---|---|
| $F_m$ | in N | Massenkraft |
| $m$ | in kg | Masse der beweg-ten Teile |
| $n$ | in min$^{-1}$ | Hubzahl |
| $H$ | in m | Hubgröße. |

Bild 26.14 Stanzautomat mit Massenausgleich
Modell BSTA 50 (Werkfoto Fa. Bruderer,
CH-9320 Frasnacht)

Diese Massenkräfte belasten nicht nur
die Lager und Führungen, sondern
übertragen sich auch auf den Hallen-
boden.
Deshalb ist für solche schnellaufenden Stanzmaschinen ein Massenausgleich erforderlich, wenn die Gesamtmasse aus Stößel und Werkzeugoberteil 200 kg überschreitet.

Tabelle 26.2 Technische Daten des Stanzautomaten

| Bezeichnung der Maschine | BSTA 20 | BSTA 50 | BSTA 110 |
|---|---|---|---|
| Nennpreßkraft in kN | 200 | 500 | 1100 |
| max. Hubzahl in min$^{-1}$ | 1800 | 1200 | 850 |
| Hubgröße in mm | 8–38 | 16–51 | 16–75 |
| Hublagenverstellung in mm | 50 | 64 | 89 |

Bei dem Massenausgleich-System Bruderer (Bild 26.15) wird die Bewegung des Stößels 1 gegenüber der Werkzeugaufspannplatte 2, z. B. beim Arbeitshub nach unten, die vom Exzenter 6 erzeugte Kraft über Pleuel 5 und Hebel 4 verstärkt auf die Drucksäule 3 und somit auf den Stößel 1 übertragen. Infolge der Beschleunigung wirkt im System eine Massenkraft nach oben. Gleichzeitig führen die Gegengewichte 9 über Lenker 7 und Massenausgleichshebel 8 eine Bewegung nach oben aus. Diese Massenkräfte wirken den Massenkräften des Stößels entgegen und gleichen sie aus.

Auch die horizontalen Massenkräfte der Exzenterteile müssen ausgeglichen werden, sonst führt die Maschine eine Nickbewegung aus. Diese Massenkräfte werden vom Gegengewicht über Lenker 10 und Hebel 11 ausgeglichen. Der Schwerpunkt der Gegengewichte beschreibt dabei eine Ellipse und entspricht in jedem Punkt der Resultierenden aus beiden Kräften.

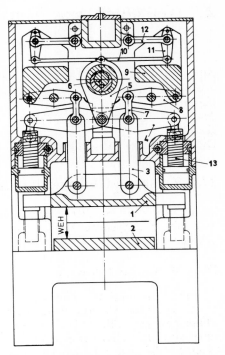

Bild 26.15 Wirkungsweise eines Stanzautomaten mit Massenausgleich − System Bruderer − mit 4-Säulenführung (Abb. Fa. Bruderer, CH-Frasnacht)

Für die Stanzteilgenauigkeit und die Standzeit der Werkzeuge ist außer der geometrischen Genauigkeit der Lager- und Führungselemente die Anordnung der Stößelführung von entscheidender Bedeutung. Bei dieser Maschine wurde mit der 4-Säulenführung eine optimale Lösung gefunden.

Der Bandvorschub wird bei dieser Maschine mit einem kombinierten Zangen-Walzenvorschubapparat − System Bruderer − erzeugt. Damit werden Vorschubgenauigkeiten von 0,01 bis 0,02 mm erreicht.

## 26.4  Testfragen zu Kapitel 26:

1. Was ist das Besondere an einer Stufenziehpresse und für welche Werkstücke wird sie eingesetzt?
2. Wie unterscheiden sich die Mehrstufenpressen für die Massivumformung und wofür setzt man sie ein?
3. Mit welchen Hubzahlen arbeiten Stanzautomaten?
4. Warum benötigen Stanzautomaten einen Massenausgleich?

# 27. Werkstück- bzw. Werkstoffzuführungssysteme

Alle automatisch im Dauerhub arbeitenden Pressen benötigen auch automatisch arbeitende Werkstückzuführeinrichtungen.
Bei einem Teil der Zuführvorrichtungen wird der Antrieb von der Presse abgeleitet. Andere haben eigene Antriebe. In jedem Fall aber werden sie von der Presse gesteuert.
Die Zuführvorrichtungen kann man nach ihren Einsatzgebieten unterteilen in:

## 27.1 Zuführeinrichtungen für den Stanzereibetrieb

Im automatischen Stanzereibetrieb wird vom Band gearbeitet. Für die Bandzuführung gibt es 2 Systeme, den Walzenvorschubapparat und die Zangenvorschubeinrichtung.

### 27.1.1 Walzenvorschubapparat

Er besteht aus zwei Walzenpaaren, die das zu fördernde Material durch Reibschluß bewegen (Bild 27.1). Die Bewegung wird als Kulissenantrieb von der Exzenterwelle abgeleitet. Bei Vorschubbeginn wird die Schubstange nach oben gezogen. Dabei wird der Winkelhebel $h_1$ gegen den Uhrzeigersinn gedreht. Bei dieser Drehrichtung wird die Freilaufkupplung $k_1$ – (Klemmrollenkupplung) wirksam. Sie treibt nun über die Zahnräder $z_1$ und $z_2$ die Unterwalze im Uhrzeigersinn an. Dadurch wird das Bandmaterial von links nach rechts verschoben. Durch die Verbindungsstange $v$ wird die Bewegung der Einlaufseite auf die Auslaufseite übertragen.
Bei einer anderen Konstruktion (Bild 27.2) wird die Klemmrollenkupplung direkt von der Schubstange, die im unteren Bereich als Zahnstange ausgebildet ist, angetrieben.

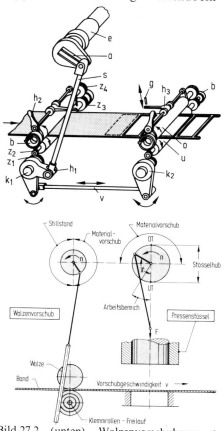

Bild 27.1 (rechts oben) Schema des Walzenvorschubapparates. $e$ Exzenterwelle, $a$ Kurbelarm, $s$ Schubstange, $z$ Zahnräder, $k$ Klemmrollenkupplungen, $o$ Oberwalze, $u$ Unterwalze, $b$ Spreizringbremse, $h$ Hebel, $v$ Verbindungsstange

Bild 27.2 (unten) Walzenvorschubapparat mit Antrieb der Unterwalze durch Zahnstange

### 27.1.2 Zangenvorschubapparat

ist eine Vorschubeinrichtung, bei der das zu verschiebende Bandmaterial zwischen 2 Backenpaaren geklemmt wird. Die Bewegung selbst kann auch hier, wie Bild 27.3 zeigt, von einem Kulissenantrieb abgeleitet werden.

Es gibt aber auch hydraulische und pneumatische Antriebe.

Im Bild 27.3 schwenkt die Schubstange einen Winkelhebel aus, der die Vorschubbewegung ausführt. Die Verbindungsstange überträgt die Bewegung des Einlaufzangenvorschubes auf die Klemmbacken der Auslaufseite. Die außenliegenden Transportzangen werden pneumatisch geschlossen. Wenn das Blech festgeklemmt ist, erfolgt die Vorschubbewegung, die synchron zur Stößelbewegung von der Presse gesteuert wird.

Die beiden inneren Klemmzangen sind während der Vorschubphase geöffnet. Ihre Aufgabe ist, das Blech in der Arbeitsphase (Stanzvorgang) festzuhalten

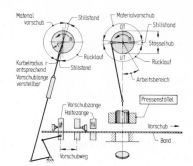

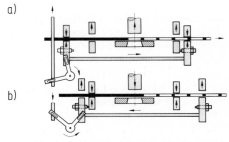

Bild 27.3 Prinzip des Zangenvorschubes.
a) geschlossene, b) geöffnete Klemmbacken

## 27.2 Transporteinrichtungen in Stufenziehpressen

In Stufenziehpressen werden die Werkstücke von Arbeitsstufe zu Arbeitsstufe durch Schienen-Greifersysteme transportiert. Eine solche Greifeinrichtung besteht zunächst aus 2 Schienen, die sich seitlich öffnen und schließen und sich in Vorschubrichtung um einen Vorschubschritt bewegen. An den Greiferschienen (Bild 27.4) sind Greifelemente angebracht, die der Form der Werkstücke in den einzelnen Stadien angepaßt sind.

Der Arbeitszyklus besteht aus 4 Bewegungen:

1. Greiferschienen schließen und Werkstücke erfassen;
2. Greifersystem bewegt sich mit den erfaßten Werkstücken um einen Vorschubschritt nach rechts;

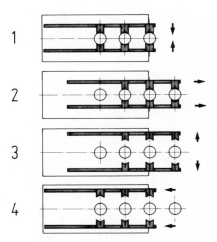

Bild 27.4 Prinzip der Arbeitsweise eines Greifersystems. 1 Schließen, 2 Vorschubbewegung, 3 Öffnen, 4 Rücklauf

3. Die Greiferschienen öffnen sich und legen die beförderten Werkstücke über dem nächsten Bearbeitungswerkzeug in Arbeitslage ab;
4. Die geöffneten Greiferschienen fahren, während der Arbeitsbewegung des Stößels, in die Ausgangsposition zurück.

Die Ausgangsrohlinge werden, je nach Form, durch Stapelmagazine, Tellerförderer oder andere geeignete Zubringer der ersten Station der Greiferschienen zugeführt.

## 27.3 Transporteinrichtungen für Mehrstufenpressen für die Massivumformung

Bei diesen Maschinen arbeitet man mit Greifzangen, die die Werkstücke von einer Umformstufe zur nächsten bringen.
Das Öffnen der Greifzangen (Bild 27.5) und die Linearbewegung erfolgt durch Kurven. Durch Federkraft (Bild 27.6) werden die Zangen geschlossen.
Um ein Werkstück auch 180° drehen zu können, gibt es auch Zangen, die anstelle der Linearbewegung eine Schwenkbewegung ausführen (Bild 27.7).
Ein Greifersystem für eine Querförderpresse mit 4 Arbeitsstufen zeigt Bild 27.8.

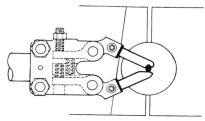

Bild 27.5 Werkstücktransport durch federnde Einfachzange

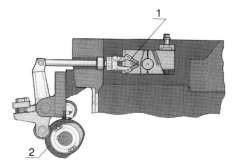

Bild 27.6 (rechts) Antrieb des Greifersystems zur Erzeugung der Linearbewegung.
1 Greifzange, 2 Steuerkurve

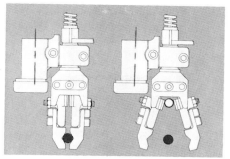

Bild 27.7 Schwenkbare Greiferzangen (180°)

Bild 27.8 Greiferzangen einer 4-Stufen-Querförderpresse

## 27.4 Zuführeinrichtungen für die Zuführung von Ronden und Platinen beim Tubenspritzen (Rückwärtsfließpressen)

Solche Einrichtungen bestehen in der Regel aus 3 Teilen, dem Vibrationsförderer, den sogenannte Schikanen (Führungsschienen) und dem Einstoßer. Der Vibrationsförderer hat die Aufgabe, die Ronden zu ordnen. Durch die Vibration dieses Behälters vereinzeln sich die Teile und bewegen sich in wendelförmigen Rinnen nach oben. Von da aus fallen sie durch einen Mechanismus, der mit dem Stößel der Presse synchron gesteuert ist, in einen Fallschacht und rutschen dort durch die Schwerkraft (Bild 27.9) in den Führungsschienen nach unten.

Bild 27.9 Vibrationsförderer

Durch eine Einstoßvorrichtung werden nun die Ronden vor das Preßwerkzeug geschoben. Das Ausstoßen der umgeformten Teile übernimmt dann ein Ausstoßer, der Bestandteil der Presse ist. In ähnlicher Weise werden auch Schraubenbolzen, Niete, oder andere Formteile zugeführt.

## 27.5 Zuführeinrichtungen zur schrittweisen Zuführung von Einzelwerkstücken

Für die Zuführung von Einzelwerkstücken verwendet man auch Revolverteller. Die Werkstücke werden im vorderen Bereich des Tellers, der außerhalb der Gefahrenzone liegt, von Hand oder über eine Zuführeinrichtung eingelegt. Die schrittweise Drehbewegung (ein Teilabstand pro Pressenhub) wird durch ein Malteserkreuz erzeugt und von der Kurbelwelle über Zahn- und Kegelräder abgeleitet. Bild 27.10 zeigt das Antriebsschema eines solchen Revolvertellers.

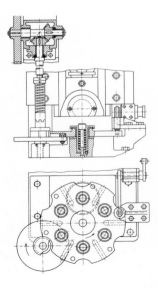

Bild 27.10 Antriebsschema eines Revolvertellers.

## 27.6 Zuführeinrichtungen zur Beschickung von Schmiedemaschinen

Auch beim Gesenkschmieden wird heute in Schmiedestraßen oft vollautomatisch gearbeitet.

Dabei werden die auf Schmiedetemperatur erwärmten Rohlinge mit Hilfe von Industrierobotern (sogenannten Manipulatoren), in das Schmiedegesenk eingelegt. Auch die fertig- oder vorgeformten Schmiedestücke werden nach der Umformung vom Manipulator aus dem Gesenk entnommen und der nächsten Maschine zugeführt.

Diese Industrieroboter (Bild 27.11) werden in vielen Größen (bezogen auf Transportgewicht und Bewegungslänge) gebaut. Sie können, den Erfordernissen entsprechend, lineare Bewegungen in 3 Achsen und zusätzlich Drehbewegungen ausführen. Die Greifelemente sind der Werkstückform angepaßt.

Die Längsbewegungen werden überwiegend pneumatisch und die Drehbewegungen elektrisch (Elektromotor mit nachgeschaltetem Zahnradtrieb) erzeugt.

Alle Manipulatoren sind NC-gesteuert und programmierbar.

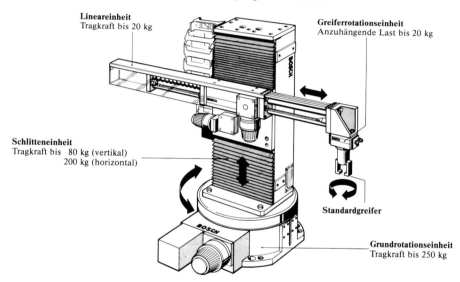

**Lineareinheit**
Tragkraft bis 20 kg

**Greiferrotationseinheit**
Anzuhängende Last bis 20 kg

**Schlitteneinheit**
Tragkraft bis  80 kg (vertikal)
200 kg (horizontal)

**Standardgreifer**

**Grundrotationseinheit**
Tragkraft bis 250 kg

Bild 27.11  Industrieroboter mit 2 Linear- und 2 Drehbewegungen
(Abb. Fa. Bosch-Handhabungstechnik, Stuttgart)

## 27.8 Testfragen zu Kapitel 27:

1. Welche Werkstoffzufuhrsysteme kennen Sie im Stanzereibetrieb?
2. Welche Werkstücktransporteinrichtungen verwendet man bei Stufenziehpressen?
3. Welche Werkstücktransporteinrichtungen werden bei Mehrstufenpressen für die Massivumformung eingesetzt?
4. Wo werden Industrieroboter in der Umformtechnik eingesetzt?

# 28. Weiterentwicklung der Umformmaschinen und der Werkzeugwechselsysteme

## 28.1 Spindelpressen

### 28.1.1 Kupplungsspindelpresse

Bei der im Bild 28.1 gezeigten Kupplungsspindelpresse (Vincentpresse) läuft das Schwungrad dauernd nur in einer Drehrichtung. Es wird über einen Flachriemen von einem Drehstrom-Asynchronmotor angetrieben. Für jeden einzelnen Hub wird das Schwungrad an die Spindel angekuppelt und nach dem Abwärtshub sofort wieder gelöst. Nach dem Ankuppeln dreht sich die Spindel und bewegt den Stößel über die Spindelmutter nach unten, bis das Oberwerkzeug aufschlägt und den Werkstoff umformt. Die erforderliche Umformenergie liefert das Schwungrad, das dabei an Drehzahl verliert. Sobald zwischen Ober- und Unterwerkzeug die vorgewählte Preßkraft erreicht ist, wird das Schwungrad abgekuppelt. Zwei hydraulische Zylinder bringen den Pressenstößel in die Ausgangslage zurück. Sie wirken gleichzeitig als Bremsvorrichtung und halten den Stößel im oberen Totpunkt oder in jeder anderen Hublage fest. Weiterhin wirken die Zylinder als Gewichtsausgleich, so daß die Maschine auch leichte Schläge von nur 10 % der Nennpreßkraft ausüben kann.

### Konstruktiver Aufbau

Der Maschinenkörper in geteilter Gußkonstruktion wird von 4 Zugankern aus Vergütungsstahl zusammengehalten. Der Stößel aus Stahlguß hat besonders lange Führungen, um ein Auskippen zu verhindern. Die Spindel ist aus hochlegiertem Vergütungsstahl. Das Spindellager ist als Kammlager (Bild 28.2) ausgebildet. Die Spindelmutter ist aus Spezialbronze. Das Schwungrad ist auf dem Maschinenkörper hydrostatisch gelagert.

Die Kupplung zwischen Schwungrad und Spindel ist als Einscheiben-Friktionskupplung ausgebildet. Sie wird hydraulisch über einen Ringkolben beaufschlagt. Der Öldruck wird elektronisch gesteuert. Die Kupplung rutscht durch, wenn das eingestellte Drehmoment überschritten wird. Weil die Preßkraft dem Drehmoment der Spindel proportional ist, kann durch die Einstellung des Drehmomentes die Presse auch gegen Überlastung abgesichert werden.

$$M = F \cdot r \cdot \tan \alpha + \rho$$

| | | | | | |
|---|---|---|---|---|---|
| $M$ | in Nm | Drehmoment | $\alpha$ | in Grad | Steigungswinkel des Gewindes |
| $F$ | in N | Preßkraft | $\rho$ | in Grad | Reibungswinkel (ca. 6° entspricht |
| $r$ | in m | Flankenradius der Spindel | | | $\mu = 0{,}1$ bei St auf Bz) |

### Die Hauptmerkmale dieser Maschinen sind:

— Kleine Beschleunigungsmassen
  Es sind lediglich eine leichte Kupplungsscheibe und die Spindel in Gang zu setzen.

— Kurze Beschleunigungsstrecke
  Wegen der kleinen Beschleunigungsmassen wird die maximale Stößelgeschwindigkeit bereits bei $^1/_{10}$ des Hubes erreicht.

— Die volle Kraft wird bereits bei einem Drittel der Hublänge erreicht.

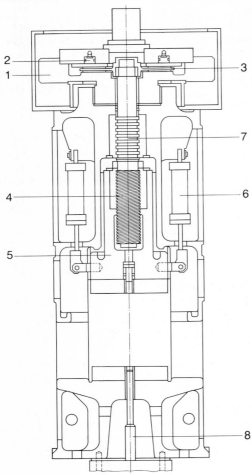

Bild 28.1   Kupplungs-Spindelpresse Bauart SPK.
1 Schwungrad, 2 hydraulischer Ringkolben,
3 Kupplungsscheibe, 4 Spindel, 5 Stößel,
6 Rückhubzylinder, 7 Kammlager der Spindel,
8 Ausstoßer
(Werkfoto Fa. SMS Hasenclever, Düsseldorf)

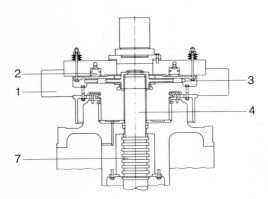

Bild 28.2   Schwungrad und Spindelkupplung.
1 Schwungrad, 2 hydraulischer Ringkolben,
3 Kupplungsscheibe, 4 Spindel, 7 Kammlager
der Spindel
(Werkfoto Fa. SMS Hasenclever, Düsseldorf)

— Hohes Nutzarbeitsvermögen

Arbeitsvermögen und Preßkraft sind bei Kupplungsspindelpressen voneinander unabhängig. Die Preßkraft wird über das Kupplungsdrehmoment eingestellt. Das im Schwungrad gespeicherte Arbeitsvermögen kann bei beliebiger Höhe entnommen werden.

— Preßkraft-Dosierung

Die gewünschte Umformkraft kann über die elektronische Steuerung des Kupplungsdruckes in Grenzen von 10 % bis 100 % an der Bedientafel eingestellt werden.

— Prellschlagsicherheit

Die Prellschlagsicherheit ist gewährleistet, weil die Preßkraft über den Kupplungsdruck präzise eingestellt werden kann.

*Steuerung der Maschine*

Die Maschine ist mit einer Mikroprozessorsteuerung ausgerüstet.
Mit dieser Steuerung werden:

— automatische Schmiedeprogramme,
— Spitzenkräfte,
— Maschinenfunktionen,
— Störungen usw.

überwacht.

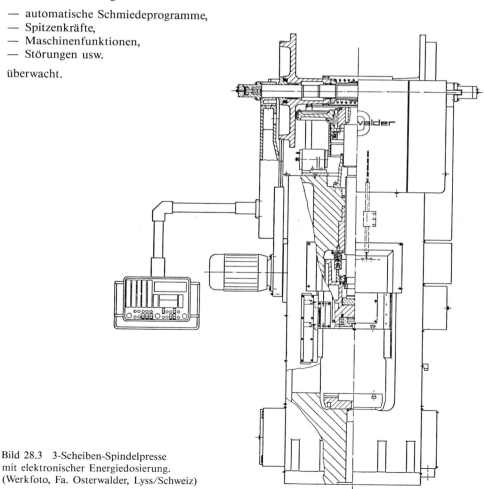

Bild 28.3  3-Scheiben-Spindelpresse
mit elektronischer Energiedosierung.
(Werkfoto, Fa. Osterwalder, Lyss/Schweiz)

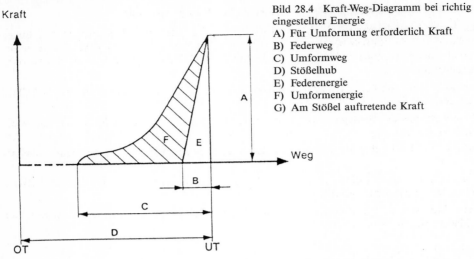

Kraft

Weg

OT          UT

Bild 28.4   Kraft-Weg-Diagramm bei richtig
eingestellter Energie
A) Für Umformung erforderlich Kraft
B) Federweg
C) Umformweg
D) Stößelhub
E) Federenergie
F) Umformenergie
G) Am Stößel auftretende Kraft

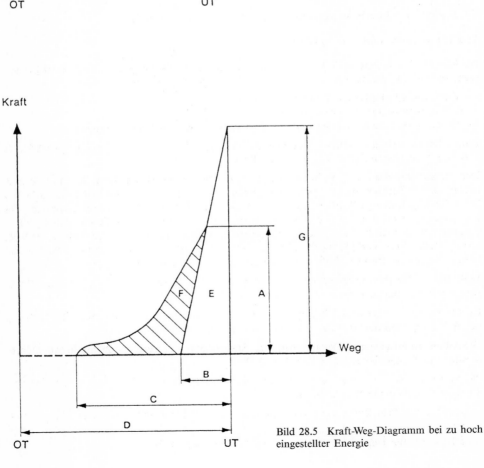

Kraft

Weg

OT          UT

Bild 28.5   Kraft-Weg-Diagramm bei zu hoch
eingestellter Energie

### 28.1.2 3-Scheiben-Spindelpresse mit elektronischer Energiedosierung

Bei dieser Spindelpresse (Bild 28.3) wird mit einem elektronischen Meßgeber die Vertikalgeschwindigkeit des Stößels berührungslos gemessen. Die Stößelgeschwindigkeit kann über ein Potentiometer voreingestellt werden. Das elektronische Steuersystem führt einen Soll-Istwert-Vergleich aus.

Dadurch wird beim Erreichen des Sollwertes die automatische Freistellung der Seitenscheiben gesteuert.

Diese wartungsfreie Schlagdosierung gewährleistet eine Wiederholgenauigkeit der eingestellten Schlagenergie von ±3 %.

Da auch der Rückhub gesteuert ist, kann der eingestellte obere Totpunkt sehr genau eingehalten werden.

Die Maschine kann zusätzlich mit einer Mehrschlagsteuerung, mit frei programmierbarer Schlagfolge ausgerüstet werden.

Die Bilder 28.4 und 28.5 zeigen den Kraft-Weg-Verlauf bei richtig und falsch eingestellter Schlagenergie.

## 28.2 Flexible Fertigungssysteme in der Umformtechnik

### 28.2.1 Vollautomatische Schmiedestraße

Auch in der Umformtechnik geht der Trend zu vollautomatischen flexiblen Fertigungssystemen. Ihre Merkmale sind:

— Vollautomatische Beschickung der Maschinen,
— Vollautomatischer Werkzeugwechsel,
— Vollautomatische Steuerung und Überwachung des Produktionsablaufes.

Eine vollautomatisch arbeitende Schmiedestraße zeigt Bild 28.6. Auf dieser Anlage werden in 5 Arbeitsoperationen Stabilisatoren (Bild 28.6a) hergestellt.

Der Portalmanipulator (3) entnimmt einen Rohling aus dem Vorratsmagazin (4) und transportiert ihn in die Zuführeinrichtung zur Elektrostauchmaschine (1). Dort wird zunächst auf einer Seite der kugelförmige Kopf angestaucht. Danach transportiert der Portalmanipulator das vorgestauchte Werkstück zur Mehrstufenpresse. Dort wird das noch in Schmiedetemperatur erwärmte Werkstück in 3 Operationen (Gesenkschmieden, Abgraten, Lochen) auf einer Seite fertiggestellt. Nun wird der Stab 180° gedreht und wieder zur Elektrostauchmaschine gebracht. Dort wiederholt sich dann die Fertigungsfolge für die 2. Seite.

Während der Bearbeitung in der Mehrstufenpresse hat die Zuführeinrichtung ein neues Werkstück eingelegt und den Heiz- und Stauchvorgang gestartet.

Es werden also immer gleich 2 Werkstücke alternierend bearbeitet. Durch die Überlagerung der Arbeitsoperationen werden Taktzeiten von ca. 40 Sekunden erreicht.

Die Anlage ist ausgelegt zur Verarbeitung von Stangendurchmessern von 28 bis 70 mm Durchmesser und Stangenlängen von 1200 bis 2500 mm.

Sie wird von einem zentralen Pult gesteuert. Eingesetzt ist dabei die elektronische Siemens-Steuerung, Typenreihe S 5. Diese bietet u. a.:

— Bedienergeführte Eingabe aller fertigungsrelevanten Daten mit Hilfe eines Bedienerterminals
— Übersichtliche Darstellung der Soll- und Ist-Werte am Bildschirm

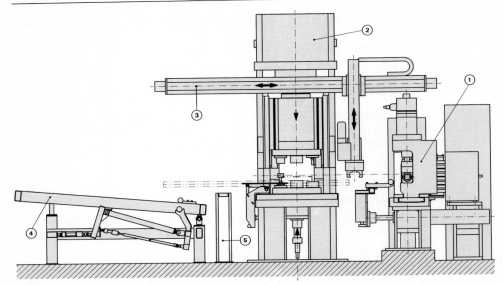

Bild 28.6    Vollautomatische Schmiedestraße bestehend aus:
1 Elektro-Stauchmaschine 140 kVa,
2 Mehrstufenpresse 2000 kN Preßkraft, 3 Portalmanipulator,
4 Vorratsmagazin für Stangenrohlinge, 5 Förderband für den Abtransport fertiger Werkstücke.
(Werkfoto, Fa. Lasco-Umformtechnik, Coburg)

# Fertigungsablauf

**Fertiggeschmiedeter Stabilisator**

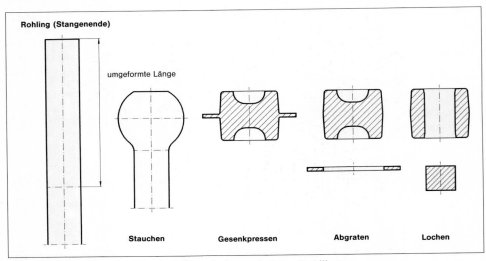

Bild 28.6a    Stadienplan für den auf dieser Anlage gefertigten Stabilisator
(Werkfoto, Fa. Lasco-Umformtechnik, Coburg)

— Störungsanzeige und Anzeige von Prozeßüberwachungen im Klartext, automatische Schrittkettenanalyse

— Abspeicherung von Prozeßdaten

### 28.2.2 Flexible Fertigungszelle

Eine flexible Fertigungszelle ist die stehende 4-Stufen-Kaltpresse (Bild 28.7) mit einer Preß-kraft von 20.000 kN und einer Antriebsleistung von 1250 kW. Diese Transferpresse ist eine Kaltfließpresse, auf der Teilefamilien bis 15 kg Stückgewicht vollautomatisch hergestellt werden.

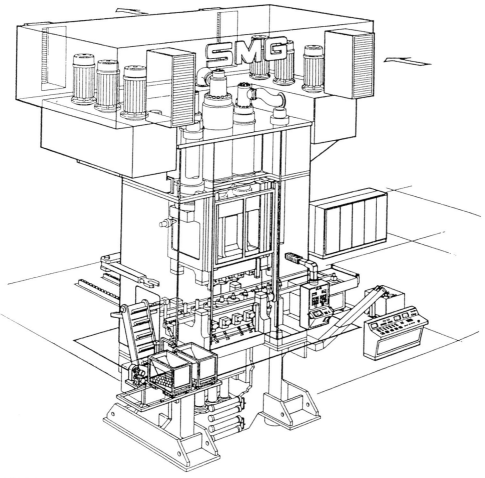

Bild 28.7   4-Stufen-Transferpresse mit automatischer Werkstückbeschickung und automatischem Werk-zeugwechselsystem
(Werkfoto, Fa. SMG Süddeutsche Maschinenbaugesellschaft, Waghäusel)

Außer den 4 Hauptpreßstationen ist im Seitenständer noch eine Abscherstation untergebracht, die ein exaktes Ablängen der Rohlinge ermöglicht. Der Werkzeugwechsel wird volllautomatisch durchgeführt. Es werden nur die einzelnen Werkzeugkassetten (siehe hierzu Kap. 28.3, Bild 28.9) ausgetauscht. Ein Werkzeugwechsler übernimmt das Handling der bis zu 600 kg schweren Werkzeugpakete. In der Maschine werden diese Werkzeugkassetten automatisch justiert und gespannt.

Die Werkstückrohlinge werden in Palettenwagen an die Presse herangebracht und dort dem Förderband übergeben. Dort übernimmt ein Greifersystem den Rohling und bringt ihn in die Arbeitsstationen der Presse. Die fertigen Preßteile werden aus der Maschine ausgeworfen und vom Greifer auf einen Palettenwagen abgelegt.

### 28.2.3 Flexibles Fertigungssystem

Ein flexibles Fertigungssystem zur Herstellung von Gasflaschen aus Stahlblech zeigt Bild 28.8. Mit dieser Anlage werden alle auf dem Weltmarkt üblichen Flaschengrößen hergestellt. Sie hat eine Produktionskapazität von 3,5 Millionen Gasflaschen pro Jahr. Pro Stunde werden mit dieser Anlage 1200 Stück Flaschenhälften ($\varnothing$ 300 $\times$ 235 hoch) hergestellt. Jede der beiden Pressenstraßen besteht aus:

— 1 Prägepresse
— 2 Tiefziehpressen
— 1 Zwillings-Beschneideautomat
— 1 Lochpresse.

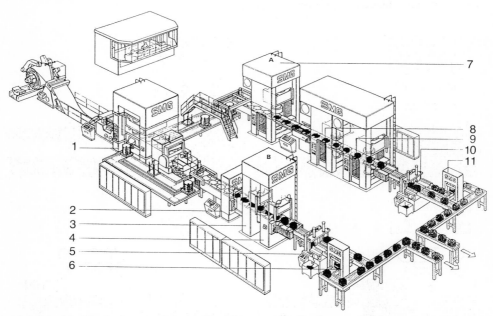

Bild 28.8   Flexible Fertigungsanlage zur Herstellung von Gasflaschen aus Stahl.
1 Platinen-Stanzanlage, 2 Prägepresse, 3 und 4 Tiefziehpresse, 5 Beschneide- und Sickenautomat, 6 Lochpresse, 7 Prägepresse, 8 und 9 Tiefziehpresse, 10 Beschneide- und Sickenautomat, 11 Lochpresse
(Werkfoto, Fa. SMG Süddeutsche Maschinenbaugesellschaft, Waghäusel)

Die vorgeschaltete Stanzanlage versorgt beide Pressenstraßen mit Platinen. Sie werden aus Bandmaterial (1300 mm Breite und 1,5 – 3,5 mm Dicke) ausgestanzt, gestapelt und dann in Stapelmagazinen der ersten Maschine zugeführt. Dort übernehmen Greifersysteme den Transport zur Maschine. Der Weitertransport von Maschine zu Maschine wird von einer Greifertransfereinrichtung vollautomatisch ausgeführt. Hinter der letzten Presse übernimmt ein Rollengang den Weitertransport bis zur Waschanlage.

Die erste Presse in Anlage B ist eine reine Prägepresse mit einer Preßkraft von 2000 kN, in Anlage A eine kombinierte Präge-Tiefziehpresse mit einer maximalen Umformkraft von 4000 kN. Die jeweiligen Folgepressen sind reine Tiefziehpressen mit 2500 kN bzw. 1600 kN Umformkraft. Die Beschneidautomaten haben jeweils 2 Arbeitsstationen: Links werden die Flaschen-Unterteile beschnitten und gesickt, rechts die Flaschenoberteile beschnitten. In der Lochpresse wird in die Oberteile die Ventilöffnung eingestanzt.

Die numerische Steuerung steuert, überwacht die Werkzeuge und zeigt Schwachstellen im Produktionsablauf an.

## 28.3 Automatische Werkzeugwechselsysteme

Kurze Werkzeugwechselzeiten werden z. B. durch den Einsatz von Kassetten-Werkzeughaltern (Bild 28.9) erreicht. Diese Kassetten sind mit hydraulischen Schnellspanneinheiten im Werkzeugraum der Presse befestigt. Vom Steuerpult aus wird die Spannverbindung gelöst, die Kassette auf einen Wechseltisch oder Wechselwagen gezogen und gegen eine auf Arbeitstemperatur erwärmte einbaufertige Kassette ausgetauscht.

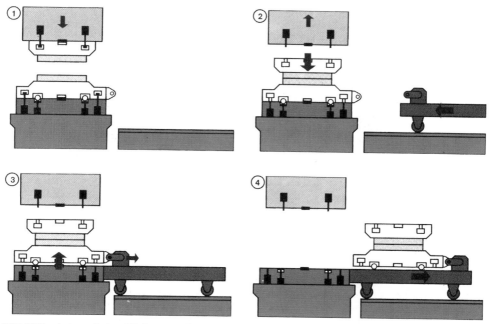

Bild 28.9   Automatisches Werkzeugwechselsystem (Werkfoto, Fa. SMS Hasenclever, Düsseldorf)

*Der Ablauf beim Werkzeugwechsel ist wie folgt:*

1. Werkzeugkassetten sind verriegelt. Der Stößel wird abgefahren.

2. Die Verriegelung wird gelöst und der Stößel wird hochgefahren.

3. Der Werkzeugwechselwagen fährt an die Presse heran. Das Kassettenpaket wird angehoben und an den Wechselwagen angekoppelt.

4. Das Kassettenpaket wird auf den Wechselwagen gezogen und ist zum Abtransport bereit.

Die im Bild 28.10 gezeigte 4-Stufen-Kaltfließpresse, mit vertikal angeordneten Werkzeugen arbeitet vollautomatisch. Vom Richten des Drahtes bis zur fertigen Schraube, oder anderer Formteile, entsteht in einem Abschervorgang und 4 Preßoperationen ein fertiges Formteil.

Je nach Größe der Werkstücke werden mit diesen Maschinen 50 bis 150 Werkstücke pro Minute hergestellt. Die nachfolgende Tabelle zeigt die technischen Daten dieser Maschinen.

Tabelle 28.1   Technische Daten der 4-Stufen-Kaltfließpressen, Formmaster, Baureihe GB

| Modell | | GB 15 | GB 20 | GB 25 | GB 30 | GB 36 | GB 42 | GB 52 |
|---|---|---|---|---|---|---|---|---|
| Preßkraft | kN | 1000 | 2000 | 3500 | 4500 | 6300 | 8500 | 14 500 |
| Stößelhubzahl je nach Preßteil | 1/min | 110 – 150 | 95 – 125 | 80 – 100 | 60 – 80 | 50 – 70 | 35 – 55 | 30 – 45 |
| Draht-∅ max. bei 600 n/mm$^2$ Drahtfestigkeit | mm | 15 | 20 | 25 (1'') | 30 | 36 | 42 | 52 |
| Abschnittlänge max. | mm | 140 | 180 | 205 | 260 | 290 | 345 | 425 |
| ∅ der Matrizenaufnahme | mm | 90 | 110 | 130 | 150 | 175 | 215 | 260 |
| ∅ der Stempelaufnahme | mm | 75 | 90 | 110 | 130 | 145 | 175 | 215 |
| Stößelhub ohne/mit Wechsler | mm | 180 | 220/250 | 250/300 | 300/360 | 360/420 | 420/500 | 520/600 |
| Auswerferhub max. matrizenseitig | mm | 120 | 140 | 170 | 225 | 250 | 290 | 320 |
| Auswerferhub stempelseitig | mm | 40 | 45 | 55 | 70 | 75 | 85 | 100 |
| Anzahl der Stufen | | 4/5 | 4/5 | 4/5 | 4/5 | 4/5 | 4/5 | 4/5 |

Da das Umrüsten von Hand bei einer solchen Maschine ca. 8 bis 10 Stunden Zeit erforderte, konnten diese Mehrstufenpressen nur bei großen Stückzahlen wirtschaftlich eingesetzt werden.

Erst durch die Entwicklung automatischer Werkzeugwechselsysteme wurde es möglich, den Nutzungsgrad solcher kapitalintensiven Fertigungsanlagen erheblich zu verbessern.

Nur dadurch konnte die Flexibilität dieser Anlagen so vergrößert werden, daß auch kleine Losgrößen wirtschaftlich hergestellt werden können. Die Umrüstzeit mit dem nachfolgend be-

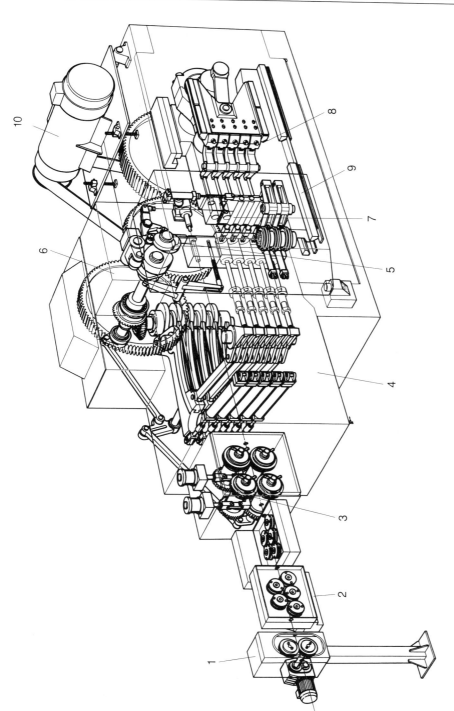

Bild 28.10  4-Stufen-Kaltfließpresse Formmaster GB 25.
1 Drahteinzug, 2 Richtapparat, 3 im Takt der Presse betätigter Vorschubapparat, 4 Auswerfer in den Matrizen, 5 Scherstation, 6 zentrale Antriebseinrichtung, 7 Transfersystem für Werkstücktransport, 8 Auswerfer in den Stempeln, 9 Stößel, 10 Hauptantrieb (Werkfoto, Fa. Schuler, Göppingen)

schriebenen vollautomatischen Werkzeugwechselsystem dauert noch 2 Minuten für ein Stempel- oder Matrizenpaket und für die gesamte Presse mit 5 Arbeitsstufen 50 Minuten. Der automatische Werkzeugwechsler für Mehrstufenpressen (Bild 28.11) kann 5 Werkzeugsätze (Matrizen und Stempel) bis zu einem Gewicht von 75 kg pro Satz wechseln. Das Werkzeugwechselsystem hat 5 Bewegungsachsen.

**Arbeitsweise und Funktionsablauf:**

Nach der Entriegelung der Werkzeugklemmung (Bild 28.11.1) fährt die Wechseleinrichtung aus der Ruheposition in den Werkzeugraum. Dort werden die geöffneten Zangen so über die Kragen der Werkzeughülsen, die die Werkzeuge aufnehmen, gefahren, daß die Zangen in die Nuten eingreifen können. Nach dem Schließen der Zangen (Bild 28.11.2) werden die Werkzeughülsen aus ihren Aufnahmen herausgezogen. Anschließend fährt die Wechseleinrichtung aus dem Werkzeugbereich heraus und schwenkt das Magazin ab. Danach schwenkt der Greiferdoppelarm um 180° (Bild 28.11.3) und dann schwenkt das Magazin wieder ein.

Die Werkzeugwechseleinrichtung schiebt beide Werkzeughülsen im Werkzeugblock und im Magazin in ihre Aufnahmen. Danach werden die Zangen geöffnet und die Wechseleinrichtung fährt in ihre Ruheposition.

Auch Hochleistungspressen mit quer angeordneten Werkzeugen (Bild 28.12) können mit solchen automatischen Werkzeugwechseleinrichtungen ausgestattet werden.

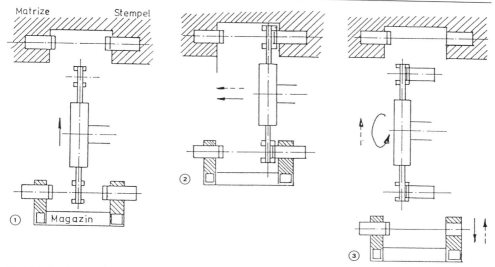

Bild 28.11   Automatische Werkzeugwechseleinrichtung für kaltumformende Mehrstufenpressen.
1 Ausgangsposition, 2 Ergreifen der Werkzeugpakete, 3 Ausschwenkungen (180°) der Werkzeugpakete und
Zurückfahren in die Ruheposition (Werkbild, Fa. Schuler, Göppingen)

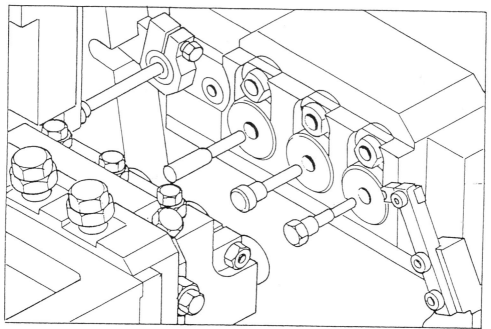

Bild 28.12   Umformstationen eines Hochleistungs-Kaltumformers M2/M3 (Werkfoto, Fa. Hilgeland,
Wuppertal)

# Teil III: Technische Tabellen

| Werkstoff | $k_{f_0}$ | $k_{f_1} = f(\varphi_h)$ | | | | | | | | | | | $\leftarrow \varphi_h$ |
|---|---|---|---|---|---|---|---|---|---|---|---|---|---|
| | | 0,1 | 0,2 | 0,4 | 0,6 | 0,8 | 1,0 | 1,2 | 1,4 | 1,6 | 1,8 | 2,0 | |
| QSt32–3 (Ma8) | 250 | 420 | 496 | 586 | 646 | 692 | 730 | 763 | 792 | 818 | – | – | |
| Ck10 | 260 | 450 | 523 | 607 | 663 | 706 | 740 | 770 | 796 | 819 | – | – | |
| Cq15/Ck15 | 280 | 520 | 583 | 654 | 700 | 733 | 760 | 783 | 803 | 821 | – | – | |
| Cq22/Ck22 | 320 | 530 | 591 | 658 | 702 | 734 | 760 | 782 | 801 | 818 | – | – | |
| Cq35/Ck35 | 340 | 630 | 713 | 807 | 867 | 913 | 950 | 982 | 1008 | 1033 | – | – | |
| Cq45/Ck45 | 390 | 680 | 764 | 858 | 918 | 963 | 1000 | 1031 | 1058 | 1082 | – | – | |
| Cf53 | 430 | 770 | 867 | 975 | 1049 | 1098 | 1140 | 1176 | – | – | – | – | |
| 15CrNi6 | 420 | 700 | 767 | 841 | 888 | 922 | 950 | 973 | 993 | 1011 | – | – | |
| 16MnCr5 | 380 | 630 | 702 | 780 | 832 | 869 | 900 | 926 | 948 | 968 | – | – | |
| 34CrMo4 | 410 | 730 | 808 | 893 | 947 | 998 | 1020 | 1048 | 1071 | 1092 | | | |
| 42CrMo4 | 420 | 780 | 865 | 959 | 1019 | 1064 | 1100 | 1130 | 1156 | 1180 | | | |
| CuZn37 (Ms63) | 280 | 325 | 438 | 592 | 706 | 799 | 880 | 952 | 1018 | 1078 | 1134 | 1188 | |
| CuZn30 (Ms70) | 250 | 280 | 395 | 558 | 682 | 788 | 880 | 964 | 1040 | 1112 | 1179 | 1242 | |
| Ti99,8 | 600 | 700 | 862 | 1062 | 1200 | 1309 | 1400 | 1479 | 1549 | 1612 | | | |
| Al99,8 | 60 | 90 | 105 | 122 | 134 | 143 | 150 | 156 | 162 | 166 | 171 | 175 | |
| AlMgSi1 | 130 | 165 | 189 | 217 | 235 | 249 | 260 | 270 | 278 | 285 | 292 | 298 | |

| Fortsetzung AL | | 2,4 | 2,6 | 2,8 | 3,0 | 3,2 | 3,4 | 3,6 | 3,8 | 4,0 | 4,5 | 5,0 | $\leftarrow \varphi_h$ |
|---|---|---|---|---|---|---|---|---|---|---|---|---|---|
| Al99,8 | 60 | 182 | 185 | 188 | 191 | 194 | 196 | 200 | 202 | 204 | 210 | 214 | |
| AlMgSi1 | 130 | 309 | 314 | 318 | 323 | 327 | 331 | 335 | 338 | 342 | – | – | |

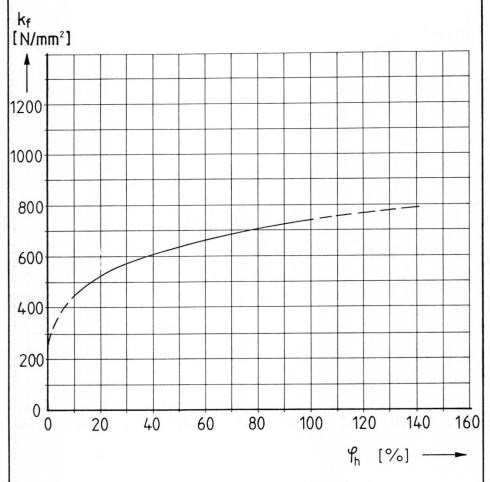

**Fliesskurve**

Werkstoff: Ck 10          weichgeglüht

$k_{f_0} = 260 \ N/mm^2$          $k_{f_{100\%}} = 740 \ N/mm^2$

$$k_f = k_{f_{100\%}} \cdot \varphi_h^n = 740 \cdot \varphi_h^{0,216}$$

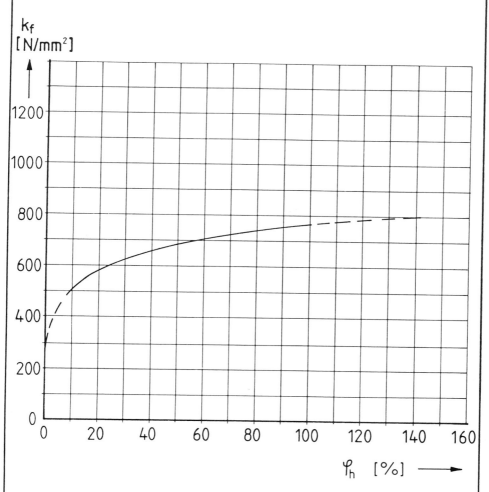

# Fliesskurve

## Werkstoff: Ck15/Cq15 weichgeglüht

| $k_{f_0} = 280\ \text{N/mm}^2$ | $k_{f_{100\%}} = 760\ \text{N/mm}^2$ |
|---|---|

$$k_f = k_{f_{100\%}} \cdot \varphi_h^n = 760 \cdot \varphi_h^{0,165}$$

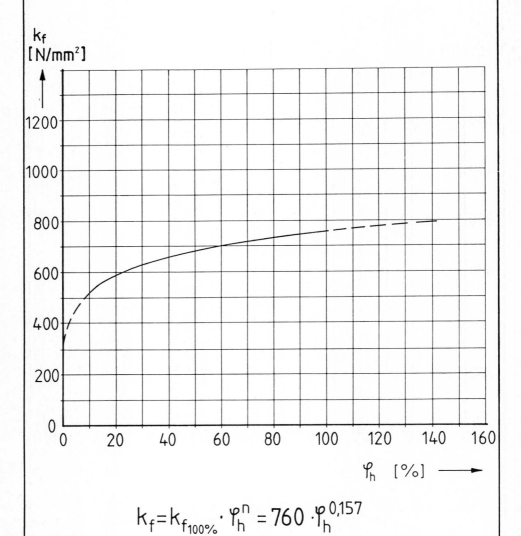

## Fliesskurve

**Werkstoff: Ck 22/ Cq 22    weichgeglüht**

| $k_{f_0} = 320 \ \text{N/mm}^2$ | $k_{f_{100\%}} = 760 \ \text{N/mm}^2$ |
|---|---|

$$k_f = k_{f_{100\%}} \cdot \varphi_h^n = 760 \cdot \varphi_h^{0,157}$$

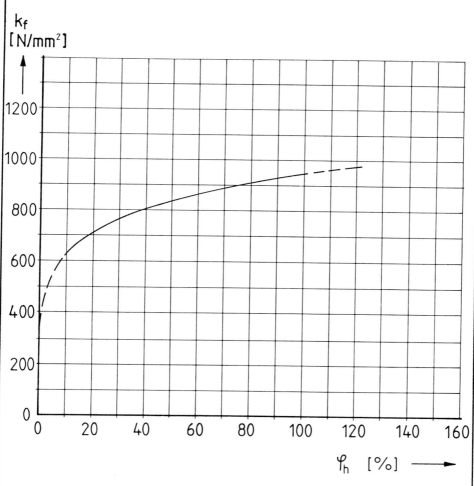

# Fliesskurve

## Werkstoff: Ck35/Cq35   weichgeglüht

| $k_{f_0} = 340 \ \text{N/mm}^2$ | $k_{f_{100\%}} = 950 \ \text{N/mm}^2$ |
| --- | --- |

$$k_f = k_{f_{100\%}} \cdot \varphi_h^n = 950 \cdot \varphi_h^{0,178}$$

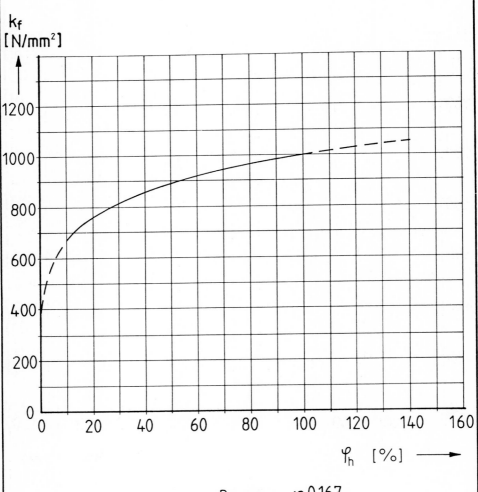

# Fliesskurve

**Werkstoff: Ck45/Cq45   weichgeglüht**

| $k_{f_0} = 390 \ \text{N/mm}^2$ | $k_{f_{100\%}} = 1.000 \ \text{N/mm}^2$ |
|---|---|

$k_f$ [N/mm²]

1200

1000

800

600

400

200

0

0   20   40   60   80   100   120   140   160

$\varphi_h$  [%] ⟶

$$k_f = k_{f_{100\%}} \cdot \varphi_h^{\ n} = 1.000 \cdot \varphi_h^{\ 0,167}$$

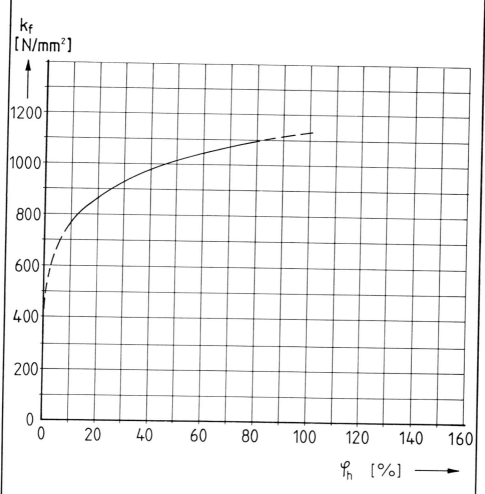

# Fliesskurve

**Werkstoff: Cf 53**   **weichgeglüht**

$k_{f_0} = 430 \ \text{N/mm}^2$   $k_{f_{100\%}} = 1.140 \ \text{N/mm}^2$

$$k_f = k_{f_{100\%}} \cdot \varphi_h^n = 1.140 \cdot \varphi_h^{0,170}$$

# Fliesskurve

**Werkstoff: 34 Cr 4          weichgeglüht**

$$k_{f_0} = 410 \ N/mm^2 \qquad k_{f_{100\%}} = 970 \ N/mm^2$$

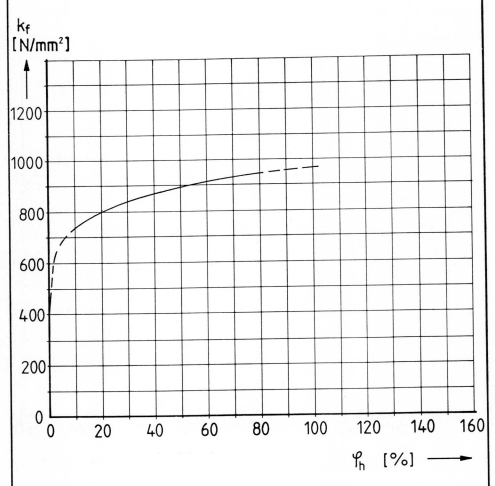

$$k_f = k_{f_{100\%}} \cdot \varphi_h^n = 970 \cdot \varphi_h^{0,118}$$

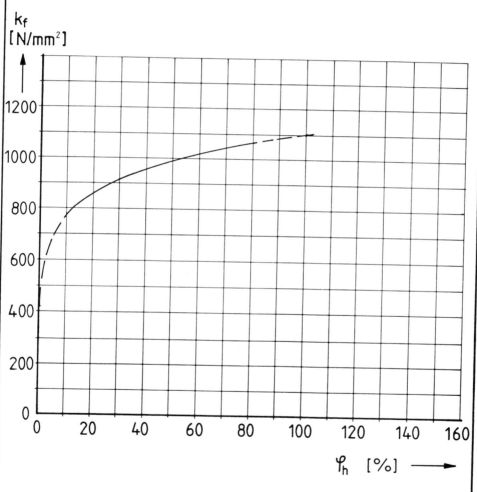

## Fliesskurve

**Werkstoff: 42 CrMo 4    weichgeglüht**

$k_{f_0} = 420 \; N/mm^2$          $k_{f_{100\%}} = 1.100 \; N/mm^2$

$$k_f = k_{f_{100\%}} \cdot \varphi_h^n = 1.100 \cdot \varphi_h^{0,149}$$

# Fliesskurve

**Werkstoff: Al 99,5     weichgeglüht**

$k_{f0} = 60 \ \text{N/mm}^2$     $k_{f100\%} = 150 \ \text{N/mm}^2$

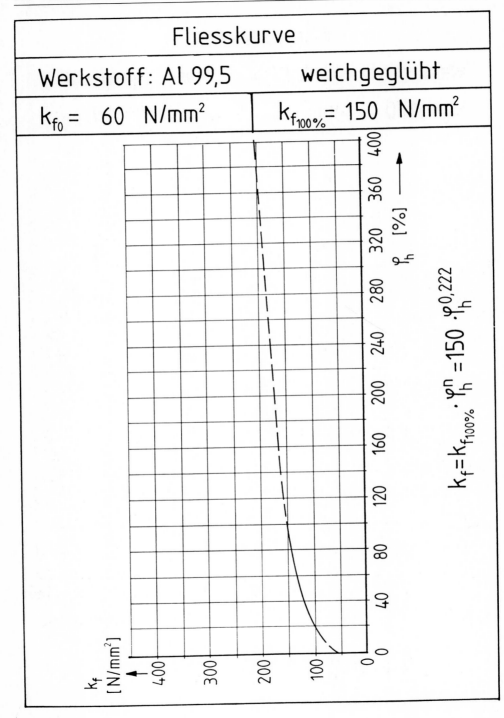

$$k_f = k_{f100\%} \cdot \varphi_h^n = 150 \cdot \varphi_h^{0,222}$$

$\varphi_h$ [%]

$k_f$ [N/mm²]

# Fliesskurve

**Werkstoff: AlMgSi 1    weichgeglüht**

$k_{f_0} = 130$ N/mm²        $k_{f_{100\%}} = 260$ N/mm²

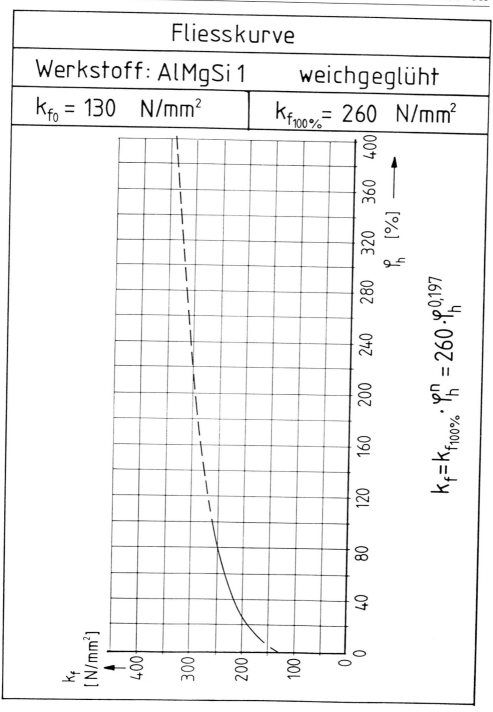

$$k_f = k_{f_{100\%}} \cdot \varphi_h^n = 260 \cdot \varphi_h^{0,197}$$

$\varphi_h$ [%]

$k_f$ [N/mm²]

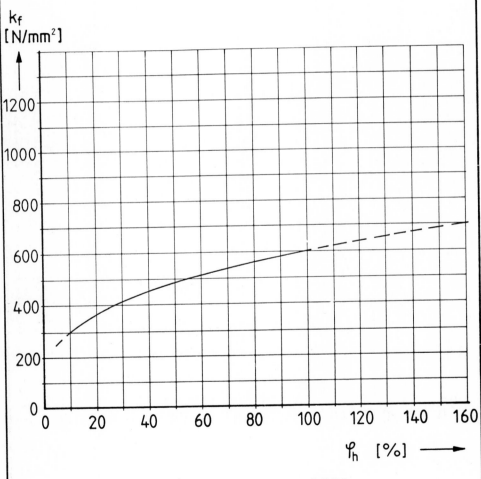

# Fliesskurve

| Werkstoff: CuZn 10 | weichgeglüht |
|---|---|
| $k_{f_0} = 250$ N/mm$^2$ | $k_{f_{100\%}} = 600$ N/mm$^2$ |

$$k_f = k_{f_{100\%}} \cdot \varphi_h^n = 600 \cdot \varphi_h^{0,331}$$

# Fliesskurve

Werkstoff: CuZn 30  weichgeglüht

$k_{f_0} = 250 \ \text{N/mm}^2$  $k_{f_{100\%}} = 880 \ \text{N/mm}^2$

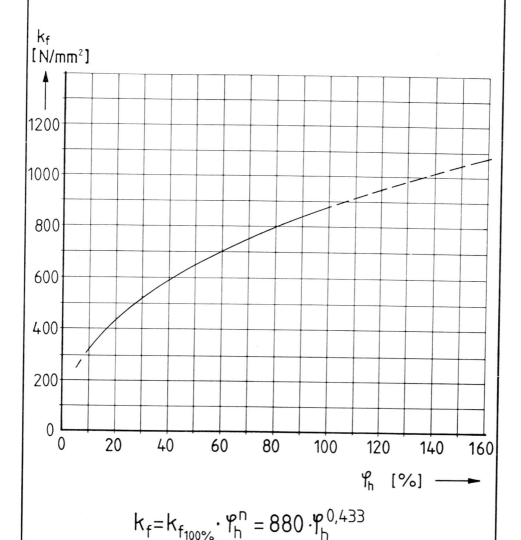

$$k_f = k_{f_{100\%}} \cdot \varphi_h^n = 880 \cdot \varphi_h^{0,433}$$

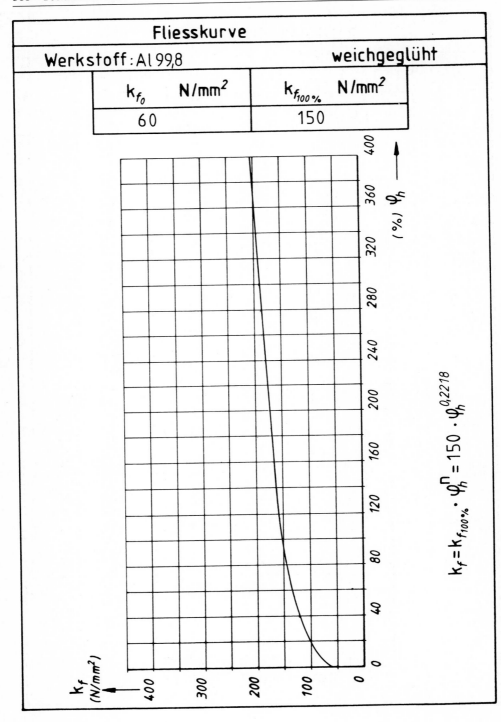

# Fliesskurve

**Werkstoff: Al 99,8**                           **weichgeglüht**

| $k_{f_0}$   N/mm$^2$ | $k_{f_{100\%}}$   N/mm$^2$ |
|:---:|:---:|
| 60 | 150 |

$$k_f = k_{f_{100\%}} \cdot \varphi_h^n = 150 \cdot \varphi_h^{0,2218}$$

# Fliesskurve

| Werkstoff: AlMgSi 1 | weichgeglüht |
|---|---|
| $k_{f_0}$    N/mm² | $k_{f_{100\%}}$    N/mm² |
| 130 | 260 |

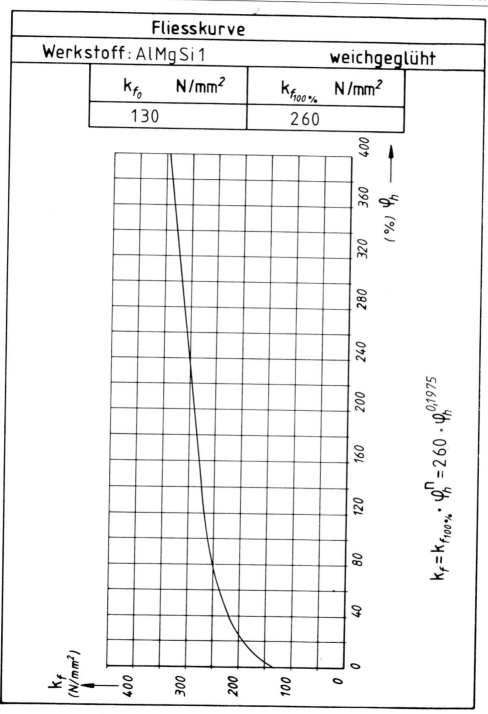

$$k_f = k_{f_{100\%}} \cdot \varphi_h^n = 260 \cdot \varphi_h^{0,1975}$$

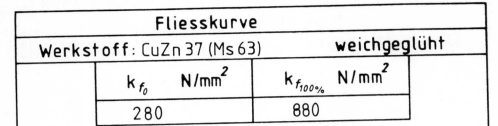

## Fliesskurve

| Werkstoff: CuZn 37 (Ms 63) | weichgeglüht |
|---|---|
| $k_{f_0}$     N/mm$^2$ | $k_{f_{100\%}}$     N/mm$^2$ |
| 280 | 880 |

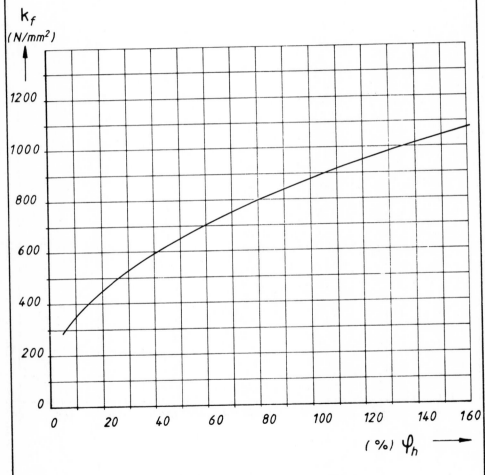

$$k_f = k_{f_{100\%}} \cdot \varphi_h^n = 880 \cdot \varphi_h^{0,4326}$$

# Fliesskurve

**Werkstoff: CuZn30 (Ms70)**　　　　　**weichgeglüht**

| $k_{f_0}$　　N/mm$^2$ | $k_{f_{100\%}}$　　N/mm$^2$ |
|---|---|
| 250 | 880 |

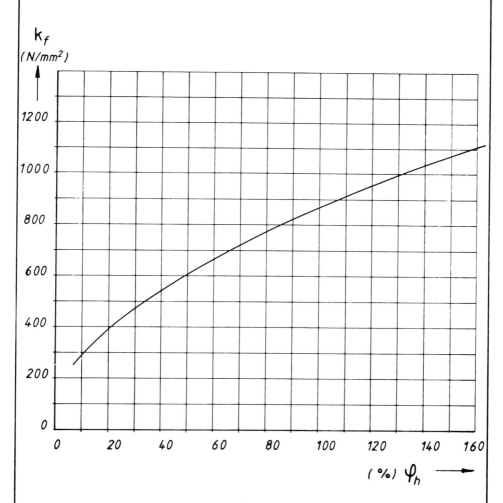

$$k_f = k_{f_{100\%}} \cdot \varphi_h^n = 880 \cdot \varphi_h^{0,4973}$$

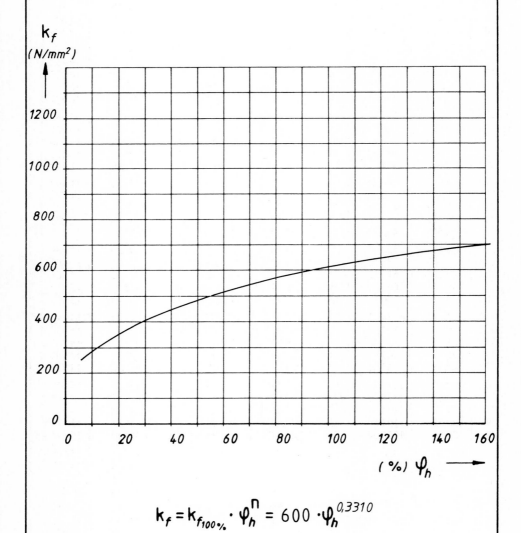

# Fliesskurve

**Werkstoff:CuZn15(Ms85)**          **weichgeglüht**

| $k_{f_0}$   N/mm$^2$ | $k_{f_{100\%}}$   N/mm$^2$ |
|:---:|:---:|
| 250 | 600 |

$$k_f = k_{f_{100\%}} \cdot \varphi_h^n = 600 \cdot \varphi_h^{0,3310}$$

Tabelle 2 Umfang und Fläche der Kreise von 1 bis 150 Durchmesser

| d | Umfang | Fläche | d | Umfang | Fläche | d | Umfang | Fläche |
|---|--------|--------|---|--------|--------|---|--------|--------|
| **1** | 3,1416 | 0,7854 | 51 | 160,22 | 2042,82 | 101 | 317,30 | 8 012 |
| 2 | 6,2832 | 3,1416 | 52 | 163,36 | 2123,72 | 102 | 320,44 | 8 171 |
| 3 | 9,4248 | 7,0686 | 53 | 166,50 | 2006,18 | 103 | 323,58 | 8 332 |
| 4 | 12,566 | 12,57 | 54 | 169,65 | 2290,22 | 104 | 326,73 | 8 495 |
| 5 | 15,708 | 19,63 | 55 | 172,79 | 2375,83 | 105 | 329,87 | 8 659 |
| 6 | 18,850 | 28,27 | 56 | 175,93 | 2463,01 | 106 | 333,01 | 8 825 |
| 7 | 21,991 | 38,48 | 57 | 179,07 | 2551,76 | 107 | 336,15 | 8 992 |
| 8 | 25,133 | 50,27 | 58 | 182,21 | 2642,08 | 108 | 339,29 | 9 161 |
| 9 | 28,274 | 63,62 | 59 | 185,35 | 2733,97 | 109 | 342,43 | 9 331 |
| **10** | 31,616 | 78,54 | **60** | 188,50 | 2827,43 | **110** | 345,58 | 9 503 |
| 11 | 34,588 | 95,03 | 61 | 191,64 | 2922,47 | 111 | 348,72 | 9 677 |
| 12 | 37,699 | 113,10 | 62 | 194,78 | 3019,07 | 112 | 351,86 | 9 852 |
| 13 | 40,841 | 132,73 | 63 | 197,92 | 3117,25 | 113 | 355,00 | 10 029 |
| 14 | 43,982 | 153,94 | 64 | 201,06 | 3216,99 | 114 | 358,14 | 10 207 |
| 15 | 47,124 | 176,71 | 65 | 204,20 | 3318,31 | 115 | 361,28 | 10 387 |
| 16 | 50,265 | 201,06 | 66 | 207,35 | 3421,19 | 116 | 364,42 | 10 568 |
| 17 | 53,407 | 226,98 | 67 | 210,49 | 3525,65 | 117 | 367,57 | 10 751 |
| 18 | 56,549 | 254,47 | 68 | 213,63 | 3631,68 | 118 | 370,71 | 10 936 |
| 19 | 59,690 | 283,53 | 69 | 216,77 | 3739,28 | 119 | 373,85 | 11 122 |
| **20** | 62,832 | 314,16 | **70** | 219,91 | 3848,45 | **120** | 376,99 | 11 310 |
| 21 | 65,973 | 346,36 | 71 | 223,05 | 3959,19 | 121 | 380,13 | 11 499 |
| 22 | 69,115 | 380,13 | 72 | 226,19 | 4071,50 | 122 | 383,27 | 11 690 |
| 23 | 72,257 | 415,48 | 73 | 229,34 | 4185,39 | 123 | 386,42 | 11 882 |
| 24 | 75,398 | 452,39 | 74 | 232,48 | 4300,84 | 124 | 389,56 | 12 076 |
| 25 | 78,540 | 490,87 | 75 | 235,62 | 4417,86 | 125 | 392,70 | 12 272 |
| 26 | 81,681 | 530,93 | 76 | 238,76 | 4536,46 | 126 | 394,84 | 12 469 |
| 27 | 84,823 | 572,56 | 77 | 241,90 | 4656,63 | 127 | 398,98 | 12 668 |
| 28 | 87,965 | 615,75 | 78 | 245,04 | 4778,36 | 128 | 402,12 | 12 868 |
| 29 | 91,106 | 660,52 | 79 | 248,19 | 4901,67 | 129 | 405,27 | 13 070 |
| **30** | 94,25 | 706,86 | **80** | 251,33 | 5026,55 | **130** | 408,41 | 13 273 |
| 31 | 97,39 | 754,77 | 81 | 254,47 | 5153,00 | 131 | 411,55 | 13 478 |
| 32 | 100,53 | 804,25 | 82 | 257,61 | 5281,02 | 132 | 414,69 | 13 685 |
| 33 | 103,67 | 855,30 | 83 | 260,75 | 5410,61 | 133 | 417,83 | 13 983 |
| 34 | 106,81 | 907,92 | 84 | 263,89 | 5541,77 | 134 | 420,97 | 14 103 |
| 35 | 109,96 | 962,11 | 85 | 267,04 | 5674,50 | 135 | 424,12 | 14 314 |
| 36 | 113,10 | 1017,88 | 86 | 270,18 | 5808,80 | 136 | 427,26 | 14 527 |
| 37 | 116,24 | 1075,21 | 87 | 273,32 | 5944,68 | 137 | 430,40 | 14 741 |
| 38 | 119,38 | 1134,11 | 88 | 276,46 | 6082,12 | 138 | 433,54 | 14 957 |
| 39 | 122,52 | 1194,59 | 89 | 279,60 | 6221,14 | 139 | 436,68 | 15 175 |
| **40** | 125,66 | 1256,64 | **90** | 282,74 | 6361,73 | **140** | 439,82 | 15 394 |
| 41 | 128,81 | 1320,2 | 91 | 285,88 | 6504 | 141 | 442,96 | 15 615 |
| 42 | 131,95 | 1385,44 | 92 | 289,03 | 6648 | 142 | 446,11 | 15 837 |
| 43 | 135,09 | 1452,20 | 93 | 292,17 | 6793 | 143 | 449,25 | 16 061 |
| 44 | 138,23 | 1520,53 | 94 | 295,31 | 6940 | 144 | 452,39 | 16 286 |
| 45 | 141,37 | 1590,43 | 95 | 298,45 | 7088 | 145 | 455,53 | 16 513 |
| 46 | 144,51 | 1661,90 | 96 | 301,59 | 7238 | 146 | 458,67 | 16 742 |
| 47 | 147,65 | 1734,94 | 97 | 304,73 | 7390 | 147 | 461,81 | 16 972 |
| 48 | 150,80 | 1809,56 | 98 | 307,88 | 7543 | 148 | 464,96 | 17 203 |
| 49 | 153,94 | 1885,74 | 99 | 311,02 | 7698 | 149 | 468,10 | 17 437 |
| **50** | 157,08 | 1963,50 | **100** | 314,16 | 7854 | **150** | 471,24 | 17 671 |

Tabelle 2  (Fortsetzung)  Umfang und Fläche der Kreise von 151 bis 300 Durchmesser

| *d* | Umfang | Fläche | *d* | Umfang | Fläche | *d* | Umfang | Fläche |
|---|---|---|---|---|---|---|---|---|
| 151 | 474,38 | 17 908 | 201 | 631,46 | 31 731 | 251 | 788,54 | 49 481 |
| 152 | 477,52 | 18 146 | 202 | 634,60 | 32 047 | 252 | 791,68 | 49 876 |
| 153 | 480,66 | 18 385 | 203 | 637,74 | 32 365 | 253 | 794,82 | 50 273 |
| 154 | 483,81 | 18 627 | 204 | 640,88 | 32 685 | 254 | 797,96 | 50 671 |
| 155 | 486,95 | 18 869 | 205 | 644,03 | 33 006 | 255 | 801,11 | 51 071 |
| 156 | 490,09 | 19 113 | 206 | 647,17 | 33 329 | 256 | 804,25 | 51 472 |
| 157 | 493,23 | 19 359 | 207 | 650,31 | 33 654 | 257 | 807,39 | 51 875 |
| 158 | 496,37 | 19 607 | 208 | 653,45 | 33 979 | 258 | 810,53 | 52 279 |
| 159 | 499,51 | 19 856 | 209 | 656,59 | 34 307 | 259 | 813,67 | 52 685 |
| **160** | 502,65 | 20 106 | **210** | 659,73 | 34 636 | **260** | 816,81 | 53 093 |
| 161 | 505,80 | 20 358 | 211 | 662,88 | 34 967 | 261 | 819,96 | 53 502 |
| 162 | 508,94 | 20 612 | 212 | 666,02 | 35 299 | 262 | 823,10 | 53 913 |
| 163 | 512,08 | 20 867 | 213 | 669,16 | 35 633 | 263 | 826,24 | 54 325 |
| 164 | 515,22 | 21 124 | 214 | 672,30 | 35 968 | 264 | 829,38 | 54 739 |
| 165 | 518,36 | 21 382 | 215 | 675,44 | 36 305 | 265 | 832,52 | 55 155 |
| 166 | 521,50 | 21 642 | 216 | 678,58 | 36 644 | 266 | 835,66 | 55 572 |
| 167 | 524,65 | 21 904 | 217 | 681,73 | 36 984 | 267 | 838,81 | 55 990 |
| 168 | 527,79 | 22 167 | 218 | 684,87 | 37 325 | 268 | 841,95 | 56 410 |
| 169 | 530,93 | 22 432 | 219 | 688,01 | 37 668 | 269 | 845,09 | 56 832 |
| **170** | 534,07 | 22 698 | **220** | 691,15 | 38 013 | **270** | 848,23 | 57 256 |
| 171 | 573,21 | 22 966 | 221 | 694,29 | 38 360 | 271 | 851,37 | 57 680 |
| 172 | 540,35 | 23 235 | 222 | 697,43 | 38 708 | 272 | 854,51 | 58 107 |
| 173 | 543,50 | 23 506 | 223 | 700,58 | 39 057 | 273 | 857,65 | 58 535 |
| 174 | 546,64 | 23 779 | 224 | 703,72 | 39 408 | 274 | 860,80 | 58 965 |
| 175 | 549,78 | 24 053 | 225 | 706,86 | 39 761 | 275 | 863,94 | 59 396 |
| 176 | 552,92 | 24 328 | 226 | 710,00 | 40 115 | 276 | 867,08 | 59 828 |
| 177 | 556,06 | 24 606 | 227 | 713,14 | 40 471 | 277 | 870,22 | 60 263 |
| 178 | 559,20 | 24 885 | 228 | 716,28 | 40 828 | 278 | 873,36 | 60 699 |
| 179 | 562,35 | 25 165 | 229 | 719,42 | 41 187 | 279 | 876,50 | 61 136 |
| **180** | 565,49 | 25 447 | **230** | 722,57 | 41 548 | **280** | 879,65 | 61 575 |
| 181 | 568,63 | 25 730 | 231 | 725,71 | 41 910 | 281 | 882,79 | 62 016 |
| 182 | 571,77 | 26 016 | 232 | 728,85 | 42 273 | 282 | 885,93 | 62 458 |
| 183 | 574,91 | 26 302 | 233 | 731,99 | 42 638 | 283 | 889,07 | 62 902 |
| 184 | 578,05 | 26 590 | 234 | 735,13 | 43 005 | 284 | 892,21 | 63 347 |
| 185 | 581,19 | 26 880 | 235 | 738,27 | 43 374 | 285 | 895,35 | 63 794 |
| 186 | 584,34 | 27 172 | 236 | 741,42 | 43 744 | 286 | 898,50 | 64 242 |
| 187 | 587,48 | 27 465 | 237 | 744,56 | 44 115 | 287 | 901,64 | 64 692 |
| 188 | 590,62 | 27 759 | 238 | 747,70 | 44 488 | 288 | 904,78 | 65 144 |
| 189 | 593,76 | 28 055 | 239 | 750,84 | 44 863 | 289 | 907,92 | 65 597 |
| **190** | 596,90 | 28 353 | **240** | 753,98 | 45 239 | **290** | 911,06 | 66 052 |
| 191 | 600,04 | 28 652 | 241 | 757,12 | 45 617 | 291 | 914,20 | 66 508 |
| 192 | 603,19 | 28 953 | 242 | 760,27 | 45 996 | 292 | 917,35 | 66 966 |
| 193 | 606,33 | 29 255 | 243 | 763,41 | 46 377 | 293 | 920,49 | 67 426 |
| 194 | 609,47 | 29 559 | 244 | 766,55 | 46 759 | 294 | 923,63 | 67 887 |
| 195 | 612,61 | 29 865 | 245 | 769,69 | 47 144 | 295 | 926,77 | 68 349 |
| 196 | 615,75 | 30 172 | 246 | 772,83 | 47 529 | 296 | 929,91 | 68 813 |
| 197 | 618,89 | 30 481 | 247 | 775,97 | 47 916 | 297 | 933,05 | 69 279 |
| 198 | 622,04 | 30 791 | 248 | 779,11 | 48 305 | 298 | 936,19 | 69 746 |
| 199 | 625,18 | 31 103 | 249 | 782,26 | 48 695 | 299 | 939,34 | 70 215 |
| **200** | 628,32 | 31 416 | **250** | 785,40 | 49 087 | **300** | 942,48 | 70 686 |

Tabelle 3 Massen von Rund-, Vierkant-, Sechskantstahl

| Masse von 1 lfd. m in kg; Dichte 7,85 kg/dm³ | | | | | | | |
|---|---|---|---|---|---|---|---|
| Stärke mm | ○ | □ | 6 kt. | Stärke mm | ○ | □ | 6 kt. |
| 5 | 0,154 | 0,196 | 0,170 | 46 | 13,046 | 16,611 | 14,385 |
| | | | | 47 | 13,619 | 17,341 | 15,017 |
| 6 | 0,222 | 0,283 | 0,245 | 48 | 14,205 | 18,086 | 15,663 |
| 7 | 0,302 | 0,385 | 0,333 | 49 | 14,803 | 18,848 | 16,323 |
| 8 | 0,395 | 0,502 | 0,435 | 50 | 15,414 | 19,625 | 16,996 |
| 9 | 0,499 | 0,636 | 0,551 | | | | |
| 10 | 0,617 | 0,785 | 0,680 | 51 | 16,036 | 20,418 | 17,682 |
| | | | | 52 | 16,671 | 21,226 | 18,383 |
| 11 | 0,756 | 0,950 | 0,823 | 53 | 17,319 | 22,051 | 19,096 |
| 12 | 0,888 | 1,130 | 0,979 | 54 | 17,978 | 22,891 | 19,824 |
| 13 | 1,042 | 1,327 | 1,149 | 55 | 18,650 | 23,746 | 20,565 |
| 14 | 1,208 | 1,539 | 1,332 | | | | |
| 15 | 1,387 | 1,766 | 1,530 | 56 | 19,335 | 24,618 | 21,319 |
| | | | | 57 | 20,031 | 25,505 | 22,088 |
| 16 | 1,578 | 2,010 | 1,740 | 58 | 20,740 | 26,407 | 22,869 |
| 17 | 1,782 | 2,269 | 1,965 | 59 | 21,462 | 27,326 | 23,665 |
| 18 | 1,998 | 2,543 | 2,203 | 60 | 22,195 | 28,260 | 24,474 |
| 19 | 2,226 | 2,834 | 2,454 | | | | |
| 20 | 2,466 | 3,140 | 2,719 | 61 | 22,941 | 29,210 | 25,296 |
| | | | | 62 | 23,700 | 30,175 | 26,133 |
| 21 | 2,719 | 3,462 | 2,998 | 63 | 24,470 | 31,157 | 26,982 |
| 22 | 2,984 | 3,799 | 3,290 | 64 | 25,253 | 32,154 | 27,846 |
| 23 | 3,261 | 4,153 | 3,596 | 65 | 26,05 | 33,17 | 28,72 |
| 24 | 3,551 | 4,522 | 3,916 | | | | |
| 25 | 3,853 | 4,906 | 4,249 | 66 | 26,86 | 34,20 | 29,61 |
| | | | | 67 | 27,68 | 35,24 | 30,52 |
| 26 | 4,168 | 5,307 | 4,596 | 68 | 28,51 | 36,30 | 31,44 |
| 27 | 4,495 | 5,723 | 4,956 | 69 | 29,35 | 37,37 | 32,37 |
| 28 | 4,834 | 6,154 | 5,330 | 70 | 30,21 | 38,46 | 33,31 |
| 29 | 5,185 | 6,602 | 5,717 | | | | |
| 30 | 5,549 | 7,065 | 6,118 | 71 | 31,08 | 39,57 | 34,27 |
| | | | | 72 | 31,96 | 40,69 | 35,24 |
| 31 | 5,925 | 7,544 | 6,533 | 73 | 32,86 | 41,83 | 36,23 |
| 32 | 6,313 | 8,038 | 6,961 | 74 | 33,76 | 42,99 | 37,23 |
| 33 | 6,714 | 8,549 | 7,403 | 75 | 34,68 | 44,16 | 38,24 |
| 34 | 7,127 | 9,075 | 7,859 | | | | |
| 35 | 7,553 | 9,616 | 8,328 | 76 | 35,61 | 45,34 | 39,27 |
| | | | | 77 | 36,56 | 46,54 | 40,31 |
| 36 | 7,990 | 10,714 | 8,811 | 78 | 37,51 | 47,76 | 41,36 |
| 37 | 8,440 | 10,747 | 9,307 | 79 | 38,48 | 48,99 | 42,43 |
| 38 | 8,903 | 11,335 | 9,817 | 80 | 39,46 | 50,24 | 43,51 |
| 39 | 9,378 | 11,940 | 10,340 | | | | |
| 40 | 9,865 | 12,560 | 10,877 | 81 | 40,45 | 51,50 | 44,60 |
| | | | | 82 | 41,46 | 52,78 | 45,71 |
| 41 | 10,364 | 13,196 | 11,428 | 83 | 42,47 | 54,08 | 46,83 |
| 42 | 10,876 | 13,847 | 11,992 | 84 | 43,50 | 55,39 | 47,97 |
| 43 | 11,400 | 14,515 | 12,570 | | | | |
| 44 | 11,936 | 15,198 | 13,162 | | | | |
| 45 | 12,485 | 15,896 | 13,797 | | | | |

Tabelle 4　Massen von Blechtafeln

| Dicken nach DIN 1541, 1542, 1543 *s* in mm Nennmaß | | Werkstoff: Stahl, Dichte 7,85 kg/dm$^3$ | | | | | | | Masse je m$^2$ in kg |
|---|---|---|---|---|---|---|---|---|---|
| | | Tafelgrößen nach DIN 1541, 1542 und 1543 | | | | | | | |
| | | Abmessungen in mm und Massen in kg | | | | | | | |
| | | 530 × 760 | 500 × 1000 | 600 × 1200 | 700 × 1400 | 800 × 1600 | 1000 × 2000 | 1250 × 2500 | |
| | | 0,40 m$^2$ | 0,5 m$^2$ | 0,72 m$^2$ | 0,98 m$^2$ | 1,28 m$^2$ | 2 m$^2$ | 3,11 m$^2$ | |
| **0,2** | Feinbleche nach DIN 1541 | 0,632 | 0,785 | | | | | | 1,57 |
| **0,24** | | 0,759 | 0,942 | | | | | | 1,884 |
| **0,28** | | 0,885 | 1,099 | 1,583 | | | | | 2,198 |
| **0,32** | | 1,012 | 1,256 | 1,809 | 2,462 | | | | 2,512 |
| **0,38** | | 1,202 | 1,491 | 2,148 | 3,077 | 3,818 | 5,966 | | 2,983 |
| **0,44** | | 1,391 | 1,727 | 2,487 | 3,385 | 4,421 | 6,908 | | 3,454 |
| **0,50** | | 1,581 | 1,962 | 2,826 | 3,846 | 5,024 | 7,85 | | 3,925 |
| **0,75** | | 2,371 | 2,944 | 4,239 | 5,770 | 7,536 | 11,775 | | 5,887 |
| **1** | | 3,162 | 3,925 | 5,652 | 7,693 | 10,048 | 15,7 | | 7,85 |
| **1,25** | | | | | | 12,56 | 19,625 | | 9,812 |
| **1,5** | Feinbleche nach DIN 1541 | | | | | 15,072 | 23,55 | | 11,775 |
| **1,75** | | | | | | 17,584 | 27,475 | | 13,737 |
| **2** | | | | | | 20,096 | 31,4 | 49,062 | 15,7 |
| **2,25** | | | | | | 22,608 | 35,325 | 55,195 | 17,662 |
| **2,5** | | | | | | 25,12 | 39,25 | 61,328 | 19,625 |
| **2,75** | | | | | | 27,632 | 43,175 | 67,461 | 21,587 |
| **3** | Mittel- bleche | | | | | 30,144 | 47,1 | 73,594 | 23,55 |
| **3,5** | | | | | | 35,168 | 54,95 | 85,859 | 27,475 |
| **4** | | | | | | 40,192 | 62,8 | 98,125 | 31,4 |
| **4,5** | | | | | | 45,216 | 70,65 | 110,391 | 35,325 |
| **4,75** | | | | | | 47,728 | 74,575 | 116,523 | 37,287 |
| **5** | Grob- bleche | | | | | 50,24 | 78,5 | 122,655 | 39,25 |
| **6** | | | | | | 60,288 | 94,2 | 147,188 | 47,1 |
| **7** | | | | | | 70,336 | 109,9 | 171,719 | 54,95 |
| **8** | | | | | | 80,384 | 125,6 | 196,25 | 62,8 |
| **9** | | | | | | 90,432 | 141,3 | 220,781 | 70,65 |
| **10** | | | | | | 100,48 | 157 | 245,312 | 78,5 |

Tabelle 5

| | Volumen | | |
|---|---|---|---|
| **Würfel** | $V$ Volumen<br>$A_0$ Oberfläche | $l$ Seitenlänge | $A_0 = 6 \cdot l^2$ |
| | | $$V = l^3$$ | |
| **Vierkantprisma** | $V$ Volumen<br>$A_0$ Oberfläche<br>$l$ Seitenlänge | $h$ Höhe<br>$b$ Breite | $A_0 = 2 \cdot (l \cdot b + l \cdot h + b \cdot h)$ |
| | | $$V = l \cdot b \cdot h$$ | |
| **Zylinder** | $V$ Volumen<br>$A_0$ Oberfläche<br>$A_M$ Mantelhöhe | $d$ Durchmesser<br>$h$ Höhe | $A_0 = \pi \cdot d \cdot h + 2 \cdot \dfrac{\pi \cdot d^2}{4}$<br><br>$A_M = \pi \cdot d \cdot h$ |
| | | $$V = \frac{\pi \cdot d^2}{4} \cdot h$$ | |
| **Hohlzylinder** | $V$ Volumen<br>$A_0$ Oberfläche<br>$D$ Außendurch-<br>messer | $d$ Innendurch-<br>messer<br>$h$ Höhe | $A_0 = \pi \cdot d \cdot h + \frac{\pi}{2}(D^2 - d^2)$ |
| | | $$V = \frac{\pi \cdot h}{4} \cdot (D^2 - d^2)$$ | |
| **Pyramide** | $V$ Volumen<br>$h$ Höhe<br>$h_s$ Mantelhöhe | $l$ Seitenlänge<br>$l_1$ Kantenlänge<br>$b$ Breite | $l_1 = \sqrt{h_s^2 + \dfrac{l^2}{4}}$<br><br>$h_s = \sqrt{h^2 + \dfrac{l^2}{4}}$ |
| | | $$V = \frac{l \cdot b \cdot h}{3}$$ | |

Tabelle 5 (Fortsetzung)

**Kegel**

| | | |
|---|---|---|
| $V$ Volumen | $h$ Höhe | |
| $A_M$ Mantelfläche | $h_s$ Mantelhöhe | |
| $d$ Durchmesser | | |

$$A_M = \frac{\pi \cdot d \cdot h_s}{2}$$

$$h_s = \sqrt{\frac{d^2}{4} + h^2}$$

$$V = \frac{\pi \cdot d^2}{4} \cdot \frac{h}{3}$$

**Pyramidenstumpf**

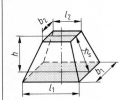

$V$ Volumen $\quad h \quad$ Höhe
$A_1$ Grundfläche $\quad h_s \quad$ Mantelhöhe
$A_2$ Deckfläche $\quad l_1, l_2 \quad$ Seitenlänge
$\qquad\qquad\qquad b_1, b_2 \quad$ Breite

$$A_1 = l_1 \cdot b_1$$
$$A_2 = l_2 \cdot b_2$$
$$h_s = \sqrt{h^2 + \left(\frac{l_1 - l_2}{2}\right)^2}$$

$$V = \frac{h}{3} \cdot (A_1 + A_2 + \sqrt{A_1 \cdot A_2})$$

**Kegelstumpf**

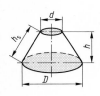

$V$ Volumen $\quad d$ kleiner Durch-
$A_M$ Mantelfläche $\qquad$ messer
$D$ großer $\qquad h$ Höhe
$\quad$ Durchmesser $\quad h_s$ Mantelhöhe

$$A_M = \frac{\pi \cdot h_s}{2} \cdot (D + d)$$

$$h_s = \sqrt{h^2 + \left(\frac{D - d}{2}\right)^2}$$

$$V = \frac{\pi \cdot h}{12} \cdot (D^2 + d^2 + D \cdot d)$$

**Kugel**

$V$ Volumen $\quad d$ Kugeldurch-
$A_0$ Oberfläche $\qquad$ messer

$$A_0 = \pi \cdot d^2$$

$$V = \frac{\pi \cdot d^3}{6}$$

**Kugelabschnitt**

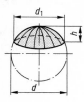

$V$ Volumen $\quad d$ Kugeldurch-
$A_M$ Mantelfläche $\qquad$ messer
$A_0$ Oberfläche $\quad d_1$ kleiner Durch-
$\qquad\qquad\qquad$ messer
$\qquad\qquad\quad h$ Höhe

$$A_M = \pi \cdot d \cdot h$$
$$A_0 = \pi \cdot h \cdot (2 \cdot d - h)$$

$$V = \pi \cdot h^2 \cdot \left(\frac{d}{2} - \frac{h}{3}\right)$$

Tabelle 6  Bezeichnung und Festigkeiten der Feinbleche unter 3 mm Dicke (Entsprechend DIN 1623, Bl. 1)

Aufschlüsselung der Werkstoffbezeichnung bei Feinblechen nach DIN 1623

Kennbuchstabe für Oberflächenausführung ——————————
Kennziffer für Oberflächenart ——————————
Kennziffer für Güte ——————————
Werkstoff ——————————
Gießverfahren ——————————
Erschmelzungsart ——————————

M  R  St  14  05  m

Siemens-Martin-Verfahren
Beruhigt vergossen
Stahl
Sondertiefziehgüte
Beste Oberfläche
Matte Oberflächenausführung
Genaue Bezeichnung des verlangten Werkstoffes

*Vergießungsart*

U  = unberuhigt
R  = beruhigt
RR = besonders beruhigt

*Verformbarkeit*

Kennziffer: St 10  die Grundgüte
Kennziffer: St 12  die Ziehgüte
Kennziffer: St 13  die Tiefziehgüte
Kennziffer: St 14  die Sondertiefziehgüte

*Oberflächenbeschaffenheit*

1002  eine nicht entzunderte Oberfläche
1203  eine entzunderte Oberfläche
1304  eine verbesserte Oberfläche
1405  eine beste Oberfläche

*Oberflächenausführung*

g = glatt  m = matt  r = rauh

| Kurzname | Erschmelzungsart | Vergießungsart | C % | $R_m$ N/mm² | $R_e$ N/mm² | $\tau_B$ N/mm² | Bruchdehnung A % | Eigenschaften | alte Bezeichnung |
|---|---|---|---|---|---|---|---|---|---|
| T St 1001 bis    03 | T | | 0,15 | 280 bis 500 | – | 300 bis 350 | – | Grundgüte, gut verformbar | – |
| St 1001 bis    03 | M oder Y | | 0,15 | 280 bis 500 | – | 300 bis 350 | – | Grundgüte, gut verformbar | St II 23 bis St IV 23 |
| WU St 1203 bis    05 | W | U | 0,10 | 270 bis 410 | – | 240 bis 300 | 24 | Ziehgüte | – |
| U St 1203 bis    05 | M oder Y | U | 0,10 | 270 bis 410 | – | 240 bis 300 | 24 | Ziehgüte | St V 23 bis St VI 23 |
| U St 1303 bis    05 | M oder Y | U | 0,10 | 270 bis 370 | 270 | 240 bis 300 | 27 | Tiefziehgüte | – |
| R St 1303 bis    05 | M oder Y | R | 0,10 | 270 bis 370 | 270 | 240 bis 300 | 27 | Tiefziehgüte | St VII 23 |
| U St 1404 bis    05 | M oder Y | U | 0,10 | 280 bis 350 | 240 | 250 bis 320 | 30 | Sondertiefziehgüte | St VII 23 |
| R R St 1404 bis | M oder Y | RR | 0,10 | 270 bis 350 | 240 | 250 bis 320 | 30 | Sondertiefziehgüte | St VIII 23 |

Tabelle 7  Kohlenstoffarme unlegierte Stähle für Schrauben, Muttern und Niete. Gewährleistete chemische Zusammensetzung nach DIN 17 111

| Stahlsorte | | Des-oxida-tionsart[1] | Chemische Zusammensetzung in Gew.-% | | | | |
|---|---|---|---|---|---|---|---|
| Kurzname | Werkstoff-nummer | | C[2] | Si | Mn | P | S |
| USt 36 | 1.0203 | U | ≤ 0,14[3] | Spuren | 0,25 bis 0,50 | ≤ 0,050 | ≤ 0,050 |
| UQSt 36 | 1.0204 | U | ≤ 0,14[3] | Spuren | 0,25 bis 0,50 | ≤ 0,040 | ≤ 0,040 |
| RSt 36 | 1.0205 | R | ≤ 0,14[3] | ≤ 0,30 | 0,25 bis 0,50 | ≤ 0,050 | ≤ 0,050 |
| USt 38[4] | 1.0217[4] | U | ≤ 0,19[5] | Spuren | 0,25 bis 0,50 | ≤ 0,050 | ≤ 0,050 |
| UQSt 38[4] | 1.0224[4] | U | ≤ 0,19[5] | Spuren | 0,25 bis 0,50 | ≤ 0,040 | ≤ 0,040 |
| RSt 38 | 1.0223 | R | ≤ 0,19[5] | ≤ 0,30 | 0,25 bis 0,50 | ≤ 0,050 | ≤ 0,050 |
| U 7 S 6[6] | 1.0708[6] | U[6] | ≤ 0,10 | Spuren | 0,30 bis 0,60 | ≤ 0,050 | 0,04 bis 0,08 |
| U 10 S 10[7] | 1.0702[7] | U[7] | ≤ 0,15 | Spuren | 0,30 bis 0,60 | ≤ 0,050 | 0,08 bis 0,12 |

[1]) U unberuhigt, R beruhigt (einschließlich halbberuhigt).

[2]) ● Bei der Bestellung kann ein niedrigerer Höchstgehalt an Kohlenstoff vereinbart werden; in diesem Falle gilt jedoch der Mindestwert der Zugfestigkeit nach Tabelle 2 nicht.

[3]) Bei Abmessungen über 22 mm beträgt der Höchstgehalt 0,18% C.

[4]) Für die Folgeausgabe dieser Norm ist zu prüfen, ob dieser Stahl gestrichen werden kann (siehe Erläuterungen).

[5]) Bei Abmessungen über 22 mm beträgt der Höchstgehalt 0,22% C.

[6]) ● Auf Vereinbarung bei der Bestellung kann auch der beruhigte Stahl R 7 S 6 (Werkstoffnummer 1.0709) mit höchstens 0,40% Si und einer oberen Grenze des Mangangehaltes von 0,80% geliefert werden.

[7]) ● Auf Vereinbarung bei der Bestellung kann auch der beruhigte Stahl R 10 S 10 (Werkstoffnummer 1.0703) mit höchstens 0,40% Si und einer oberen Grenze des Mangangehaltes von 0,80% geliefert werden.

Tabelle 8. Auswahl geeigneter Stähle zum Kaltfließpressen

| Werkstoffkurzbezeichnung | | | Werkstoff-Nr. | DIN | Erläuterungen |
|---|---|---|---|---|---|
| Stähle ohne spätere Wärmebehandlung | | UQSt 36-2 (Muk 7) Ma 8 (Mbk 6) | 1.0204 1.0303 | 17 111 | Ggf. spätere Einsatzbehandlung möglich. |
| | | Stähle mit besonders geringem C-Gehalt = 0,05% | | 17 745 | Bei der Auswahl sind nur magnetische Belange entscheidend. |
| Stähle für spätere Wärmebehandlung | | | | | |
| Einsatz-stähle | unlegiert | Ck 10 Cq 15 | 1.1121 1.1132 | 17 210 1 654 | Ggf. auch C 10, C 15 und Ck 15 (DIN 17 210) |
| | legiert | 15 Cr 3 16 MnCr 5 20 MnCr 5 15 CrNi 6 17 CrNiMo 6 20 MoCr 4 | 1.7015 1.7131 1.7147 1.5919 1.6587 1.7321 | 17 210 | C-Gehalte im allgemeinen unter 0,25%; durch die Legierungselemente wird die Kernfestigkeit in weiten Grenzen beeinflußt. |
| Vergütungs-stähle | unlegiert | Cq 22 | 1.1152 | | Ggf. auch C 35 und C 45 |
| | | Cq 35 Cq 45 | 1.1172 1.1197 | 1 654 | Durch entsprechende Vergütung ist eine dem Verwendungs-zweck angepaßte Zugfestigkeit bei ausreichender Zähigkeit |
| | legiert | 34 Cr 4 37 Cr 4 41 Cr 4 25 CrMo 4 34 CrMo 4 42 CrMo 4 34 CrNiMo 6 | 1.7033 1.7034 1.7035 1.7218 1.7220 1.7225 1.6582 | 17 200 auch 1 654 | erreichbar. Die Härtbarkeit ist abhängig von der Zusammensetzung; bei unlegierten Werkstoffen bestimmen die Gehalte an C und Mn die bei der Vergütung erzielbaren Werkstückseigenschaften (Öl- oder Wasserhärtung muß bei der Bestellung vereinbar sein). Bei hohen Umformgraden sind auch ohne nachträgliche Wärmebehandlung hohe Festigkeitswerte erreichbar. Stähle mit garantiertem Cr-Gehalt, z. B. 38 Cr 1, 46 Cr 1, 38 Cr 2, 46 Cr 2, lassen sich besser vergüten, haben aber nicht unbedingt auch ein besseres Formänderungsvermögen als Stähle, bei denen ein bestimmter Cr-Gehalt nicht garantiert ist; sie sind deshalb in nebenstehender Tabelle nicht aufgeführt. Die Notwendigkeit ihrer Verwendung sollte immer besonders überprüft werden. |
| Korrosions-beständige Stähle | ferritisch | X 7 Cr 13 X 10 Cr 13 X 22 CrNi 17 X 12 CrMoS 17 | 1.4000 1.4006 1.4057 1.4104 | 1 654 | vergütbar vergütbar vergütbar vergütbar |
| | austenitisch | X 5 CrNi 18 9 X 2 CrNi 18 9 X 2 NiCr 18 16 X 5 CrNiMo 18 10 X 10 CrNiTi 18 9 X 10 CrNiMoTi 18 10 X 2 CrNiMo 18 12 | 1.4301 1.4306 1.4321 1.4401 1.4541 1.4571 1.4435 | | bei höheren Umformgraden<br><br>in Sonderfällen |

Tabelle 9 Nenndurchmesser und zulässige Abweichungen für runden Walzdraht aus Stahl für Schrauben (Maße in mm), Euronorm 108, DIN 59 115

| Nennmaß d | Durchmesser Zulässige Abweichung bei Maßgenauigkeit | | Nennmaß d | Durchmesser Zulässige Abweichung bei Maßgenauigkeit | |
|---|---|---|---|---|---|
| | A | B | | A | B |
| 5,0<br>5,5<br>6,0<br>6,5<br>7,0<br>7,5<br>7,8<br>8,0<br>8,25<br>8,5<br>8,75<br>9,0<br>9,5<br>9,75<br>10,0 | ± 0,20 | ± 0,15¹) | 16,0<br>16,5<br>17,0<br>17,4<br>17,5<br>18,0<br>19,0<br>19,5<br>20,0<br>20,5<br>21,0<br>21,3<br>21,5 | ± 0,30 | ± 0,25 |
| 10,5<br>11,0<br>11,5<br>11,75<br>12,0<br>12,5<br>12,7<br>13,0<br>13,5<br>13,75<br>14,0<br>14,5<br>15,0 | ± 0,25 | ± 0,20 | 22,0<br>22,5<br>23,0<br>24,0<br>24,5<br>25,0<br>26,0<br>26,5<br>27,0<br>28,0<br>29,0<br>30,0 | ± 0,35 | ± 0,30 |

¹) Dieser Wert gilt nur für Ringgewichte bis 200 kg. Bei größeren Ringgewichten ist eine Abweichung von ± 0,20 mm zulässig.

Tabelle 10 Werkzeug – Werkstoffe

| Werkstoff-Nr. | DIN 17006 | max. Härte HRC | Beanspruchung | Schnitte St. | Schnitte Mat. | Zieh St. | Zieh Mat. | Präge St. | Präge Mat. | Biege St. | Biege Mat. | Kalteinse. Fließpr. St. | Kalteinse. Fließpr. – | Kalteinse. Fließpr. Mat. | Schrumpf. 1. Rg | Schrumpf. 2. Rg | Stauchen St. | Stauchen Mat. | Gesenksch. Ober | Gesenksch. Unter |
|---|---|---|---|---|---|---|---|---|---|---|---|---|---|---|---|---|---|---|---|---|
| 1530 | C85W1 | 63 | nor-mal | 61 | 61 | | | 61 | 61 | 61 | 61 | | | | | | 61 | 61 | | |
| 1540 | C100W1 | 64 | | 62 | 62 | 62 | 62 | 62 | 62 | 62 | 62 | | | | | | 62 | 62 | | |
| 1550 | C110W1 | 65 | | 62 | 62 | 62 | 62 | 62 | 62 | 62 | 62 | | | | | | 62 | 62 | | |
| 1620 | C70W2 | 63 | | 60 | 60 | | | | | | | | | | | | | | | |
| 1640 | C100W2 | 65 | | 62 | 62 | | | 62 | 62 | 62 | 62 | | | | | | | | | |
| 1650 | C115W2 | 65 | | 62 | 62 | | | | | 62 | 62 | | | | | | | | | |
| 1660 | C130W2 | 65 | | | | 62 | 62 | | | | | | | | | | | | | |
| 2025 | 110Cr2 | 65 | hoch | | | | | | | 59 | 59 | | | | | | | | | |
| 2056 | 90Cr | 65 | | | | 62 | 62 | 62 | 62 | 62 | 62 | | | | | | | | | |
| 2057 | 105Cr4 | 65 | | | 61 | | | | | 61 | 61 | | | | | | | | | |
| 2060 | 105Cr5 | 65 | | 61 | 61 | 61 | 61 | 61 | 61 | 61 | 61 | | | | | | | | | |
| 2063 | 145Cr6 | 65 | | 63 | 63 | 63 | 63 | 63 | 63 | | | | | | | | | | | |
| 2067 | 100Cr6 | 64 | | 63 | 63 | 62 | 62 | 62 | 62 | | | 62 | | | | | | | | |
| 2080 | X210Cr12 | 65 | | 62 | 62 | 62 | 62 | 62 | 62 | | | 62 | | 62 | | | 62 | 62 | | |
| 2127 | 105MnCr4 | 65 | | 60 | 60 | 60 | 60 | 60 | 60 | 60 | 60 | | | | | | | | | |

Tabelle 10 (Fortsetzung)

| Nr. | Bezeichnung | höchst | | | | | | | | | | | | | | |
|---|---|---|---|---|---|---|---|---|---|---|---|---|---|---|---|---|
| 2243 | 61CrSiV5 | 60 | 54 | 54 | | | | | | | | | | | | |
| 2248 | 38SiCrV8 | 54 | 52 | 52 | | | | | | | | | | | | |
| 2249 | 45SiCrV6 | 58 | 54 | 54 | | | | | | | | | | | | |
| 2323 | 45CrMoV67 | 57 | 55 | 55 | 55 | 55 | 55 | 55 | 55 | 55 | 55 | | | | | |
| 2419 | 105WCr6 | 64 | 61 | 61 | 61 | 61 | 61 | 61 | 61 | 61 | | | | | | |
| 2436 | X210CrW12 | 65 | | 61 | 61 | 61 | 61 | 61 | | 61 | 61 | | | | | |
| 2541 | 35WCrV7 | 58 | 53 | 53 | | | | | | | | | | | | |
| 2542 | 45WCrV7 | 58 | 53 | 53 | | | | | | | | | | | | |
| 2547 | 45WCrV77 | 58 | 55 | 55 | | | | | | | | | | | | |
| 2550 | 60WCrV7 | 60 | 58 | 58 | 58 | 58 | 58 | 58 | 58 | 58 | 58 | 58 | | | | |
| 2567 | X30WCrV53 | 52 | | | | | | | | | | | 52 | 52 | | |
| 2603 | 45CrMoW58 | 53 | | | | | | | | | | | | | | |
| 2713 | 55NiCrMoV6 | 48 | | | | | | | | | | 46 | | | 60 | 60 |
| 2714 | 56NiCrMoV7 | 48 | | | | | | | | | | 46 | 46 | | | |
| 2721 | 50NiCr13 | 59 | 55 | 55 | 55 | 55 | 55 | 55 | 55 | 55 | 60 | 63 | 55 | 60 | 50 | 50 |
| 2767 | X45NiCrMo4 | 50 | 50 | 50 | 50 | 50 | 48 | | 58 | | 48 | | | | | |
| 2842 | 90MnV8 | 64 | | | | | 60 | 60 | 62 | | | | | | | |
| 2080 | X210Cr12 | 65 | | | 62 | 62 | 62 | 62 | 62 | 63 | 63 | | | | | |
| 2201 | 62SiMnCr4 | 65 | 60 | 60 | 60 | 60 | 60 | 60 | 60 | 60 | 60 | 60 | | | | |

Tabelle 10 (Fortsetzung)

**Werkzeugart und Einbauhärte HRC (Mittelwert)**

| Werkstoff-Nr. | DIN 17006 | max. Härte HRC | Beanspruchung | Schnitte St. | Schnitte Mat. | Zieh St. | Zieh Mat. | Präge St. | Präge Mat. | Biege St. | Biege Mat. | Kalteinse. St. | Kalteinse. – | Fließpr. St. | Fließpr. Mat. | Schrumpf. 1. Rg | Schrumpf. 2. Rg | Stauchen St. | Stauchen Mat. | Gesenksch Ober | Gesenksch Unter |
|---|---|---|---|---|---|---|---|---|---|---|---|---|---|---|---|---|---|---|---|---|---|
| 2343 | X38CrMoV51 | 56 | höchst | | | | | | | | | | | | | | | | | 52 | 52 |
| 2363 | X100CrMoV5-1 | 64 | | 61 | 61 | | | | | 61 | 61 | | | | | | | | | | |
| 2365 | X32CrMoV33 | 55 | | | | | | | | | | | | | | | | | | | |
| 2436 | X210CrW12 | 65 | | 60 | 60 | | | | | 60 | | | | | | | | | | | |
| 2601 | X165CrMoV12 | 64 | | 60 | 60 | | | 60 | | 60 | | 62 | | | | | | | | 49 | 49 |
| 2884 | X210CrCoW12 | 64 | | 61 | 61 | | | | | | | | | | | | | | | | |

# Tabellen für die Warm- und Halbwarmumformung

Tabelle 28.2 Umformgeschwindigkeit $\varphi = f$ ($r$ und Ausgangshöhe $h_0$ des Rohlings)

| Maschine | | Bär- bzw. Stößelauftreffgeschwindigkeit $v$ in m/s | $\dot\varphi = \dfrac{v}{h_0}$ (s$^{-1}$) für $h_0 =$ (mm) | | | | | | | | | | | | |
|---|---|---|---|---|---|---|---|---|---|---|---|---|---|---|---|---|
| | | | $h_0 \rightarrow$ 5 | 10 | 20 | 30 | 40 | 50 | 100 | 150 | 200 | 250 | 300 | 400 | 500 |
| Hammer | Fall- | 5,6 | 1120 | 560 | 280 | 187 | 140 | 112 | 56 | 37,3 | 28 | 22,4 | 18,6 | 14 | 11,2 |
| | Oberdruck- | 6 | 1200 | 600 | 300 | 200 | 150 | 120 | 60 | 40 | 30 | 24 | 20 | 15 | 12 |
| | Gegenschlag- | 12 | 2400 | 1200 | 600 | 400 | 300 | 240 | 120 | 80 | 60 | 48 | 40 | 30 | 24 |
| Spindelpr. | | 1,0 | 200 | 100 | 50 | 33,3 | 25 | 20 | 10 | 6,7 | 5,0 | 4,0 | 3,3 | 2,5 | 2,0 |
| Hydraul. Pressen | | 0,25 | 50 | 25 | 12,5 | 8,3 | 6,2 | 5 | 2,5 | 1,7 | 1,25 | 1,0 | 0,83 | 0,6 | 0,5 |
| Kurbelpr. bei $\alpha = 30°$ | | 0,6 | 120 | 60 | 30 | 20 | 15 | 12 | 6,0 | 4,0 | 3,0 | 2,4 | 2,0 | 1,5 | 1,2 |

Tabelle 28.3 Basiswerte $k_{f_1}$ für $\varphi_1 = 1 \text{ s}^{-1}$ bei den angegebenen Umformtemperaturen und Werkstoffexponenten $m$ zur Berechnung von $k_f = f(\varphi)$

| Werkstoff | | $m$ | $k_{f_1}$ bei $\dot{\varphi}_1 = 1 \text{ s}^{-1}$ (N/mm²) | $T$ (°C) |
|---|---|---|---|---|
| St | C 15 | 0,154 | 99/ 84 | 1100/1200 |
| | C 35 | 0,144 | 89/ 72 | |
| | C 45 | 0,163 | 90/ 70 | |
| | C 60 | 0,167 | 85/ 68 | |
| | X 10 Cr 13 | 0,091 | 105/ 88 | 1100/1250 |
| | X 5 CrNi 18 9 | 0,094 | 137/116 | |
| | X 10 CrNiTi 18 9 | 0,176 | 100/ 74 | |
| Cu | E-Cu | 0,127 | 56 | 800 |
| | CuZn 28 | 0,212 | 51 | 800 |
| | CuZn 37 | 0,201 | 44 | 750 |
| | CuZn 40 Pb 2 | 0,218 | 35 | 650 |
| | CuZn 20 Al | 0,180 | 70 | 800 |
| | CuZn 28 Sn | 0,162 | 68 | 800 |
| | CuAl 5 | 0,163 | 102 | 800 |
| Al | Al 99,5 | 0,159 | 24 | 450 |
| | AlMn | 0,135 | 36 | 480 |
| | AlCuMg 1 | 0,122 | 72 | 450 |
| | AlCuMg 2 | 0,131 | 77 | 450 |
| | AlMgSi 1 | 0,108 | 48 | 450 |
| | AlMgMn | 0,194 | 70 | 480 |
| | AlMg 3 | 0,091 | 80 | 450 |
| | AlMg 5 | 0,110 | 102 | 450 |
| | AlZnMgCu 1,5 | 0,134 | 81 | 450 |

$$k_f = k_{f_1} \left( \frac{\dot{\varphi}}{\dot{\varphi}_1} \right)^m. \quad \text{Für } \dot{\varphi}_1 = 1 \text{ s}^{-1} \text{ wird} \quad \boxed{k_f = k_{f_1} \cdot \dot{\varphi}^m}$$

Tabelle 28.4    Formänderungsfestigkeit in Abhängigkeit von der Umformungsgeschwindigkeit für die Umformungstemperatur $T = $ constant

| Werkstoff | $T$ ($°C$) | $k_f = f(\dot\varphi)$    für $T = $ const.    $k_f$ in $N/mm^2$ | | | | | | | | |
|---|---|---|---|---|---|---|---|---|---|---|
| | | $\dot\varphi = 1$ ($s^{-1}$) | $\dot\varphi = 2$ ($s^{-1}$) | $\dot\varphi = 4$ ($s^{-1}$) | $\dot\varphi = 6$ ($s^{-1}$) | $\dot\varphi = 10$ ($s^{-1}$) | $\dot\varphi = 20$ ($s^{-1}$) | $\dot\varphi = 30$ ($s^{-1}$) | $\dot\varphi = 40$ ($s^{-1}$) | $\dot\varphi = 50$ ($s^{-1}$) |
| C 15 | 1200 | 84 | 93 | 104 | 110 | 120 | 133 | 141 | 145 | 153 |
| C 35 | 1200 | 72 | 80 | 88 | 93 | 100 | 111 | 118 | 122 | 126 |
| C 45 | 1200 | 70 | 78 | 88 | 94 | 102 | 114 | 122 | 128 | 132 |
| C 60 | 1200 | 68 | 76 | 86 | 92 | 100 | 112 | 120 | 126 | 131 |
| X 10 Cr 13 | 1250 | 88 | 94 | 100 | 104 | 109 | 116 | 120 | 123 | 126 |
| X 5 CrNi 18 9 | 1250 | 116 | 124 | 132 | 137 | 144 | 154 | 160 | 164 | 168 |
| X 10 CrNiTi 18 9 | 1250 | 74 | 84 | 94 | 101 | 111 | 125 | 135 | 142 | 147 |
| E – Cu | 800 | 56 | 61 | 67 | 70 | 75 | 82 | 86 | 89 | 92 |
| CuZn 28 | 800 | 51 | 59 | 68 | 75 | 83 | 96 | 105 | 111 | 117 |
| CuZn 37 | 750 | 44 | 51 | 58 | 63 | 70 | 80 | 87 | 92 | 97 |
| CuZn 40 Pb 2 | 650 | 35 | 41 | 47 | 51 | 58 | 67 | 73 | 78 | 82 |
| CuZn 20 Al | 800 | 70 | 79 | 90 | 97 | 106 | 120 | 129 | 136 | 142 |
| CuZn 28 Sn | 800 | 68 | 76 | 85 | 91 | 99 | 110 | 118 | 124 | 128 |
| CuAl 5 | 800 | 102 | 114 | 128 | 137 | 148 | 166 | 178 | 186 | 193 |
| Al 99,5 | 450 | 24 | 27 | 30 | 32 | 35 | 39 | 41 | 43 | 45 |
| AlMn | 480 | 36 | 40 | 44 | 46 | 49 | 54 | 57 | 59 | 61 |
| AlCuMg 1 | 450 | 72 | 78 | 85 | 90 | 95 | 104 | 109 | 113 | 116 |
| AlCuMg 2 | 450 | 77 | 84 | 92 | 97 | 104 | 114 | 120 | 125 | 129 |
| AlMgSi 1 | 450 | 48 | 52 | 56 | 58 | 62 | 66 | 69 | 71 | 73 |
| AlMgMn | 480 | 70 | 80 | 92 | 99 | 109 | 125 | 135 | 143 | 150 |
| AlMg 3 | 450 | 80 | 85 | 91 | 94 | 99 | 105 | 109 | 112 | 114 |
| AlMg 5 | 450 | 102 | 110 | 119 | 124 | 131 | 142 | 148 | 153 | 157 |
| AlZnMgCu 1,5 | 450 | 81 | 89 | 98 | 103 | 110 | 121 | 128 | 133 | 137 |

| $\dot{\varphi} = 70$ (s⁻¹) | $\dot{\varphi} = 100$ (s⁻¹) | $\dot{\varphi} = 150$ (s⁻¹) | $\dot{\varphi} = 200$ (s⁻¹) | $\dot{\varphi} = 250$ (s⁻¹) | $\dot{\varphi} = 300$ (s⁻¹) |
|---|---|---|---|---|---|
| 161 | 170 | 181 | 189 | 196 | 201 |
| 133 | 140 | 148 | 154 | 159 | 164 |
| 140 | 148 | 158 | 166 | 172 | 177 |
| 138 | 147 | 157 | 164 | 171 | 176 |
| 130 | 134 | 139 | 143 | 145 | 148 |
| 173 | 179 | 186 | 191 | 195 | 198 |
| 156 | 166 | 179 | 188 | 196 | 202 |
| 96 | 101 | 106 | 110 | 113 | 116 |
| 126 | 135 | 148 | 157 | 164 | 171 |
| 103 | 111 | 120 | 128 | 133 | 138 |
| 88 | 96 | 104 | 111 | 117 | 121 |
| 150 | 160 | 172 | 182 | 189 | 195 |
| 135 | 143 | 153 | 160 | 166 | 171 |
| 204 | 216 | 231 | 242 | 251 | 258 |
| 47 | 50 | 53 | 56 | 58 | 59 |
| 64 | 67 | 71 | 74 | 76 | 78 |
| 121 | 126 | 133 | 137 | 141 | 144 |
| 134 | 141 | 148 | 154 | 159 | 163 |
| 76 | 79 | 82 | 85 | 87 | 89 |
| 160 | 171 | 185 | 196 | 204 | 212 |
| 118 | 122 | 126 | 130 | 132 | 134 |
| 163 | 169 | 177 | 183 | 187 | 191 |
| 143 | 150 | 159 | 165 | 170 | 174 |

# 28.4 Berechnung der Formänderungsfestigkeit $k_{f_{Hw}}$ für die Halbwarmumformung

$$k_{f_{Hw}} = c \cdot \varphi_h^n \cdot \dot{\varphi}^m \qquad c = \frac{1400 - T}{3}$$

| | | |
|---|---|---|
| $k_{f_{Hw}}$ | in N/mm² | Formänderungsfestigkeit bei Halbwarmumformung |
| $T$ | in °C | Temperatur bei Halbwarmumformung |
| $c$ | in N/mm² | empirischer Berechnungsfaktor |
| $\varphi_h$ | — | Hauptformänderung |
| $n$ | — | Exponent von $\varphi_h$ |
| $\dot{\varphi}$ | in s⁻¹ | Umformgeschwindigkeit |
| $m$ | — | Exponent von $\dot{\varphi}$ |

Tabelle 28.5   Exponenten und Halbwarmumformtemperaturen

| Werkstoff | n | m | T °C | C |
|---|---|---|---|---|
| C 15 | 0,1 | 0,08 | 500 | 300 |
| C 22 | 0,09 | 0,09 | 500 | 300 |
| C 35 | 0,08 | 0,10 | 550 | 283 |
| C 45 | 0,07 | 0,11 | 550 | 283 |
| C 60 | 0,06 | 0,12 | 600 | 267 |
| X 10 Cr 13 | 0,05 | 0,13 | 600 | 267 |

*Beispiel:*

gegeben: Werkstoff C 60

|  |  |  |
|---|---|---|
| Arbeitstemperatur: | $T$ | $= 600$ °C |
| Hauptformänderung | $\varphi_h$ | $= 1,10 = 110$ % |
| Formänderungsgeschwindigkeit | $\dot{\varphi}$ | $= 250$ s⁻¹ |

*Lösung:*

c = 267, n = 0,06, m = 0,12 aus Tabelle 28.5

$$k_{f_{Hw}} = c \cdot \varphi_h^n \cdot \dot{\varphi}^m \qquad = 267 \cdot 1{,}1^{0{,}06} \cdot 250^{0{,}12}$$

$$k_{f_{Hw}} = 267 \cdot 1{,}0 \cdot 1{,}94 = \underline{\underline{515 \text{ N/mm}^2}}$$

# Literaturverzeichnis

## 1. Bücher

### 1.1 Grundlagen

1 *Doege, Meyer, Nolkemper, Saeeol*, Fließkurvenatlas metallischer Werkstoffe, Carl Hanser Verlag, München/Wien 1986
2 *Bergmann*, Werkstofftechnik Teil 1 und 2, Carl Hanser Verlag, München/Wien 1989
3 *Lange*, Lehrbuch der Umformtechnik, Band 1: Grundlagen, Band 4: Sonderverfahren, Prozeßsimulation, Werkzeugtechnik, Produktion, Springer Verlag, Berlin/Heidelberg 1993

### 1.2 Massivumformung

4 *Lange*, Lehrbuch der Umformtechnik, Band 2 und 3: Massivumformung, Springer Verlag, Berlin/Heidelberg 1988
5 *Spur, Stöferle*, Handbuch der Fertigungstechnik, Band 2/1 und 2/2: Umformen, Carl Hanser Verlag, München/Wien 1984
6 *W. König*, Fertigungsverfahren, Band 4: Massivumformung, VDI-Verlag, Düsseldorf, 1992
7 Industrieschmiede, Verlag Europa-Lehrmittel, Haan/Gruiten 1996
8 *Schal*, Fertigungstechnik 2, Massivumformen und Stanzen, Verlag Handwerk und Technik, Hamburg 1995
9 *Flimm*, Spanlose Formung, Carl Hanser Verlag, München/Wien 1990
10 *Kleiner, Schilling*, Prozeßsimulation in der Umformtechnik, Teubner Verlag, Stuttgart 1994
11 *Pöhlandt*, Werkstoffe und Werkstoffprüfung für die Kalt-Massivumformung, Expert-Verlag, Essen 1994
12 *Henkel*, Anwendung der Kalt- und Halbwarmumformung beim Ringwalzen, Verlag Stahleisen, Düsseldorf 1991
13 *Wojahn/Breitkopf*, Übungsbuch Fertigungstechnik – Urformen, Umformen, Vieweg Verlag, Braunschweig/Wiesbaden 1996
14 *K. Grüning*, Umformtechnik, Vieweg Verlag, Braunschweig/Wiesbaden 1986
15 *N. Becker*, Weiterentwicklung von Verfahren zur Aufnahme von Fließkurven im Bereich hoher Umformgrade, Springer Verlag, Berlin/Heidelberg 1994
16 *G. Du*, Ein wissensbasiertes System zur Stadienplanermittlung beim Kaltmassivumformen, Springer Verlag, Berlin/Heidelberg 1991

### 1.3 Blechumformung

17 *Lange*, Lehrbuch der Umformformtechnik, Band 3: Blechbearbeitung, Springer Verlag, Berlin/Heidelberg 1990

18  *G. Spur, T. Stöferle*, Handbuch der Fertigungstechnik, Band 2/3: Umformen – Zerteilen, Carl Hanser Verlag, München/Wien 1985

19  *W. König*, Fertigungsverfahren, Band 5: Blechumformung, VDI-Verlag, Düsseldorf 1990

20  *Hellwig, Semlinger*, Spanlose Fertigung – Stanzen, Vieweg Verlag, Braunschweig/Wiesbaden 1996

21  *Oehler, Kaiser*, Schnitt-, Stanz- und Ziehwerkzeuge, Springer Verlag, Berlin/Heidelberg 1993

22  *Oehler, Panknin*, Schneid- und Stanzwerkzeuge, Springer Verlag, Berlin/Heidelberg 1995

23  *Schilling*, Finite-Elemente-Analyse des Biegeumformens von Blech, Verlag Stahleisen, Düsseldorf 1992

24  DIN-Taschenbuch, Band 46: Stanzwerkzeuge-Normen, Beuth-Verlag, Berlin 1993

## 1.4  Umformmaschinen

25  *Wagner, Pahl*, Mechanische und Hydraulische Pressen, VDI-Verlag, Düsseldorf 1992

26  Firmenschrift, Pressenhandbuch, Fa. Kießerling und Albrecht, Werkzeugmaschinenfabrik, Solingen

27  *S. Hesse*, Umformmaschinen, Vogel Verlag, Würzburg 1995

28  Schuler GmbH, Göppingen, Handbuch der Umformtechnik, Springer Verlag, Berlin/Heidelberg 1996

## 2. DIN-Blätter*

*Arbeitsverfahren der Umformtechnik*

| | |
|---|---|
| DIN 8580 | Begriffe der Fertigungsverfahren, Entwurf |
| DIN 8582 | Fertigungsverfahren Umformen, Einordnung, Unterteilung |
| DIN 8583 | Fertigungsverfahren Druckumformen, Teil 1–6 |
| DIN 8584 | Fertigungsverfahren Zugdruckumformen, Teil 1–6 |
| DIN 8585 | Fertigungsverfahren Zugumformen, Teil 1–4 |
| DIN 8586 | Fertigungsverfahren Biegeumformen |
| DIN 8587 | Fertigungsverfahren Schubumformen |
| DIN 8588 | Begriffe der Fertigungsverfahren Zerteilen |

*Pressen, Scheren, Blechbearbeitungsmaschinen*

| | |
|---|---|
| DIN 810 | Pressen; Stößel-Bohrungen für Einspannzapfen |
| DIN 8650 | Einständer-Exzenterpressen, Abnahmebedingungen |
| DIN 8651 | Zweiständer-Exzenterpressen, Abnahmebedingungen |
| DIN 55170 | Einständer-Tisch-Exzenterpressen; Baugrößen |
| DIN 55181 | Mechanische Zweiständerpressen, einfachwirkend, mit Nennkräften von 400 kN bis 4000 kN; Baugrößen |
| DIN 55184 | Mechanische Einständerpressen, Einbauraum für Werkzeuge; Baugrößen, Aufspannplatten, Einlegeplatten, Einlegeringe |
| DIN 55185 | Mechanische Zweiständer-Schnelläuferpressen mit Nennkräften von 250 kN bis 4000 kN; Baugrößen |
| DIN 55211 | Sickenmaschinen mit schwenkbarer Oberwelle; Baugrößen |
| DIN 55220 | Schwenkbiegemaschinen (Abkantmaschinen); Baugrößen |
| DIN 55230 | Tafelscheren mit parallel geführtem Messerbalken, Baugrößen |
| DIN 55801 | Sickenmaschinen; Abnahmebedingungen |
| DIN 55802 | Schwenkbiegemaschinen; Abnahmebedingungen |
| DIN 55803 | Drück- und Planiermaschinen; Abnahmebedingungen |
| DIN 55804 | Tafelscheren mit parallel geführtem Messerbalken, Abnahmebedingungen |
| DIN 55805 | Blechrundbiegemaschinen, Abnahmebedingungen |

*Ziehsteine, Ziehringe, Ziehdorne*

| | |
|---|---|
| DIN 1546 | Diamant-Ziehsteine für Drähte aus Eisen- und Nichteisenmetallen |
| DIN 1547 | Hartmetall-Ziehsteine und -Ziehringe; Begriffe, Bezeichnung, Kennzeichnung, Teil 1–10 |
| DIN 8099 | Hartmetall-Ziehdorne, mit aufgelötetem Hartmetallring, Teil 1 |
| DIN 8099 | Hartmetall-Ziehdorne, mit aufgeschraubtem Hartmetallring, Teil 2 |

*Internationale Normen:*

| | | Zusammenhang mit DIN |
|---|---|---|
| ISO 1651–1974 | Ziehdorne für Rohre | 8099 T 1, T 2 |
| ISO 1684–1975 | Ziehsteine und Ziehringe; Bezeichnung, Kennzeichnung, Abmessungen | 1547 T 1, T 11 |
| ISO 1973–2804 | Ziehsteine und Ziehringe für Stangen und Rohre, Rohkerne aus Hartmetall; Abmessungen | |

*Werkzeuge und Arbeitsverfahren der Stanztechnik*

| | |
|---|---|
| DIN 9811 | Säulengestelle, Technische Lieferbedingungen, Einbaurichtlinien, Teil 1 und 2 |
| DIN 9812 | Säulengestelle mit mittigstehenden Führungssäulen |
| DIN 9814 | Säulengestelle mit mittigstehenden Führungssäulen und beweglicher Stempelführungsplatte |
| DIN 9816 | Säulengestelle mit mittigstehenden Führungssäulen und dicker Säulenführungsplatte |
| DIN 9819 | Säulengestelle mit übereckstehenden Führungssäulen |
| DIN 9822 | Säulengestelle mit hintenstehenden Führungssäulen |
| DIN 9825 | Führungssäulen für Säulengestelle, Teil 2 |
| DIN 9859 | Einspannzapfen, Übersicht, allgemeine Abmessungen, Teil 1–7 |
| DIN 9861 | Runde Schneidstempel bis 16 mm Schneiddurchmesser |
| DIN 9869 | Begriffe für Werkzeuge der Stanztechnik, Schneidewerkzeuge, Teil 2 |
| DIN 9870 | Begriffe der Stanztechnik, Teil 1–3 |

*Gestaltungsrichtlinien für Schmiedestücke*

| | |
|---|---|
| DIN 7522 | Schmiedestücke aus Stahl, technische Richtlinien für Lieferung, Gestaltung und Herstellung; allgemeine Gestaltungsregeln nebst Beispielen |
| DIN 7523 | Gestaltung von Gesenkschmiedestücken, Mindestwanddicken verschiedener Querschnittsformen, Teil 2 |
| DIN 7523 | Bearbeitungszugaben, Rundungen, Seitenschrägen, Teil 3 |
| DIN 7526 | Schmiedestücke aus Stahl; Toleranzen und zulässige Abweichungen für Gesenkschmiedestücke, Beispiele für die Anwendung |
| DIN 9005 | Gesenkschmiedestücke aus Magnesium-Knetlegierungen, Technische Lieferbedingungen, Teil 1 |
| DIN 9005 | Gesenkschmiedestücke aus Magnesium-Knetlegierungen, Gestaltung, Teil 2 |
| DIN 9005 | Gesenkschmiedestücke aus Magnesium-Knetlegierungen, zulässige Abweichungen, Teil 3 |
| DIN 17673 | Gesenkschmiedestücke aus Kupfer und Kupfer-Knetlegierungen; Eigenschaften, Teil 1 |
| DIN 17673 | Gesenkschmiedestücke aus Kupfer und Kupfer-Knetlegierungen; technische Lieferbedingungen, Teil 2 |
| DIN 17673 | Gesenkschmiedestücke aus Kupfer und Kupfer-Knetlegierungen; Grundlagen für die Konstruktion, Teil 3 |
| DIN 17673 | Entwurf Gesenkschmiedestücke aus Kupfer und Kupfer-Knetlegierungen; zulässige Abweichungen, Teil 4 |
| DIN 1748 | Strangpreßprofile aus Aluminium und Aluminium-Knetlegierungen – Eigenschaften, Teil 1 |
| DIN 1748 | Strangpreßprofile aus Aluminium und Aluminium-Knetlegierungen – Technische Lieferbedingungen, Teil 2 |
| DIN 1748 | Strangpreßprofile aus Aluminium und Aluminium-Knetlegierungen – Gestaltung, Teil 3 |
| DIN 1748 | Strangpreßprofile aus Aluminium und Aluminium-Knetlegierungen – zulässige Abweichungen, Teil 4 |
| DIN 1771 | Winkel-Profile aus Aluminium und Aluminium-Knetlegierungen, gepreßt, Maße, statische Werte |
| DIN 17674 | Strangpreßprofile aus Kupfer und Kupfer-Knetlegierungen – Eigenschaften, Teil 1 |

| DIN 17674 | Strangpreßprofile aus Kupfer und Kupfer-Knetlegierungen – Technische Lieferbedingungen, Teil 2 |
| --- | --- |
| DIN 17674 | Strangpreßprofile aus Kupfer und Kupfer-Knetlegierungen, Gestaltung, Teil 3 |
| DIN 17674 | Strangpreßprofile aus Kupfer und Kupfer-Knetlegierungen, gepreßt, zulässige Abweichungen, Teil 4 |
| DIN 17674 | Strangpreßprofile aus Kupfer und Kupfer-Knetlegierungen, gezogen, zulässige Abweichungen, Teil 5 |

*Werkstoffe*

| DIN 1013 | Stabstahl, warmgewalzt, Teil 1 und 2 |
| --- | --- |
| DIN 1654 | Kaltstauch- und Kaltfließpreßstähle, Teil 1–5 |
| DIN 1708 | Kupfer, Kathoden und Gußformate |
| DIN 1712 | Aluminium, Teil 1 und 3 |
| DIN 1725 | Aluminiumlegierungen, Teil 1, 3 und 5 |
| DIN 1729 | Magnesium, Knetlegierungen |
| DIN 1747 | Stangen aus Aluminium und Aluminium-Knetlegierungen, Teil 1 und 2 |
| DIN 1748 | Strangpreßprofile aus Aluminium und Aluminium-Knetlegierungen, Teil 1–4 |
| DIN 1756 | Rundstangen aus Kupfer und Kupfer-Knetlegierungen; Maße |
| DIN 1757 | Drähte aus Kupfer und Kupfer-Knetlegierungen, gezogen, Maße |
| DIN 1787 | Kupfer, Halbzeug |
| DIN 1798 | Rundstangen aus Aluminium, gezogen, Maße |
| DIN 1799 | Rundstangen aus Aluminium, gepreßt, Maße |
| DIN 17100 | Allgemeine Baustähle |
| DIN 17111 | Kohlenstoffarme unlegierte Stähle für Schrauben, Muttern und Niete |
| DIN 17006 | Eisen und Stahl; systematische Benennungen, Teil 4 |
| DIN 17200 | Vergütungsstähle, Technische Lieferbedingungen |
| DIN 17210 | Einsatzstähle, Gütevorschriften, Technische Lieferbedingungen, Entwurf |
| DIN 17240 | Warmfeste und hochwarmfeste Werkstoffe für Schrauben und Muttern, Gütevorschriften |
| DIN 17440 | Nichtrostende Stähle, Technische Lieferbedingungen |
| DIN 17660 | Kupfer-Knetlegierungen, Kupfer-Zink-Legierungen, Zusammensetzung |
| DIN 17662 | Kupfer-Knetlegierungen, Kupfer-Zinn-Legierungen, Zusammensetzung |
| DIN 17670 | Bleche und Bänder aus Kupfer u. Kupfer-Knetlegierungen, Teil 1 und 2 |
| DIN 17672 | Stangen und Drähte aus Kupfer u. Kupfer-Knetlegierungen, Teil 1 und 2 |
| DIN 17740 | Nickel in Halbzeug, Zusammensetzung |
| DIN 17741 | Niedriglegierte Nickel-Knetlegierungen, Zusammensetzung |
| DIN 17742 | Nickel-Knetlegierungen mit Chrom, Zusammensetzung |
| DIN 59110 | Walzdraht aus Stahl; Maße, zul. Abweichungen |
| DIN 59115 | Walzdraht aus Stahl für Schrauben, Muttern und Niete; Maße, zul. Abweichungen, Gewichte |
| DIN 59130 | Warmgewalzter Rundstahl für Schrauben und Niete; Maße, zul. Maß- u. Formabweichungen |
| DIN 59675 | Drähte und Stangen für Niete aus Reinaluminium und Aluminium-Knetlegierungen |

---

# 3. VDI-Richtlinien

Richtl.-Nr.

| | | |
|---|---|---|
| 2906 Bl. 4 | 05.94 | Schnittflächenqualität beim Schneiden, Beschneiden und Lochen von Werkstücken aus Metall; Knabberschneiden (Nibbeln)/4 S. |
| 2906 Bl. 5 | 05.94 | Schnittflächenqualität beim Schneiden, Beschneiden und Lochen von Werkstücken aus Metall; Feinschneiden (siehe auch VDI 33451)/8 S. |
| 2906 Bl. 6 | 05.94 | Schnittflächenqualität beim Schneiden, Beschneiden und Lochen von Werkstücken aus Metall; Konterschneiden/4 S. |
| 2906 Bl. 7 | 05.94 | Schnittflächenqualität beim Schneiden, Beschneiden und Lochen von Werkstücken aus Metall; Plasmastrahlschneiden/6 S. |
| 2906 Bl. 8 | 05.94 | Schnittflächenqualität beim Schneiden, Beschneiden und Lochen von Werkstücken aus Metall; Laserstrahlschneiden/6 S. |
| 2906 Bl. 9 | 05.94 | Schnittflächenqualität beim Schneiden, Beschneiden und Lochen von Werkstücken aus Metall; Funkenerosives Schneiden/4 S. |
| 2906 Bl. 10 | 05.94 | Schnittflächenqualität beim Schneiden, Beschneiden und Lochen von Werkstücken aus Metall; Abrasiv-Wasserstrahlschneiden/6 S. |
| 3001 E | 08.92 | Bördelverbindungen im Karosseriebau/6 S. |
| 3137 | 01.76 | Begriffe, Benennungen, Kenngrößen des Umformens/8 S. |
| 3143 Bl. 1 | 12.75 | Stähle für das Kaltfließpressen; Auswahl, Wärmebehandlung/16 S. |
| 3143 Bl. 2 | 06.75 | NE-Metalle für das Kaltfließpressen; Auswahl, Wärmebehandlung/10 S. |
| 3144 | 03.88 | Rohteilherstellung für das Kaltmassivumformen/15 S. |
| 3145 Bl. 1 | 07.84 | Pressen zum Kaltmassivumformen; Mechanische und hydraulische Pressen/8 S. |
| 3145 Bl. 2 | 06.85 | Pressen zum Kaltmassivumformen; Stufenpressen/10 S. |
| 3166 Bl. 1 | 04.77 | Halbwarmfließpressen von Stahl; Grundlagen/3 S. |
| 3171 | 07.81 | Stauchen und Formpressen/9 S. |
| 3174 Bl. 1 E | 07.89 | Walzen von Außengewinden/14 S. |
| 3176 | 10.86 | Vorgespannte Preßwerkzeuge für das Kaltmassivumformen/24 S. |
| 3180 | 02.95 | Gesenk- und Gravureinsätze für Schmiedegesenke/8 S. |
| 3186 Bl. 1 | 09.95 | Werkzeugstoffe für Kaltfließpreßwerkzeuge - Werkstofflisten/3 S. |
| 3193 Bl. 1 | 04.85 | Hydraulische Pressen zum Kaltmassiv- und Blechumformen; Formblatt für Anfrage, Angebot und Bestellung von hydraulischen Pressen/14 S. |
| 3193 Bl. 2 | 07.86 | Hydraulische Pressen zum Kaltmassiv- und Blechumformen; Meßanleitung für die Abnahme/10 S. |
| 3194 Bl. 1 | 11.89 | Kurbel-, Exzenter-, Kniehebel- und Gelenkpressen zum Kaltmassivumformen; Formblatt für Anfrage, Angebot und Bestellung/14 S. |
| 3194 Bl. 2 | 11.89 | Kurbel-, Exzenter-, Kniehebel- und Gelenkpressen zum Kaltmassivumformen; Meßanleitung für die Abnahme/10 S. |
| 3195 E | 08.92 | Umrüstvorgänge an Pressen zum Kaltmassivumformen vom Drahtbund/20 S. |
| 3196 | 12.91 | Umrüsten von Pressen und Anlagen zum Kaltmassivumformen von Stab-, Draht- und Rohrabschnitten oder Platinen/12 S. |
| 3198 | 08.92 | Beschichten von Werkzeugen der Kaltmassivumformung; CVD- und PVD-Verfahren/8 S. |
| 3320 Bl. 2 E | 07.78 | Werkzeugnummerung – Werkzeugordnung; Werkzeuge zum Urformen, Stoffbereiten; Umformen/40 S. |
| 3320 Bl. 3 | 07.76 | Werkzeugnummerung – Werkzeugordnung; Werkzeuge zum Zerteilen, Zerteilen und Umformen im Verbund, Abtragen, Reinigen/27 S. |

# Gegenüberstellung von alter Werkstoffbezeichnung nach DIN zu neuer nach Euro-Norm

**1.**

| Baustähle | | |
|---|---|---|
| unlegierte Stähle | | |
| Werkstoff-Nummer | bisher DIN 17100 | neu EN 10025 |
| 1.0035 | St 33 | S 185 |
| 1.0036 | U St 37-2 | S 235 J R G 1 |
| 1.0037 | St 37-2 | S 235 J R |
| 1.0038 | R St 37-2 | S 235 J R G 2 |
| 1.0116 | St 37-3 | S 235 J 2 G 3 |
| 1.0044 | St 44-2 | S 275 J R |
| 1.0144 | St 44-3 | S 275 J 2 G 3 |
| 1.0570 | St 52-3 | S 355 J 2 G 3 |
| 1.0050 | St 50-2 | E 295 |
| 1.0060 | St 60-2 | E 335 |
| 1.0070 | St 70-2 | E 360 |

**2.**

**2.1.**

| | Vergütungsstähle | |
|---|---|---|
| | unlegiert | |
| Werkstoff-Nummer | bisher DIN | neu EN 10083 |
| 1.0301 | C 10 | C 10 |
| 1.0401 | C 15 | C 15 |
| 1.0402 | C 22 | C 22 |
| 1.0501 | C 35 | C 35 |
| 1.0503 | C 45 | C 45 |
| 1.0601 | C 60 | C 60 |
| 1.0605 | C 75 | C 75 |
| 1.1141 | Ck 15 | C 15 E |
| 1.1151 | Ck 22 | C 22 E |
| 1.1181 | Ck 35 | C 35 E |
| 1.1191 | Ck 45 | C 45 E |
| 1.1221 | Ck 60 | C 60 E |
| 1.1248 | Ck 75 | C 75 E |
| 1.1132 | Cq 15 | C 15 C |
| 1.1152 | Cq 22 | C 22 C |
| 1.1172 | Cq 35 | C 35 C |
| 1.1192 | Cq 45 | C 45 C |
| 1.1140 | Cm 15 | C 15 R |
| 1.1149 | Cm 22 | C 22 R |
| 1.1180 | Cm 35 | C 35 R |
| 1.1201 | Cm 45 | C 45 R |
| 1.1223 | Cm 60 | C 60 R |
| | | |

**2.2.**

| Legierte Vergütungsstähle | | |
|---|---|---|
| Werkstoff-Nummer | bisher DIN 17200 | neu EN 10083 |
| 1.7034 | 37 Cr 4 | 37 Cr 4 |
| 1.7035 | 41 Cr 4 | 41 Cr 4 |
| 1.7218 | 25 Cr Mo 4 | 25 Cr Mo 4 |
| 1.7220 | 34 Cr Mo 4 | 34 Cr Mo 4 |
| 1.7225 | 42 Cr Mo 4 | 42 Cr Mo 4 |
| 1.6582 | 34 Cr Ni Mo 6 | 34 Cr Ni Mo 6 |
| | | |

**2.3.**

| Legierte Einsatzstähle | | |
|---|---|---|
| Werkstoff-Nummer | bisher DIN 17210 | neu EN 10084 |
| 1.7016 | 17 Cr 3 | 17 Cr 3 |
| 1.7131 | 16 Mn Cr 5 | 16 Mn Cr 5 |
| 1.7147 | 20 Mn Cr 5 | 20 Mn Cr 5 |
| 1.5919 | 16 Cr Ni 6 | 16 Cr Ni 6 |
| 1.6587 | 17 Cr Ni Mo 6 | 17 Cr Ni Mo 6 |
| 1.7321 | 20 Mo Cr 4 | 20 Mo Cr 4 |
| | | |

**3.**

**3.1.**

| Werkzeugstähle | | |
|---|---|---|
| unlegierte Kaltarbeitsstähle | | |
| Werkstoff-Nummer | bisher DIN 17350 | neu EN 96 |
| 1.1730 | C 45 W | C 45 U |
| 1.1740 | C 60 W | C 60 U |
| 1.1620 | C 70 W 2 | C 70 W 2 |
| 1.1525 | C 80 W 1 | C 80 U |
| 1.1830 | C 85 W | C 85 U |
| | | |
| 1.1545 | C 105 W 1 | C 105 U |
| 1.1640 | C 10 W 2 | C 105 W 2 |

**3.2.**

| Werkzeugstähle | | |
|---|---|---|
| Legierte Kaltarbeitsstähle | | |
| Werkstoff-Nummer | bisher DIN 17350 | neu EN 96 |
| 1.2436 | X 210 Cr W  12 | X 210 Cr W 12 |
| 1.2379 | X 155 Cr V Mo 12-1 | X 155 Cr V Mo 12-1 |
| 1.2210 | 115 Cr V 3 | 115 Cr V 3 |
| 1.2067 | 102 Cr 6 | 102 Cr 6 |
| 1.2838 | 145 V 33 | 145 V 33 |
| 1.2162 | 21 Mn Cr 5 | 21 Mn Cr 5 |
| 1.2842 | 90 Mn Cr V 8 | 90 Mn Cr V 8 |
| 1.2419 | 105 W Cr 6 | 105 W Cr 6 |
| 1.2550 | 60 W Cr V 7 | 60 W Cr V 7 |
| 1.2767 | X 45 Ni Cr Mo 4 | X 45 Ni Cr Mo 4 |
| 1.2764 | X 19 Ni Cr Mo 4 | X 19 Ni Cr Mo 4 |
| 1.2316 | X 36 Cr Mo 17 | X 36 Cr Mo 17 |
| 1.2323 | 48 Cr Mo V 6-7 | 48 Cr Mo V 6-7 |

**3.3.**

| Werkzeugstähle | | |
|---|---|---|
| Warmarbeitsstähle | | |
| Werkstoff-Nummer | bisher DIN 17350 | neu EN 96 |
| 1.2713 | 55 Ni Cr Mo V6 | 55 Ni Cr Mo V6 |
| 1.2714 | 56 Ni Cr Mo V 7 | 56 Ni Cr Mo V 7 |
| 1.2343 | X 38 Cr Mo V 5-1 | X 38 Cr Mo V 5-1 |
| 1.2344 | X 40 Cr Mo V 5-1 | X 40 Cr Mo V 5-1 |
| 1.2365 | X 32 Cr Mo V 33 | 32 Cr Mo V 12-28 |
|  |  |  |

**3.4.**

| Werkzeugstähle | | |
|---|---|---|
| Schnellarbeitsstähle | | |
| Werkstoff-Nummer | bisher DIN 17350 | neu EN 96 |
| 1.3342 | SC 6-5-2 | HS 6-5-2C |
| 1.3343 | S 6-5-2 | HS 6-5-2 |
| 1.3344 | S 6-5-3 | HS 6-5-3 |
| 1.3243 | S 6-5-2-5 | HS 6-5-2-5 |
| 1.3246 | S 7-4-2-5 | HS 7-4-2-5 |
| 1.3207 | S 10-4-3-10 | HS 10-4-3-10 |
| 1.3202 | S 12-1-4-5 | HS 12-1-4-5 |
| 1.3255 | S 18-1-2-5 | HS 18-1-2-5 |
|  |  |  |

**4.**

| Korrosionsbeständige Stähle | | |
|---|---|---|
| nichtrostende Stähle | | |
| Werkstoff-Nummer | bisher DIN 17440 | neu EN 10988 |
| 1.4000 | X 6 Cr 13 | X 6 Cr 13 |
| 1.4006 | X 12 CR 13 | X 10 Cr 13 |
| 1.4057 | X 20 Cr Ni 17 | X 19 Cr Ni 17-2 |
| 1.4104 | X 12 Cr Mo S 17 | X 14 Cr Mo S 17 |
| | | |
| 1.4301 | X 5 Cr Ni 18-10 | X 4 Cr Ni 18-10 |
| 1.4306 | X 2 Cr Ni 18-9 | X 2 Cr Ni 19-11 |
| 1.4401 | X 5 Cr Ni Mo 17-12-2 | X 4 Cr Ni Mo 17-12-2 |
| | | |
| 1.4541 | X 10 Cr Ni Ti 188 | X 2 Cr Ni Mo 18-14-3 |
| | | |
| 1.4435 | X 2 Cr Ni Mo 18-14-3 | X 2 Cr Ni Mo 18-14-3 |
| 1.4541 | X 6 Cr Ni Ti 18-10 | X 6 Cr Ni Ti 18-10 |
| 1.4571 | X 6 Cr Ni Mo Ti 17-12-2 | X 6 Cr Ni Mo Ti 17-12-2 |

**5.**

| Weiche unlegierte Stähle | | |
|---|---|---|
| Tiefziehbleche | | |
| Werkstoff-Nummer | bisher DIN 1624 | neu EN 10139 |
| | | |
| 1.0330 | St 12 | D C 01 |
| 1.0333 | U St 13 | D C 03 G 1 |
| 1.0347 | R R St 13 | D C 03 |
| 1.0338 | St 14 | D C 04 |

**6.**

| Kohlenstoffarme unlegierte Stähle | | |
|---|---|---|
| für Schrauben, Muttern, Niete | | |
| Werkstoff-Nummer | bisher DIN 1654 | neu EN 10025 |
| 1.0203 | U St 36 | C 11 G 1 |
| 1.0204 | U Q St 36 | C 11 G 1 C |
| 1.0205 | R St 36 | C 11 G 2 |
| | | |
| 1.0217 | U St 38 | C 14 G 1 |
| 1.0224 | U Q St 38 | C 14 G 1 C |
| 1.0223 | R St 38 | C 14 G 2 |
| | | |
| 1.0708 | U 7 S 6 | C 7 R G 1 |
| 1.0702 | U 10 S 10 | C 10 R G 1 |
| | | |

**7.**

| Aluminium-Knetlegierungen | | |
|---|---|---|
| | | |
| Werkstoff-Nummer | bisher DIN 1700 DIN 1725 T 1 | neu EN 573 T 3 |
| 3.0255 | Al 99,5 | EN AW-Al 99,5 |
| 3.0515 | Al Mn 1 | EN-AW-Al Mn 1 |
| 3.1325 | Al Cu Mg 1 | EN-AW-Al Cu 4 Mg Si (A) |
| 3.1355 | Al Cu Mg 2 | EN-AW-Al Cu 4 Mg 1 |
| 3.2315 | Al Mg Si 1 | EN-AW-Al Si 1 Mg Mn |
| 3.3535 | Al Mg 3 | EN-AW-Al Mg 3 |
| 3.3555 | Al Mg 5 | EN-AW-Al Mg 5 |
| 3.4365 | Al Zn Mg Cu 1,5 | EN-AW-Al Zn 5,5 Mg Cu |
| | | |

**8.**

| Kupfer-Knetlegierungen | | | |
|---|---|---|---|
| kalt umformbar | | | |
| Werkstoff-Nummer | bisher DIN 17660 | neu EN 12449 | Werkstoff-Nummer neu |
| 2.0060 | E-Cu | Cu-DHP | CW 024 A |
| 2.0230 | Cu Zn 10 | Cu Zn 10 | CW 501 L |
| 2.0240 | Cu Zn 15 | Cu Zn 15 | CW 502 L |
| 2.0261 | Cu Zn 28 | Cu Zn 28 | CW 504 L |
| 2.0265 | Cu Zn 30 | Cu Zn 30 | CW 505 L |
| 2.0321 | Cu Zn 37 (Ms 63) | Cu Zn 37 | CW 508 L |
| 2.0402 | Cu Zn 40 Pb 2 | Cu Zn 40 Pb 2 | CW 617 N |
| 2.0460 | Cu Zn 20 Al 2 | Cu Zn 20 Al 2 As | CW 702 R |
| 2.0470 | Cu Zn 28 Sn 1 | Cu Zn 28 Sn 1 As | CW 706 R |
| 2.0918 | Cu Al 15 | Cu Al 15 As | CW 300 G |

**Weitere neue Werkstoffbezeichnungen nach Euro-Norm finden Sie:**

| | |
|---|---|
| **Für Stähle:** | Stahl-Eisen-Liste 9. Auflage<br>Verlag Stahleisen mbH<br>Sohnstr. 65, 40237 Düsseldorf |
| **Für Alu-Werkstoffe:** | Aluminium-Merkblatt W2<br>Aluminium-Zentrale<br>Am Bahnhof 5, 40470 Düsseldorf |
| **Für Kupfer-Werkstoffe:** | Auskünfte im Deutschen Kupferinstitut (DKI)<br>Beethovenstr. 21, 40233 Düsseldorf |

# Sachwortverzeichnis

## Praktische Betriebslehre

Lehr- und Arbeitsbuch

von Heinz Tschätsch

2., vollständig überarbeitete und erweiterte Auflage 1996. XIV, 303 Seiten, 99 Abbildungen, 42 Beispiele und 63 Tabellen. (Viewegs Fachbücher der Technik) Kartoniert. ISBN 3-528-13829-7

Aus dem Inhalt:
Unternehmensformen - Betriebsstrukturen - Arbeitssysteme - Fertigungsarten - Fertigungszeiten - Lohnsysteme - Fertigungsplanung und -steuerung - Statistik - Qualitätssicherung - Vorbeugende Instandhaltung - Abschreibung - Investition - Arbeitsschutz

In leicht verständlicher und knapper Form stellt das Buch die wesentlichen Inhalte einer ganzheitlichen Betriebslehre dar. Dabei werden die Kenntnisse vermittelt, die Techniker und Ingenieure benötigen, um die Kostenseite der Produktentwicklung richtig einschätzen zu können.

## Handbuch Fertigungs- und Betriebstechnik

Herausgegeben von Wolfgang Meins

XXVI, 892 Seiten, 604 Abbildungen und 113 Tabellen. Gebunden.
ISBN 3-528-04172-2

Aus dem Inhalt:
Grundlagen - Werkstoffe - Ändern der Eigenschaften metallischer Werkstoffe - Werkstoffprüfung - Schmierstoffe - Reinigen und Entfetten - Korrosionsschutz - Fertigungsverfahren Metalle und Kunststoffe - Betriebsmittel - Arbeitsgestaltung (Ergonomie) - Elektrische Antriebe - Steuerungs- und Regelungstechnik - Meßtechnik - Betriebsorganisation - Rechnerunterstützte Planung von Fertigungsprozessen - Automatisierung in Teilefertigung, Handhabung und Montage - Rechnerunterstützte Qualitätssicherung - Innerbetriebliche Transport- und Lagersysteme - Technische Gebäudeausrüstung - Arbeitsschutz und Unfallverhütung - Arbeitsrecht - Umweltschutz

Verlag Vieweg - Postfach 15 47 - 65005 Wiesbaden - Fax 06 11/ 78 78-420

vieweg

# Neue Medien bei Vieweg

## Grundkurs CNC

Interaktives Multimedia-
Informations- und Lehrsystem
unter Windows ab Version 3.1
CD-ROM mit Handbuch

Herausgegeben von TIM

1995. CD-ROM mit 29 Seiten
Begleitbroschüre. (CBT-Kurs
Produktionstechnik)
ISBN 3-528-04964-2

Aus dem Inhalt:
- Einführung in die
  NC/ CNC-Technik
- Fertigungskonzepte
- Steuerungen
- Geometrische Grundlagen
- NC-Programmierung
- Lernprogramm
  Koordinatensysteme
- Tabellen-Programmierung
- Werkstoffe
- Werkstatt um die
  Jahrhundertwende
- Regelkreis
- Spanbildung

Diesem Computer-Programm
wurde der Deutsche Bildungs-
software-Preis *„digita 95"* verlie-
hen.

## Grundkurs Angewandte Werkstofftechnik

Herausgegeben von TIM

1996. CD-ROM mit 44 Seiten
Begleitbroschüre. (CBT-Kurs
Produktionstechnik)
ISBN 3-528-07011-0

Aus dem Inhalt:
- Stahlherstellung
- Physikalische und
  chemische Grundlagen
- Metallurgische Grundlagen
- Wärmebehandlung von Stahl
- Schweißverfahren
- Werkstoffprüfung
- Korrosion
- Bezeichnung der Stähle
  und Kennwerte

Über den Herausgeber:
TIM Gesellschaft für technische
Informationssysteme mbH wurde
aus Aktivitäten von Prof. Dr.-Ing.
A. W. Kamp, Dipl.-Ing. Jutta
Weißenborn und Dipl.-Ing. Ro-
land Weißenborn an der TFH Ber-
lin gegründet.

Verlag Vieweg - Postfach 15 47 - 65005 Wiesbaden - Fax 06 11/ 78 78-420